建筑隔震设计标准
GB/T 51408—2021 实施指南

周福霖　主编

中国建筑工业出版社

图书在版编目（CIP）数据

建筑隔震设计标准 GB/ T 51408—2021 实施指南/周福霖主编. —北京：中国建筑工业出版社，2022.9
ISBN 978-7-112-27818-3

Ⅰ.①建… Ⅱ.①周… Ⅲ.①建筑结构-防震设计-国家标准-中国-指南 Ⅳ.①TU352.104-65

中国版本图书馆 CIP 数据核字(2022)第 157271 号

《建筑隔震设计标准》GB/T 51408—2021 是我国第一部建筑隔震设计国家标准，相比以往的隔震设计方法，在隔震设计方法体系方面有很强的革新性，发展并确立了以“中震设计法”“直接设计法”“复振型分解反应谱法”和新一代隔震设计反应谱为代表性内容的方法体系。全书共分 11 章，按《建筑隔震设计标准》章节顺序进行了解释说明，完整地介绍了隔震的设计思想、基本规定、隔震结构的设计方法和构造要求等。对多高层建筑、大跨屋盖建筑、多层砌体建筑和底部框架-抗震墙砌体建筑、核电厂建筑、既有建筑和历史建筑以及村镇民居建筑的隔震设计方法进行了详细解说，并在部分章节加入设计计算实例，使读者能更好地掌握隔震设计方法。

本书适合结构技术人员和科研人员学习参考。

责任编辑：杨　允
责任校对：李美娜

建筑隔震设计标准 GB/ T 51408—2021 实施指南
周福霖　主编
*
中国建筑工业出版社出版、发行（北京海淀三里河路 9 号）
各地新华书店、建筑书店经销
北京科地亚盟排版公司制版
北京同文印刷有限责任公司印刷
*
开本：787 毫米×1092 毫米　1/16　印张：10¼　字数：246 千字
2023 年 1 月第一版　　2023 年 1 月第一次印刷
定价：**45.00** 元
ISBN 978-7-112-27818-3
(39768)

前　言

隔震控制技术是一种有效的防御地震灾难的创新性前沿技术，不但可以使结构本身免遭损坏，还可以为建筑物中的人、仪器、设备、装修等提供安全保护，使建筑物在强地震作用中正常发挥使用功能。我国自 1993 年建成首栋采用橡胶隔震支座的隔震房屋以来，在全国各地已经建成了上万栋隔震建筑。特别是汶川地震之后，我国迎来了隔震建筑的建设高潮。在 2013 年雅安地震时，隔震建筑成功经受了地震的考验，使我国隔震技术的有效性进一步得到实践检验。目前，隔震技术已经进入推广应用的新阶段，新的发展阶段对隔震设计方法也提出了新的发展要求。

目前，新版国家标准《建筑隔震设计标准》GB/T 51408—2021（以下简称《隔标》）已经正式颁布，这是我国第一部建筑隔震设计国家标准。相比以往的隔震设计方法，《隔标》所规定的隔震设计方法体系有很强的革新性，发展并确立了以“中震设计法”“直接设计法”“复振型分解反应谱法”和新一代隔震设计反应谱为代表性内容的方法体系，目前市面尚无同类图书对此进行系统的剖析和解读，为了使工程设计人员能够在短时间内掌握新版《隔标》的技术方法，满足工程界急需，我们以《隔标》编制人员为主，组织团队编写了本书。

本书共分 11 章，按《隔标》章节顺序进行了解释说明，介绍了隔震的设计思想、基本规定、隔震结构的设计方法和构造要求等。对多高层建筑、大跨屋盖建筑、多层砌体建筑和底部框架-抗震墙砌体建筑、核电厂建筑、既有建筑、历史建筑以及村镇民居建筑的隔震设计方法进行了详细解说，并在部分章节加入设计计算实例，使读者能更好地掌握隔震设计方法。

本书第 1 章和第 2 章由周福霖、郁银泉、陈洋洋执笔，第 3 章由谭平、曾德民、薛彦涛执笔，第 4 章由陈华霆、苏径宇、彭凌云、刘付钧执笔，第 5 章由陈洋洋、沈朝勇、杨振宇、龚微执笔，第 6 章由黄襄云、王曙光、邓烜执笔，第 7 章由张颖、朱忠义、支旭东执笔，第 8 章由杜永峰、刘彦辉、党育执笔，第 9 章由马玉宏、张涛、杨振宇执笔，第 10 章由徐丽、薛彦涛、郭彤执笔，第 11 章由谭平、刘彦辉执笔。

在本书的撰写过程中，得到《隔标》编制组许多同志的帮助和支持，在此深表感谢！

由于时间紧迫、内容庞杂，加上编者水平有限，缺点和错误在所难免，敬请广大读者批评指正。如有意见，请发邮件至 eertchxy@gzhu. edu. cn。

目　录

第1章　绪论

自我国第一幢采用橡胶隔震支座的隔震建筑在汕头建成以来，建筑隔震设计方法在我国已有近30年的经验积累和发展，实践表明，合理设计的隔震结构具有减震效果良好、中高烈度区造价节约、震后损伤小以及易修复等优点。由于地震的不可预测性和人们对建筑抗震安全性要求的提高，隔震技术获得越来越广泛的应用。特别是汶川地震之后，我国迎来了隔震建筑工程的建设高潮，许多隔震建筑成功经受了地震考验（如雅安地震等），使我国隔震技术的有效性得到进一步实践验证。30年来，研究和工程实践经验的不断积累，促进了隔震设计理论的发展和技术、装置的迭代更新。目前，隔震技术已全面进入推广应用的新阶段，我国建成的隔震建筑已达15000栋左右，并呈现加速增长的发展趋势，新的发展阶段对隔震设计方法也提出了新的发展要求，新的标准编制时期已经成熟。经过8年左右的编制修订和审查，住房和城乡建设部批准发布了《建筑隔震设计标准》GB/T 51408—2021[1]（以下简称《隔标》），自2021年9月1日起实施。

《隔标》是我国第一部建筑隔震设计国家标准，其实施将对我国建筑抗震设计带来深远影响。《隔标》的编制过程，注重参考我国前期工程建设中隔震技术的实践经验，同时参考了日本《免震构造设计指南》[4]、美国《国际建筑规范》[5]（International Building Code）和我国《建筑抗震设计规范》GB 50011—2010[2]等国内外技术法规、技术标准，结合我国具体国情，并经过试验、试设计、总结和讨论而定稿。《隔标》呈现出鲜明的特点：在承载力抗震设计问题上，将原有的“小震设计”提升为“中震设计”；在抗震设防目标问题上，将原有的“小震不坏、中震可修、大震不倒”提升为“中震不坏、大震可修、巨震不倒”；在反应谱问题上，充分考虑隔震结构的动力特征，设计反应谱的长周期段采用指数下降曲线代替原直线下降段，地震加速度时程曲线体现了相位和阻尼的影响；针对地震作用计算方法问题，在原有“底部剪力法”“振型分解反应谱法”“时程分析法”基础上，为充分反映隔震结构的动力特性，将“振型分解反应谱法”扩展为“复振型分解反应谱法”，并规定了各计算方法的适用条件；此外，《隔标》由原来“减震系数法”发展为包含隔震层的整体设计法，用“底部剪力比”的概念代替“减震系数”确定结构的抗震措施，引入了性能化设计方法；在使用范围上，《隔标》增加了大跨屋盖隔震建筑、核电厂隔震建筑、村镇民居隔震建筑、既有建筑和历史建筑的隔震加固设计等内容，以适应相应设计的特殊性。

《隔标》在现有相关标准规定的基础上对隔震支座及构造方面有所发展，结合了近年来新的工程经验和发展要求。对于具体项目的结构构件、非结构构件和附属设备，若有专门的使用功能和特殊情况要求时，除符合基本设防目标外，还应根据项目自身特点满足有关的抗震性能要求和其他适用标准的规定。

第 2 章　编制《隔标》目的

我国是世界上地震灾害最严重的国家之一，全部国土位于地震区，其中，设防烈度为 7 度及 7 度以上的地区占国土面积 70%。历史上，我国有很多强震突发在设防烈度仅 6 度或 7 度的地区，值得我们吸取教训。原有抗震设计的基本设防目标是按“小震不坏、中震可修、大震不倒”考虑，这种设防目标实际上允许在设防地震作用下结构发生一定程度损坏。然而，不少震害调查已经表明，“中震可修”的建筑物，其震时和震后建筑功能的正常使用仍然受到很大威胁，在设防地震作用下，不少医疗、疾控等公共建筑和民用住宅等，虽不致倒塌，却进入不同程度的“瘫痪”状态。更重要的是，实际发生的地震，有不少是超烈度的，历史上我国遭受重大震害的地震，如唐山地震、汶川地震等，都属于典型的超烈度地震，这对仅按“小震不坏、中震可修、大震不倒”设防的建筑构成了很大的安全威胁。

我国现阶段的经济社会已经进入了一个全新的发展水平，自党的十九大起，中国特色社会主义进入新时代，我国社会主要矛盾已经从人民日益增长的物质文化需求同落后的生产力之间的矛盾，转化成人民日益增长的美好生活需要和不平衡不充分的发展之间的矛盾。以这一精神为指导，我国整体防震减灾的能力也有必要进一步提升，以适应这一全新的高质量发展阶段。基于此，《隔标》的编制以“设计目标安全可靠、设计概念清晰合理、设计方法先进可行、构造措施有效简便”为原则，结合中国国情和工程经验，并充分吸收借鉴国外的研究和应用成果，将原来的“多遇地震不坏、设防地震可修、罕遇地震不倒”三水准设计，提升到“设防地震不坏、罕遇地震可修、极罕遇地震不倒”，满足我国新阶段的发展需求、大幅提高我国建筑抗震设防水平和能力，同时更合理地挖掘隔震技术的巨大潜力、促进隔震技术发展进入新阶段。

《隔标》的编制目的，是满足我国当前成熟隔震技术应用的亟需。《隔标》颁布以前，我国一直缺少专门独立的隔震设计标准或规范，仅在现行《建筑抗震设计规范》GB 50011 第 12 章作了一些相关规定，不少隔震结构体系自身所具有的重要特点并没有在其设计方法和条文中体现。2001 年 11 月 1 日颁布实施的《叠层橡胶支座隔震技术规程》CECS 126[7]也已过去多年，很多内容已不能适应隔震技术发展的需要。以往的某些隔震设计相关规范，已经在一定程度上对隔震技术的进一步应用和发展形成制约。为此，在住房和城乡建设部“建标〔2013〕69 号”文件的指导下，广州大学、中国建筑标准设计研究院会同国内隔震技术经验较丰富的多家单位共同编制了《隔标》。

第3章　基本规定

3.1　一般规定

隔震建筑是指在房屋基础、底部或下部结构与上部结构之间设置由隔震支座和阻尼装置等部件组成的隔震层，以延长整个结构体系的自振周期，减少输入上部结构地震作用，达到预期防震要求的建筑。在确定隔震设计方案时，应同时考虑与建筑设计要求息息相关的标准要求，例如，建筑抗震设防类别、设计地震动参数、场地条件、建筑结构类型等。

3.1.1　设防类别判定

隔震设计与结构的设防类别息息相关，隔震建筑的抗震设防类别按现行《建筑工程抗震设防分类标准》GB 50223[8]的有关规定确定。建筑工程分为以下四个抗震设防类别：

（1）特殊设防类：指使用上有特殊设施，涉及国家公共安全的重大建筑工程和地震时可能发生严重次生灾害等特别重大灾害后果，需要进行特殊设防的建筑。简称甲类。

（2）重点设防类：指地震时使用功能不能中断或需尽快恢复的生命线相关建筑，以及地震时可能导致大量人员伤亡等重大灾害后果，需要提高设防标准的建筑。简称乙类。

（3）标准设防类：指大量的除（1）、（2）、（4）款以外按标准要求进行设防的建筑。简称丙类。

（4）适度设防类：指使用上人员稀少且震损不致产生次生灾害，允许在一定条件下适度降低要求的建筑。简称丁类。

3.1.2　确定合理隔震方案

（1）设防类别

隔震支座的初步选择需要根据结构的设防类别进行确定，《隔标》中对不同类型支座在不同设防类别下的压应力限值作了规定。特殊设防类、重点设防类隔震建筑及标准设防类不规则隔震建筑，隔震体系的计算模型宜考虑结构杆件的空间分布、弹性楼板假定、隔震支座的位置、隔震建筑的质量偏心、在两个水平方向的平移和扭转、隔震层的非线性阻尼特性以及荷载-位移关系特性，在上部构件设计时，对特殊设防类建筑和重点设防类建筑的结构构件结构重要性系数不应小于1.1，对标准设防类建筑的结构构件不应小于1。其中，特殊设防类隔震结构还需要采用至少两种计算软件对地震作用计算结果进行比较分析，并且在安装施工时隔离缝宽度不应小于隔震支座在极罕遇地震下最大水平位移，还需在极罕遇地震作用时，采用相应的限位措施保护。

（2）地震动参数

地震动参数包括加速度时程曲线和加速度反应谱，隔震设计的激励输入一般采用设计加速度反应谱为主，加速度时程分析作为补充的方法。《隔标》中提出了新的隔震设计反应谱，该反应谱删除了抗震设计反应谱中 $5T_g$ 之后的直线下降段，由第三段的曲线下降段直接延伸至 6s 区段，更加符合隔震等长周期类结构的地震动动力响应特征和变化规律，如图 3-1 所示。隔震设计反应谱曲线可根据隔震建筑等效线性化求得的等效阻尼比修正设计目标谱。

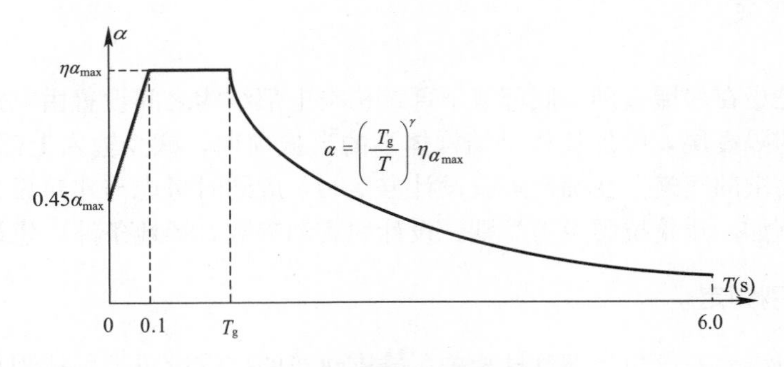

图 3-1　隔标地震影响系数曲线

在《建筑抗震设计规范》GB 50011—2010（2016 年版）(以下简称《抗规》) 第 12.2.4 条中新规定的隔震支座设计参数，是假定其在设防地震和罕遇地震下分别取 100％剪切变形和 250％剪切变形对应的等效刚度和等效阻尼比。《隔标》是根据隔震层中隔震装置及阻尼装置经试验所得滞回曲线，按对应不同地震烈度作用时的隔震层水平位移值进行迭代计算确定的。可采用反应谱方法也可采用时程分析法计算确定支座相应烈度时的最大位移，进而确定计算支座相应的等效参数。

3.1.3　新要求

对于一般的隔震建筑，多遇地震作用下隔震支座可能未屈服耗能，隔震效果不明显；罕遇地震计算时，上部结构已有部分进入弹塑性；当在设防地震作用下进行设计计算时，隔震层进入非线性耗能，同时上部结构基本保持弹性。因此，新《隔标》中隔震结构的设防目标为设防地震下结构基本完好。此外，《隔标》中不再采用“减震系数”。

《隔标》是以“设计目标安全可靠、设计概念清晰合理、设计方法先进可行、构造措施有效简便”为原则，结合中国国情和工程经验，并充分吸收借鉴国外的研究和应用成果。将原来的“多遇地震不坏、设防地震可修、罕遇地震不倒”的三水准设计提升到“设防地震基本不坏、罕遇地震可修、极罕遇地震不倒”，这无疑更加挖掘了隔震技术的潜力，可望会大幅提高结构的抗震性能和安全储备。

隔震结构采用“中震设计”：在设防地震作用下进行截面设计和配筋验算，结构采用线弹性模型，并且隔震结构构件根据性能要求可分为关键构件、普通竖向构件、重要水平构件和普通水平构件，配筋计算时，根据不同的性能目标采用按构件重要性程度分类或性能调整系数的方法实现性能化设计，从而使整个结构的造价更具有经济性。

在隔震结构验算方面，罕遇地震作用下，允许结构进入损伤程度轻微到中度的弹塑性状态，采用弹塑性模型进行分析，验算结构和支座的变形，同时进行支座的承载力验算。对于大多数隔震建筑，一般情况下只需增加特殊设防类建筑在极罕遇地震作用下的支座变形验算。对于特殊设防类和房屋高度超过 24m 的重点设防类建筑或有较高要求的建筑，应对结构进行极罕遇地震作用下的变形验算。在设防地震作用下，应进行结构以及隔震层的承载力和变形验算；在罕遇地震作用下，应进行结构以及隔震层的变形验算，并应对隔震层的承载力进行验算；在极罕遇地震作用下，特殊设防类建筑尚应对结构及隔震层进行变形验算。

隔震结构隔震层的验算包括支座性能验算、隔震层性能验算。支座在生产之初就需要进行相关性能测试，并应符合现行国家标准《橡胶支座 第 3 部分：建筑隔震橡胶支座》GB 20688.3[9] 的规定，特殊设防类建筑结构进行隔震设计时，还需要对支座在极罕遇地震作用下的性能表现进行验算，包括最大水平位移。

隔震结构上下部楼层的位移角，其具体限值要求按照结构类型和设防烈度进行验算，见《隔标》中表 4.5.1 和表 4.5.2。特殊设防类隔震建筑上部结构的结构楼层内最大弹塑性位移角限值应参考《隔标》中表 4.5.3。隔震层以下的结构中直接支撑隔震塔楼的部分及其相邻一跨的相关构件，应满足设防烈度地震作用下的抗震承载力要求，层间位移角限值应符合《隔标》中表 4.7.3-1 的规定。在罕遇地震下，隔震层以下、地面以上结构的层间位移角限值尚应符合表 4.7.3-2 的规定。特殊设防类建筑尚应进行极罕遇地震作用下的变形验算，其层间位移角限值应符合表 4.7.3-3 的规定。

3.1.4　设计使用年限

隔震结构的设计使用年限与普通结构有所不同，其使用年限与支座寿命息息相关，因此隔震结构的设计使用年限问题主要针对支座的使用寿命进行规定，保证在建筑使用寿命中支座无需更换，原则上支座使用寿命应不低于建筑使用寿命。对建筑使用年限要求较长时，其相应的耐老化保护层建议适当增厚；并且在建筑设计工作年限内，隔震支座刚度、阻尼特性变化不应超过其初始值的±20％；橡胶支座的徐变量不应超过内部橡胶总厚度的 5％。

由于最常见的支座材料为橡胶，因此根据其特性，隔震支座和其他部件应根据使用空间的耐火等级附加防火材料，模拟支座的实际使用情况，对被测试支座进行 1h 的燃烧试验后，冷却 24h 以上再测试其竖向极限压应力和竖向刚度，并与同批型支座的竖向极限压应力和竖向刚度进行比较，竖向极限压应力和竖向刚度的变化率不应大于 30％。

3.2　场地、地基和基础

3.2.1　场地选择

隔震建筑的场地宜选择对抗震有利地段，避开不利地段；当无法避开时，应采取有效措施。我国《抗规》对建筑场地的选择划分为有利、一般、不利和危险地段，参见表 3-1。其中场地条件一般是指局部地质条件，如近地表几十米至几百米的土壤、岩石、地下水等工程地质情况、微地形以及有无断层破碎带通过等。场地条件对地表地震动有十分重要的影响，它直接影响对设计地震作用的估计。

3.2.2 适宜的场地类别划分

隔震建筑的地基应稳定可靠，所在的场地宜为Ⅰ、Ⅱ、Ⅲ类；当场地为Ⅳ类时，应采取有效措施。其中建筑场地的类别划分，是以土层等效剪切波速和场地覆盖层厚度为准。其剪切波速的具体测量要求主要在测量打孔数量和建筑重要性方面，具体可见《抗规》第4章。

Ⅳ类场地的隔震建筑，应采取有效措施，比如罕遇地震作用下上部结构变形过大时，隔震结构的上部结构也可设置减震装置；或者优化隔震层的阻尼设置，采用更合理的阻尼装置，减轻为控制隔震层变形而导致的上部结构地震作用的增加幅度。

3.2.3 地基设计验算

隔震建筑地基基础的设计和抗震验算，应满足本地区抗震设防烈度地震作用的要求，这是与《抗规》不同的。《抗规》第4.2.2条规定地基基础的抗震验算时采用地震作用效应的标准组合，考虑的是多遇地震作用水平，而《隔标》采用中震设计，相应的地基基础设计验算考虑的是设防烈度对应的地震作用。

隔震建筑地基基础的抗震构造措施，应符合现行《抗规》的规定。对重点设防类建筑的地基抗液化措施，应按提高一个液化等级确定；对特殊设防类建筑的地基抗液化措施应进行专门研究，且不应低于重点设防类建筑的相应要求，直至全部消除液化沉陷。

3.3 试验与观测

3.3.1 振动台试验

结构模型试验是研究工程结构的一种重要手段。研究和验证隔震结构的抗震性能，进行模拟地震振动台试验是可靠的方法之一。地震模拟振动台是土木工程领域里常见的多功能试验设备之一，主要用于考察结构的动力特性，对于结构抗震方面的研究是必不可少的。相比较拟静力试验和拟动力试验而言，地震模拟振动台试验是更直观和更接近真实地震情况的一种研究方法。

3.3.2 地震反应观测

地震中强烈地面运动导致的建筑物、桥梁和其他结构的损坏或倒塌是威胁人类生命安全和造成财产损失的主要原因。相关研究的关键技术之一是记录结构对地震动的响应，即在建筑物上布设一定数量的地震反应观测系统，详细研究土木工程结构破坏的过程并给出有效的解决方案。对于工程结构进行合理的抗震设计，其中重要的一点就是把握各类工程结构在实际地震作用下的反应特征和破坏机理。仅仅依靠理论分析和振动台试验很难圆满完成对于工程结构合理的抗震设计，特别是一些大型、复杂的结构在建立理论分析计算模型时都做了一些假设，这些假设和计算模型是否合理也需要实际结构地震反应来验证和改进。建筑结构地震反应观测系统是目前了解和掌握工程结构在强地震作用下反应性状的最直接手段之一，其主要任务是获取结构在地震作用下振动反应的第一手资料——结构强震记录，供抗震设计、震害评估和健康诊断、震后加固与重建、地震报警、烈度速报等多项相关研究使用。

3.3.3　隔震变形监测

对隔震结构进行强震观测，以观察隔震结构在地震作用下的真实表现，不仅是提高结构分析和设计水平的一种非常好的手段，亦是验证隔震结构有效性的重要手段。隔震结构主要监测内容为隔震结构周围环境因素（温度、湿度等）、隔震结构响应、隔震层响应、隔震支座响应、地脉动及可能到来的地震动。目前，国外已有数十例强震作用下隔震结构的地震响应实测数据，同时对数据做了充分的研究分析，这些都是研究隔震技术的珍贵材料，我国对隔震结构布置强震观测系统的建筑还比较少。

第 4 章　地震作用和结构隔震验算

4.1　概述

地震作用和结构隔震验算是建筑隔震设计的重要环节之一，是确定所设计的结构满足最低抗震设防安全性的关键步骤。地震作用是很复杂的，它不是直接作用在结构上的荷载，而是地面运动引起结构的惯性力；地面运动不仅有两个水平分量，还有竖向和转动分量；地震作用的发生和强度又具有很大的不确定性[11]。因此，地震作用计算特别是建筑结构隔震设计的计算，应在符合结构地震反应特点和规律的基础上尽量简化。由于结构类型和体型简单与复杂的差异以及隔震层阻尼水平的不同，在地震作用计算中又可分为简化方法和较为复杂的精细方法。与各类结构相适应的地震作用分析方法如图 4-1 所示。

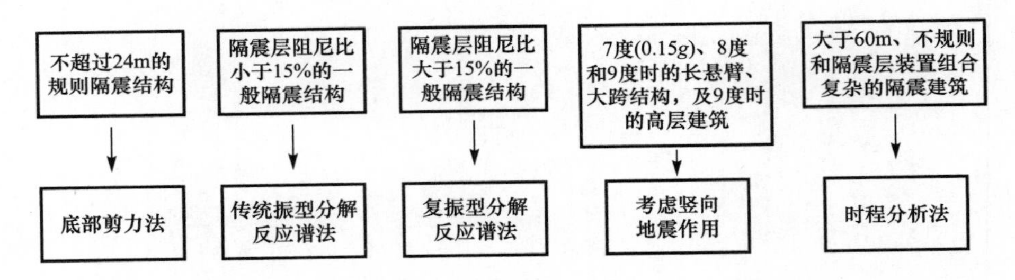

图 4-1　与各类型隔震结构相适应的地震作用分析方法

在地震作用分析过程中，隔震结构分析模型应能合理反映结构中构件的实际受力状况。其中，上部结构和下部结构可选多质点系、空间杆系、空间杆-墙板元或壳元、连续体及其他组合有限元等计算模型，隔震层的隔震支座和阻尼器应选择能正确反映其特性的计算模型[12]，如图 4-2 所示。

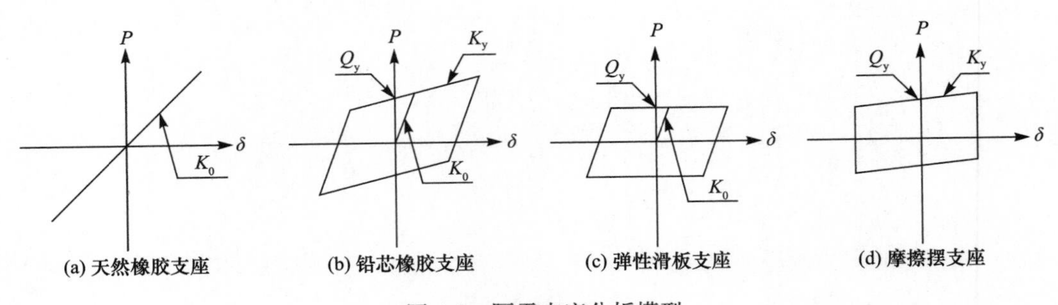

图 4-2　隔震支座分析模型

4.2　设计反应谱和地震动输入

考虑到隔震结构的变形和破坏形态与一般抗震的长周期建筑结构的区别很大，前者的安全性和可靠性高于后者，为促进隔震结构的推广应用，《隔标》的反应谱曲线以中国地震局工程力学研究所对近一万组波的统计结果作为依据。

4.2.1　隔震设计反应谱

结构工程领域最感兴趣的是体系的变形，或质点相对于运动地面的位移 $u(t)$，体系的内力是与 $u(t)$ 线性相关的，这些内力可以是框架中梁、柱的弯矩和剪力。一旦用结构动力分析方法计算出了 $u(t)$，则在每一时刻的内力就可以用结构的静力分析来确定，即

$$f(t) = ku(t) \tag{4-1}$$

将刚度 k 用质量 m 表示，从而给出

$$f(t) = ma(t) \tag{4-2}$$

其中，$a(t) = \omega_n^2 u(t)$称为伪加速度。

地震反应谱是现阶段计算地震作用的基础，即通过反应谱把随时程变化的地震作用转化为最大的等效侧力。地震反应谱是给定的地震加速度作用期内，单质点弹性体系最大反应随自振周期变化的曲线。根据式（4-2），峰值位移与峰值伪加速度，即位移反应谱与伪加速度反应谱，存在以下关系

$$S_{\mathrm{pa}} = \omega_n^2 S_{\mathrm{d}} \tag{4-3}$$

从而，单质点体系所受到的最大地震作用 F 为

$$F = mS_{\mathrm{pa}} \tag{4-4}$$

可以看出，结构所受的水平地震作用可以转换为等效的侧向力，相应地，结构在地震作用下的作用效应分析也就转换为等效侧力下的作用效应分析。因此，只要解决了等效侧力的计算，地震作用效应的分析可以采用静力学的方法来解决[3,13]。

取大量地震加速度记录，并令阻尼比为 0.05，得到相应于该阻尼比的伪加速度反应谱。根据《抗规》的规定，影响反应谱形状的参数包括动力放大系数 β、特征周期 T_{g} 和下降段系数 γ，采用最小二乘法对反应谱进行三参数拟合，获得特征周期、衰减系数、动力放大系数的值，再根据特征周期进行分组，然后计算平均反应谱和具有一定超越概率的反应谱，最后得到隔震设计反应谱，如图 4-3 所示。

当隔震结构的阻尼比为 0.05 时，地震影响系数应根据烈度、场地类别、特征周期和隔震结构自振周期按地震影响系数曲线（图 4-3）确定，其水平地震影响系数最大值 $\alpha_{\max}$ 应按表 4-1 采用。场地特征周期应按现行国家标准《建筑抗震设计规范》GB 50011[2] 的有关规定执行，计算罕遇地震和极罕遇地震作用时，场地特征周期应分别增加 0.05s 和 0.10s。

理论分析和实际地震记录计算地震影响系数的统计结果表明，不同阻尼比的地震影响系数是有差别的，随着阻尼比的减小，地震影响系数增大，而其增大的幅度则随周期的增大而减小。当隔震结构的阻尼比不等于 0.05 时，其水平地震影响系数 α 曲线应按地震影响系数曲线（图 4-3）确定，但形状参数和阻尼调整系数应按下列规定调整：

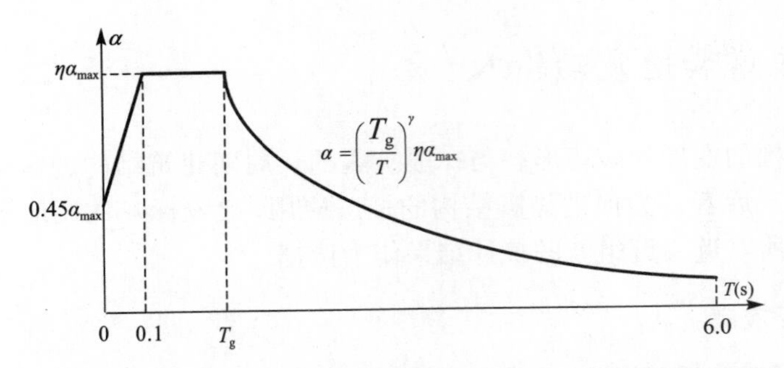

α—地震影响系数；α_{max}—地震影响系数最大值；T—隔震结构自振周期；

T_g—特征周期；γ—曲线下降段的衰减指数；η—阻尼调整系数

图 4-3　地震影响系数曲线

水平地震影响系数最大值 α_{max}　　**表 4-1**

地震影响	6 度	7 度	8 度	9 度
设防地震	0.12	0.23(0.34)	0.45(0.68)	0.90
罕遇地震	0.28	0.50(0.72)	0.90(1.20)	1.40
极罕遇地震	0.36	0.72(1.00)	1.35(2.00)	2.43

注：括号中数值分别用于设计基本地震加速度为 0.15g 和 0.30g 的地区。

（1）曲线下降段的衰减指数，应按下式确定：

$$\gamma=0.9+\frac{0.05-\zeta}{0.3+6\zeta} \tag{4-5}$$

式中，γ 是曲线下降段的衰减指数；ζ 是隔震结构振型阻尼比。

（2）阻尼调整系数，应按下式确定：

$$\eta=1+\frac{0.05-\zeta}{0.08+1.6\zeta} \tag{4-6}$$

式中，η 是阻尼调整系数，当小于 0.55 时，应取 0.55。

4.2.2　隔震结构自振周期与振型阻尼比计算

应用设计反应谱计算地震作用下的隔震结构反应，需要隔震结构的自振周期和振型阻尼比。因此，隔震结构自振周期和振型阻尼比的计算是分析结构水平地震作用反应的基本条件之一。

由于隔震结构的非线性特性，其自振周期和振型阻尼比的确定与隔震支座等效刚度、等效阻尼的计算方法相关。当采用底部剪力法计算地震作用时，设防地震作用下支座水平位移可取支座橡胶总厚度的 100%，罕遇地震作用下可取支座橡胶总厚度的 250%，极罕遇地震作用下可取支座橡胶总厚度的 400%，由此确定该支座水平位移下的等效刚度和等效阻尼。当采用反应谱方法计算地震作用时，等效刚度和等效阻尼可按对应不同地震烈度作用时的设计反应谱进行迭代计算确定，也可采用时程分析法计算确定。

当确定隔震支座等效刚度和等效阻尼之后，由于隔震层阻尼与上部结构阻尼特性差别较大，等效的隔震结构属于非经典阻尼系统。此时，结构的自振周期与振型阻尼比计算需考虑非经典阻尼的影响。与之对应的特征值问题是二次特征值问题，一般需要进行线性变

换，将二次问题转换为大小为原问题 2 倍的一次特征值问题，即

$$\boldsymbol{B}\boldsymbol{\psi}_i = -\lambda_i \boldsymbol{A}\boldsymbol{\psi}_i \tag{4-7}$$

式中，λ_i、$\boldsymbol{\psi}_i$ 是第 i 阶特征值与特征向量，系数矩阵 $\boldsymbol{A}$、$\boldsymbol{B}$ 为

$$\boldsymbol{A} = \begin{bmatrix} \boldsymbol{0} & \boldsymbol{M} \\ \boldsymbol{M} & \boldsymbol{C} \end{bmatrix} \qquad \boldsymbol{B} = \begin{bmatrix} -\boldsymbol{M} & \\ & \boldsymbol{K} \end{bmatrix}$$

尽管它们均为对称阵，但不正定，在复数域有 $2n$ 对呈共轭形式出现的特征对，可表达为

$$\lambda_i, \bar{\lambda}_i = -\xi_i\omega_i + \mathrm{i}\omega_{\mathrm{d}i} \tag{4-8}$$

和

$$\boldsymbol{\psi}_i = \begin{Bmatrix} \lambda_i \boldsymbol{\phi}_i \\ \boldsymbol{\phi}_i \end{Bmatrix}, \bar{\boldsymbol{\psi}}_i = \begin{Bmatrix} \bar{\lambda}_i \bar{\boldsymbol{\phi}}_i \\ \bar{\boldsymbol{\phi}}_i \end{Bmatrix} \tag{4-9}$$

式中，$\boldsymbol{\phi}_i$、$\bar{\boldsymbol{\phi}}_i$ 是第 i 阶共轭的复振型，ω_i、ξ_i 分别是第 i 阶固有频率和振型阻尼比，$\omega_{\mathrm{d}i} = \omega_i\sqrt{1-\xi_i^2}$。

一旦求出矩阵 $\boldsymbol{A}$、$\boldsymbol{B}$ 的特征值和特征向量，则可确定考虑非经典阻尼影响的隔震结构的自振频率和振型阻尼比，即

$$\omega_i = |\lambda_i| \qquad \xi_i = -\frac{\mathrm{Re}(\lambda_i)}{|\lambda_i|} \tag{4-10}$$

式中，$|\ |$ 表示取模，Re 表示取实部。或者，采用复振型将自振频率和振型阻尼比表示为

$$\omega_i = \left(\frac{\bar{\boldsymbol{\phi}}_i^{\mathrm{T}}\boldsymbol{K}\boldsymbol{\phi}_i}{\bar{\boldsymbol{\phi}}_i^{\mathrm{T}}\boldsymbol{M}\boldsymbol{\phi}_i}\right)^{1/2} \qquad \xi_i = \frac{1}{2\omega_i}\frac{\bar{\boldsymbol{\phi}}_i^{\mathrm{T}}\boldsymbol{C}\boldsymbol{\phi}_i}{\bar{\boldsymbol{\phi}}_i^{\mathrm{T}}\boldsymbol{M}\boldsymbol{\phi}_i} \tag{4-11}$$

需要指出的是，对于大型结构体系，由于矩阵规模的翻倍，存储量显著增加，势必造成特征值计算的困难，甚至使得算法中断。因此，对于大规模矩阵特征值问题，可行的方法是投影类算法，即：将原大规模矩阵向低维子空间进行投影，将原来的大规模矩阵特征值问题转化为中小规模矩阵特征值问题，再利用计算中小规模矩阵特征值问题的成熟算法计算其特征对，并用来形成原来大规模矩阵的部分特征对的近似。子空间迭代法、广义的 Lanczos 方法、Rayleigh-Ritz 方法等均属于这种方法。目前，常用的二次特征值算法是 QZ 方法，它在一些大型商业软件如 ABAQUS、ANSYS、MSC. NANSTRAN、MATLAB 以及专业软件 SNAP 中均有应用。QZ 方法是传统特征值算法 QR 方法的推广，以下首先简略介绍 QR 方法。

1. QR 方法

QR 方法是计算中小型矩阵全部特征值问题的最有效方法之一。对于一般矩阵，为节省计算量，通常先用 Householder 变换将矩阵约化为上 Hessenberg 形式，然后基于 QR 分解进行 QR 迭代运算，迭代产生的矩阵序列趋于实 Schur 型。

设 $\boldsymbol{A} = \boldsymbol{A}_1 \in \boldsymbol{R}^{n\times n}$，QR 基本算法为

$$\begin{cases} \boldsymbol{A}_k = \boldsymbol{Q}_k\boldsymbol{R}_k \\ \boldsymbol{A}_{k+1} = \boldsymbol{R}_k\boldsymbol{Q}_k \end{cases} \tag{4-12}$$

其中，$\boldsymbol{Q}_k^{\mathrm{T}}\boldsymbol{Q}_k = \boldsymbol{I}$，$\boldsymbol{R}_k$ 为上三角矩阵。

若矩阵 $\boldsymbol{A}$ 存在复特征值，则随着 k 的增大，$\boldsymbol{A}_k$ 收敛于分块上三角矩阵，对角块为一阶和二阶子块，且对角块每一个 2×2 子块给出 $\boldsymbol{A}$ 的一对共轭复特征值，每一个一阶对角子块给出 $\boldsymbol{A}$ 的实特征值，即

$$\boldsymbol{A}_k \rightarrow \begin{bmatrix} \lambda_1 & \cdots & * & * & \cdots & * \\ & \ddots & \vdots & \vdots & \vdots & \vdots \\ & & \lambda_p & * & \cdots & * \\ & & & \boldsymbol{B}_1 & \cdots & * \\ & & & & \ddots & \vdots \\ & & & & & \boldsymbol{B}_q \end{bmatrix} \tag{4-13}$$

其中，$p+2q=n$，$\boldsymbol{B}_i$ 为 2×2 子块，它给出一对共轭复特征值。

在实际计算中，对次对角元素进行判断，分析某个次对角元素适当小时是否可以将原特征值问题转化为两个降阶的矩阵特征值问题，即

$$\boldsymbol{A}_k \rightarrow \begin{bmatrix} \boldsymbol{H}_{11} & \boldsymbol{H}_{12} \\ \boldsymbol{0} & \boldsymbol{H}_{22} \end{bmatrix}^{p}_{n-p} \quad \begin{matrix} p & n-p \end{matrix} \tag{4-14}$$

矩阵 $\boldsymbol{A}_k$ 的特征值问题分离为 $\boldsymbol{H}_{11}$ 和 $\boldsymbol{H}_{22}$ 两个小矩阵的特征值问题。当 $p=n-1$ 或者 $n-2$，原特征值问题就可以进行收缩。

QR 迭代的收敛速度取决于 $\max|\lambda_{i+1}/\lambda_i|$，和幂法类似，可以引入原点平移法进行加速。选取数列 $\{\mu_k\}$ 作为每步原点位移，则带原点位移的 QR 迭代算法为

$$\begin{cases} \boldsymbol{A}_k - \mu_k \boldsymbol{I} = \boldsymbol{Q}_k \boldsymbol{R}_k \\ \boldsymbol{A}_{k+1} = \boldsymbol{R}_k \boldsymbol{Q}_k + \mu_k \boldsymbol{I} \end{cases} \qquad k = 1,2,\cdots \tag{4-15}$$

对于 μ_k 的选取有两种方法，一种是取 $\boldsymbol{A}_k$ 第（n，n）个元素，即 $\mu_k = a_{n,n}^{(k)}$，另一种是 μ_k 为下式的特征值中最接近 $a_{n,n}^{(k)}$ 的一个。

$$\begin{bmatrix} a_{n-1,n-1}^{(k)} & a_{n-1,n}^{(k)} \\ a_{n,n-1}^{(k)} & a_{n,n}^{(k)} \end{bmatrix} \tag{4-16}$$

以上即单步 QR 方法，是求不出复特征值的。若上式矩阵的特征值为复数时，应用上述算法就要引进复数运算，这对于实矩阵是没有必要的，也颇为不便。解决方法是采用双步 QR 方法，其基本思想是把两步运算并成一步以避免复运算。取共轭复数 μ_k，$\bar{\mu}_k$ 作两步位移的 QR 算法，进一步分析可得出避免复运算的双步 QR 方法，即

$$\begin{cases} \boldsymbol{M}_k = \boldsymbol{A}_k^2 - s\boldsymbol{A}_k + t\boldsymbol{I} \\ \boldsymbol{Q}_k \boldsymbol{R}_k = \boldsymbol{M}_k \\ \boldsymbol{A}_{k+1} = \boldsymbol{Q}_k^{\mathrm{T}} \boldsymbol{A}_k \boldsymbol{Q}_k \end{cases} \tag{4-17}$$

式中，

$$s = a_{n-1,n-1}^{(k)} + a_{n,n}^{(k)},$$

$$t = a_{n-1,n-1}^{(k)} a_{n,n}^{(k)} - a_{n-1,n}^{(k)} a_{n,n-1}^{(k)}$$

在计算矩阵 $\boldsymbol{M}_k$ 时，上述算法计算量较大。因此，完整的 QR 方法，应该先将 $\boldsymbol{A}$ 约化为上 Hessenberg 形式，然后再反复运用 Francis 算法，其中还要检验次对角元，将适当小的次对角元置零，并将问题分解。对于特征向量的计算，可通过逆幂法求得，并要避免复运算。

2. QZ 方法

QZ 方法是求解式（4-7）对应的广义特征值问题，它实质上是把上述 QR 方法应用到矩阵 $\boldsymbol{A}^{-1}\boldsymbol{B}$ 上，但在具体实施过程并不需要形成 $\boldsymbol{A}^{-1}\boldsymbol{B}$，因此该方法不要求 $\boldsymbol{A}$ 是非奇异矩阵。

与 QR 方法类似，为了减少迭代的计算量，通常先利用有限步正交变换（如 Givens 变换等）将矩阵 $\boldsymbol{A}$ 和 $\boldsymbol{B}$ 分别约化为上三角矩阵和上 Hessenberg 矩阵，即寻找正交矩阵 $\boldsymbol{Q}$ 和 $\boldsymbol{Z}$ 使得

$$\begin{gathered}\boldsymbol{A}_1=\boldsymbol{Q}^{\mathrm{T}}\boldsymbol{A}\boldsymbol{Z}=\begin{bmatrix}\boldsymbol{A}_{11} & \boldsymbol{A}_{12} & \cdots & \boldsymbol{A}_{1r}\\ & \boldsymbol{A}_{22} & \cdots & \boldsymbol{A}_{2r}\\ & & \ddots & \vdots\\ & & & \boldsymbol{A}_{rr}\end{bmatrix}\\ \boldsymbol{B}_1=\boldsymbol{Q}^{\mathrm{T}}\boldsymbol{B}\boldsymbol{Z}=\begin{bmatrix}\boldsymbol{B}_{11} & \boldsymbol{B}_{12} & \cdots & \boldsymbol{B}_{1r}\\ & \boldsymbol{B}_{22} & \cdots & \boldsymbol{B}_{2r}\\ & & \ddots & \vdots\\ & & & \boldsymbol{B}_{rr}\end{bmatrix}\end{gathered}\tag{4-18}$$

式中，$\boldsymbol{A}_{jj}$ 和 $\boldsymbol{B}_{jj}$ 都是 1×1 或 2×2 阶的矩阵。当它们是 2×2 阶的矩阵时，且 $\boldsymbol{A}_{jj}$ 是非奇异上三角矩阵，$\boldsymbol{A}_{jj}-\boldsymbol{B}_{jj}$ 有一对复共轭特征值。

当矩阵 $\boldsymbol{A}$ 奇异时，上三角矩阵 $\boldsymbol{A}_1$ 的某些对角元必为零，利用正交变换可以将这些零对角元化到右下角，即

$$\boldsymbol{A}_2=\boldsymbol{Q}_1^{\mathrm{T}}\boldsymbol{A}_1\boldsymbol{Z}_1=\begin{bmatrix}\boldsymbol{A}_{11} & \boldsymbol{A}_{12}\\ & \boldsymbol{0}\end{bmatrix}\quad \boldsymbol{B}_2=\boldsymbol{Q}_1^{\mathrm{T}}\boldsymbol{B}_1\boldsymbol{Z}_1=\begin{bmatrix}\boldsymbol{B}_{11} & \boldsymbol{B}_{12}\\ & \boldsymbol{B}_{22}\end{bmatrix}\tag{4-19}$$

此时，只需求解降阶的 $\boldsymbol{A}_{11}$ 和 $\boldsymbol{B}_{11}$ 对应的特征值问题。为了加快迭代的收敛速度，与 QR 方法的双重步位移类似，也可以将该方法引入 QZ 方法中。有时需要对特征值进行排序，这可以通过正交变换实现对角块的排序。

4.2.3　地震动输入

《隔标》规定对于房屋高度大于 60m 的隔震建筑、不规则的建筑或隔震层隔震支座、阻尼装置及其他装置的组合复杂的隔震建筑，尚应采用时程分析法进行补充计算。地震动输入的确定是时程分析方法实施的基础，地震动输入可以采用实际强震加速度记录或人工模拟地震动加速度，这就涉及实际强震加速度记录选取和人工模拟地震动加速度生成两个方面的问题。

1. 实际强震加速度记录选取

国内外很多学者针对时程分析地震动输入选择的问题做了大量研究工作，提出了多种选择方案，其中基于设计反应谱的强震加速度记录选取方法仍是目前的主流方法。这种方法的本质为对比地震动记录反应谱与设计反应谱的差别，通过遴选力求使所选用的实际记录反应谱与规范设计谱尽可能接近，即通过匹配记录的幅值、加速度反应谱的频谱特性和持时等指标来实现记录选取。

由于能满足所需要的场地各参数的强震动记录数据库有限，通常还需要从其他相似场地中选取历史记录，并通过对目标强度指标进行调幅使其满足要求，地震加速度峰值可按表 4-2 进行调整。在反应谱频谱特性方面，《隔标》要求多组时程曲线的平均地震影响系

数曲线应与振型分解反应谱所采用的地震影响系数曲线在统计意义上相符。具体做法是，所选取的多组地震动加速度时程曲线的平均地震影响系数曲线，与设计反应谱的地震影响系数曲线相比，在对应于结构主要振型周期点上的误差不大于 20%。此外，每条地震加速度时程曲线计算所得结构底部剪力，与振型分解反应谱法计算结果相比一般不小于 65%或大于 135%；多条地震加速度时程曲线计算所得结构底部剪力的平均值，与振型分解反应谱法计算结果相比一般不小于 80%或大于 120%。地震波的持续时间对于考虑累积损伤效应的结构体系具有重要的影响，另外由于隔震结构的周期较长，地震波持续时间过短会导致分析结果的不安全。因此输入的地震加速度时程曲线应包含有效持续时间。有效持续时间一般从首次达到该时程曲线最大峰值的 10%那一点算起，到最后一点达到最大峰值的 10%为止；不论是实际的强震记录还是人工模拟波形，有效持续时间一般为隔震结构基本周期的 5～10 倍，即结构顶点的位移可按基本周期往复 5～10 次。

由于地震动的复杂性，在进行地震波的选取时宜兼顾地震环境、场地类别的相似性，不能仅考察地震波本身与目标反应谱数学意义上的兼容性。由于隔震结构的周期通常是变化的，需注意隔震层的非线性特征，及其在不同地震作用水准下所对应的等效自振周期的不同。应考察地震波反应谱和目标反应谱在设防地震和罕遇地震作用下主要振型周期点谱值的兼容性。主要振型周期点指的是地震作用方向上振型质量贡献累计达到 90%以上的各阶振型所对应的周期点。

时程分析所用水平地震加速度时程的最大值（cm/s^2） **表 4-2**

地震影响	6 度	7 度	8 度	9 度
设防地震	50	100(150)	200(300)	400
罕遇地震	125	220(310)	400(510)	620
极罕遇地震	160	320(460)	600(840)	1080

注：括号内数值分别用于设计基本地震加速度为 0.15g 和 0.3g 的地区。

2. 人工模拟地震动加速度生成

人工模拟加速度时程曲线应符合设计反应谱和设计加速度峰值的基本规定。由于隔震结构的特殊性，其阻尼比的变化范围要大于常规结构，根据目前研究分析结果，按照 5%阻尼比目标规范反应谱生成的人工波在 20%阻尼比条件下的反应谱值要明显小于相应的目标规范反应谱值，相差幅度超过 20%。以 5%阻尼比目标规范反应谱生成的人工波基于时程分析方法计算得到的隔震结构的动力响应偏小。在进行隔震结构的时程分析时，应对此问题加以重视。

现有的人工模式地震动加速度合成方法是采用强度包线进行时域的强度调整，忽略了实际强震记录的频率非平稳特征，在考虑结构的非线性力学行为时，输入地震动的频率非平稳特征可能会对计算结果产生较大的影响。

4.3 地震作用计算

地震作用计算方法按照其简化程度可分为底部剪力法、反应谱方法和时程分析方法，其中反应谱方法仍是目前的主流计算方法。由于等效线性化之后的隔震结构属于非经典阻尼系统，《隔标》引入了复振型叠加反应谱方法。

4.3.1 底部剪力法

底部剪力法是常用的简化方法，其基本思路是，结构底部的剪力等于其总水平地震作用，地震作用由反应谱得到，而地震作用沿结构高度的分布则根据近似的结构侧移假定得到。底部剪力法一般用于分析高度不超过 24m、上部结构以剪切变形为主且质量和刚度沿高度分布比较均匀的隔震建筑。对于不满足规则要求的隔震建筑，不宜将底部剪力法作为设计的依据，否则，要采取有关的调整，使其计算结果合理化。

N 个自由度体系的地震作用下的反应，通过正则坐标转换，可得到在正则坐标系下的 N 个独立方程，对于第 j 振型的正则坐标 x_{pj} 的微分方程为

$$\ddot{x}_{pj}+2\xi_j\omega_j\dot{x}_{pj}+\omega_j^2x_{pj}=-\gamma_j\ddot{u}_g \tag{4-20}$$

$$\gamma_j=\frac{\{x^{(j)}\}^{T}[M]\{1\}}{\{x^{(j)}\}^{T}[M]\{x^{(j)}\}}=\frac{\sum_{i=1}^{n}X_{ij}M_i}{\sum_{i=1}^{n}X_{ij}^2M_i}=\frac{\sum_{i=1}^{n}X_{ij}G_i}{\sum_{i=1}^{n}X_{ij}^2G_i} \tag{4-21}$$

式中，γ_j 称为第 j 振型的参与系数；M_i 为质点 i 的质量；G_i 为质点 i 的重力代表值；X_{ij} 为第 j 振型质点 i 的水平相对位移。

与单质点地震作用的微分方程类似，第 j 振型质点 i 的地震作用标准值为

$$F_{ji}=-\alpha_j\gamma_jX_{ji}G_i \tag{4-22}$$

式中，α_j 为相应于第 j 振型自振周期的地震影响系数。

由于底部剪力法假定第 1 振型为主，则第 1 振型质点 i 的地震作用标准值为

$$F_i=-\alpha_1\gamma_1X_{1i}G_i \tag{4-23}$$

式中，α_1 为第 1 振型自振周期的地震作用影响系数。

结构的水平地震作用标准值为

$$F_{EK}=\sum_{i=1}^{n}F_i=\alpha_1\gamma_1\sum_{i=1}^{n}X_{1i}G_i=\alpha_1\frac{\sum_{i=1}^{n}X_{1i}G_i}{\sum_{i=1}^{n}X_{1i}^2G_i}\sum_{i=1}^{n}X_{1i}G_i=\alpha_1\frac{\left(\sum_{i=1}^{n}X_{1i}G_i\right)^2}{\sum_{i=1}^{n}X_{1i}^2G_i}$$

$$=\alpha_1\sum_{i=1}^{n}G_i\cdot\frac{1}{\sum_{i=1}^{n}G_i}\cdot\frac{\left(\sum_{i=1}^{n}X_{1i}G_i\right)^2}{\sum_{i=1}^{n}X_{1i}^2G_i} \tag{4-24}$$

多自由度采用底部剪力法计算底部剪力与单自由度计算地震剪力的差异为引入一个等效质量系数，即

$$\eta=\frac{1}{\sum_{i=1}^{n}G_i}\frac{\left(\sum_{i=1}^{n}X_{1i}G_i\right)^2}{\sum_{i=1}^{n}X_{1i}^2G_i} \tag{4-25}$$

从而，结构的水平地震作用标准值可进一步表达为

$$F_{EK}=\alpha_1\eta\sum_{i=1}^{n}G_i=\alpha_1G_{eq} \tag{4-26}$$

式中，G_{eq}为结构等效总重力荷载。

与传统抗震结构水平地震作用沿高度按倒三角形分布不同，隔震建筑主要以第 1 阶振型形式运动，即上部结构近似于刚体运动。因此，将水平地震作用沿高度按矩形分布更为合理，同时其大小与质点质量成正比，即

$$F_i = \frac{G_i}{\sum_{j=1}^{n} G_j} F_{\mathrm{EK}} \tag{4-27}$$

4.3.2 反应谱方法

结构的动力特征理论上应该包括质量矩阵 $\boldsymbol{M}$、阻尼矩阵 $\boldsymbol{C}$、刚度矩阵 $\boldsymbol{K}$ 三方面的影响因素。为了简化处理，同时考虑传统结构中阻尼部分影响较小，长期以来采用只考虑质量矩阵 $\boldsymbol{M}$、刚度矩阵 $\boldsymbol{K}$ 的振型分解方法，即所谓的实振型分解方法。当 $\boldsymbol{C}$ 矩阵的影响不可忽略时——比如隔震结构中隔震层的等效阻尼比通常会在 15%以上，大概是上部结构的 3 倍以上，此时再采用实振型分解方法是不合理的。复振型分解法同时考虑了 $\boldsymbol{M}$、$\boldsymbol{C}$、$\boldsymbol{K}$ 矩阵的影响，得到的振型周期、振型阻尼比是结构体系真实的动力特征，在理论上对非比例阻尼问题的处理是精确的；实振型分解法是复振型分解法的一种特例，当 $\boldsymbol{C}$ 矩阵满足比例阻尼假定时由复振型分解法可以退化到实振型分解法；另外，从已有的分析结果看，隔震层阻尼比越大、上部结构层数越多的隔震建筑，采用复振型分解法与实振型分解法的计算结果相差越大，最高可达 35%以上，强迫解耦的实振型分解反应谱法结果小于复振型反应谱法，这是偏于不安全的。因此，《隔标》的振型分解反应谱法默认是基于考虑阻尼矩阵的复振型分解的反应谱方法，基本公式的形式与不考虑阻尼矩阵的振型分解反应谱方法一致，区别在于振型参与系数和振型耦联系数的计算公式。当隔震层阻尼比较小时，可采用强迫解耦振型分解反应谱方法进行简化计算。

1）一般形式的复振型分解反应谱法

地震加速度 $\ddot{u}_g(t)$ 作用下，含 N 个自由度的线性黏滞阻尼体系运动方程为

$$\boldsymbol{M}\ddot{\boldsymbol{u}} + \boldsymbol{C}\dot{\boldsymbol{u}} + \boldsymbol{K}\boldsymbol{u} = -\boldsymbol{M}\boldsymbol{r}\ddot{u}_g(t) \tag{4-28}$$

式中，$\boldsymbol{M}$，$\boldsymbol{C}$ 及 $\boldsymbol{K}$ 表示 $N \times N$ 的质量、阻尼和刚度矩阵，这里 $\boldsymbol{C}$ 为非经典阻尼矩阵；$\boldsymbol{r}$ 为地震影响向量。为对上述方程进行解耦，需要将其转化为 $2N$ 个一阶微分方程，即

$$\boldsymbol{A}\dot{\boldsymbol{v}} + \boldsymbol{B}\boldsymbol{v} = -\boldsymbol{A}\boldsymbol{l}\ddot{u}_g(t) \tag{4-29}$$

式中，

$$\boldsymbol{A} = \begin{bmatrix} \boldsymbol{0} & \boldsymbol{M} \\ \boldsymbol{M} & \boldsymbol{C} \end{bmatrix} \quad \boldsymbol{B} = \begin{bmatrix} -\boldsymbol{M} & \\ & \boldsymbol{K} \end{bmatrix} \quad \boldsymbol{v} = \begin{Bmatrix} \dot{\boldsymbol{u}} \\ \boldsymbol{u} \end{Bmatrix} \quad \boldsymbol{l} = \begin{Bmatrix} \boldsymbol{r} \\ \boldsymbol{0} \end{Bmatrix}$$

矩阵 $\boldsymbol{A}$ 和 $\boldsymbol{B}$ 为对称非正定矩阵，通常式（4-29）对应的特征值 λ_i 成共轭对出现，特征向量 $\boldsymbol{\psi}_i$ 具有形式 $\boldsymbol{\psi}_i = [\lambda_i \boldsymbol{\phi}_i^{\mathrm{T}} \ \boldsymbol{\phi}_i^{\mathrm{T}}]^{\mathrm{T}}$，其中 $\boldsymbol{\phi}_i$ 第 i 阶振动变形模式（振型）。参考经典阻尼体系的特征值表达形式，这里 λ_i 可表达为

$$\lambda_i = -\xi_i \omega_i + \mathrm{i}\omega_i \sqrt{1-\xi_i^2} \tag{4-30}$$

式中，$\mathrm{i} = \sqrt{-1}$。ω_i 与 ξ_i 为第 i 阶自振频率和振型阻尼比，即

$$\omega_i = \sqrt{[\mathrm{Re}(\lambda_i)]^2 + [\mathrm{Im}(\lambda_i)]^2} \qquad \xi_i = -\frac{\mathrm{Re}(\lambda_i)}{\mathrm{Im}(\lambda_i)} \tag{4-31}$$

式中，Re(•)和 Im(•)分别表示取复数的实部和虚部。

利用复振型叠加方法，位移向量 $\boldsymbol{u}$ 可展开为

$$\boldsymbol{u}(t)=\sum_{i=1}^{n}\left[\boldsymbol{\rho}_i\dot{q}_i(t)+\boldsymbol{\varphi}_i q_i(t)\right] \tag{4-32}$$

式中，$\boldsymbol{\rho}_i=2\mathrm{Re}(\boldsymbol{\phi}_i\eta_i)$，$\boldsymbol{\varphi}_i=-2\mathrm{Re}\ (\bar{\lambda}_i\boldsymbol{\phi}_i\eta_i)$，其中 $\eta_i=\boldsymbol{\phi}_i^{\mathrm{T}}\boldsymbol{Mr}/(2\boldsymbol{\phi}_i^{\mathrm{T}}\boldsymbol{M\phi}_i+\boldsymbol{\phi}_i^{\mathrm{T}}\boldsymbol{C\phi}_i)$ 为振型参与系数；$\dot{q}_i(t)$、$q_i(t)$ 为单自由度系统在 $\ddot{u}_{\mathrm{g}}(t)$ 作用下的速度和位移响应，由以下方程确定

$$\ddot{q}_i(t)+2\xi_i\omega_i\dot{q}_i(t)+\omega_i^2q_i(t)=-\ddot{u}_{\mathrm{g}}(t) \tag{4-33}$$

在工程实践中，通常关心的反应量有层位移、层间位移以及剪力、弯矩等，这些反应量是与位移相关的，故任意地震反应量 $R(t)=\boldsymbol{v}^{\mathrm{T}}\boldsymbol{u}(t)$，$\boldsymbol{v}$ 是响应转换向量，与结构的几何、物理属性有关。利用式（4-32），$R(t)$ 可进一步表示为

$$R(t)=\sum_{i=1}^{n}\left[\alpha_i\dot{q}_i(t)+\beta_i q_i(t)\right] \tag{4-34}$$

式中，$\alpha_i=\boldsymbol{v}^{\mathrm{T}}\boldsymbol{\rho}_i$，$\beta_i=\boldsymbol{v}^{\mathrm{T}}\boldsymbol{\varphi}_i$。

假设地震加速度时程为零均值的高斯平稳过程，各阶振型响应的峰值响应系数与总响应峰值系数相等。利用围道积分方法[14,15]，可推导出 $R(t)$ 最大值表达为各个振型峰值响应的组合，即

$$R_{\max}=\left[\sum_{i=1}^{n}\sum_{j=1}^{n}(\alpha_i\alpha_j\rho_{ij}^{\mathrm{vv}}V_iV_j+2\alpha_i\beta_j\rho_{ij}^{\mathrm{vd}}V_iD_j+\beta_i\beta_j\rho_{ij}^{\mathrm{dd}}D_iD_j)\right]^{1/2} \tag{4-35}$$

式中，V_i 与 D_i 分别为第 i 阶振型对应的速度谱值和位移谱值，为了使用的方便，通常速度谱由伪速度谱代替。ρ_{ij}^{vv}，ρ_{ij}^{vd} 和 ρ_{ij}^{dd} 分别为振型速度-速度、速度-位移和位移-位移的振型相关系数，具有以下表达形式（$r=\omega_i/\omega_j$）

$$\rho_{ij}^{\mathrm{vv}}=\frac{8\sqrt{\xi_i\xi_j}(\xi_i+r\xi_j)r^{3/2}}{(1-r^2)^2+4\xi_i\xi_jr(1+r^2)+4(\xi_i^2+\xi_j^2)r^2} \tag{4-36a}$$

$$\rho_{ij}^{\mathrm{vd}}=\frac{4\sqrt{\xi_i\xi_j}(1-r^2)r^{1/2}}{(1-r^2)^2+4\xi_i\xi_jr(1+r^2)+4(\xi_i^2+\xi_j^2)r^2} \tag{4-36b}$$

$$\rho_{ij}^{\mathrm{dd}}=\frac{8\sqrt{\xi_i\xi_j}(r\xi_i+\xi_j)r^{3/2}}{(1-r^2)^2+4\xi_i\xi_jr(1+r^2)+4(\xi_i^2+\xi_j^2)r^2} \tag{4-36c}$$

式（4-35）即在一维地震作用下复振型分解反应谱方法。

2）平动的振型分解反应谱法

平动的振型分解反应谱法是最常用的振型分解法。“平动”表示只考虑单向的地震作用且不考虑结构的扭转振型。

结构第 j 振型、质点 i 的水平地震作用标准值，应按下公式确定：

$$F_{ji}=-\alpha_j\gamma_jX_{ji}G_i \tag{4-37}$$

式中，F_{ji} 为第 j 振型、质点 i 的水平地震作用标准值（N）；α_j 为第 j 振型周期的地震影响系数；X_{ji} 为第 j 振型、质点 i 的水平相对位移（mm）；γ_j 为第 j 振型的参与系数。它们由下式确定

$$X_{ji}=\mathrm{Re}(c_{ji}\phi_{ji}) \tag{4-38}$$

$$\gamma_j=2\mathrm{Re}(\eta_j\lambda_j) \tag{4-39}$$

其中，$c_{ji}=c_{ji}^0\dfrac{\eta_j\lambda_j}{\mathrm{Re}(\eta_j\lambda_j)}$　$\eta_j=\dfrac{-\lambda_j^2\boldsymbol{\phi}_j^{\mathrm{T}}\boldsymbol{Mr}}{-\lambda_j^2\boldsymbol{\phi}_j^{\mathrm{T}}\boldsymbol{M\phi}_j+\boldsymbol{\phi}_j^{\mathrm{T}}\mathbf{K}\boldsymbol{\phi}_j}$

$$c_{ji}^{0}=\begin{cases}\dfrac{(1+\mu)\omega_{\mathrm{b}}^{2}}{\mu\lambda_{j}^{2}}-\dfrac{\lambda_{j}+\alpha}{\lambda_{j}+\beta\lambda_{j}^{2}}\sum\limits_{i=1}^{n}\dfrac{G_{i}\phi_{ji}}{G_{\mathrm{b}}\phi_{j\mathrm{b}}} & \text{隔震层}\\ -\dfrac{\lambda_{j}+\alpha}{\lambda_{j}+\beta\lambda_{j}^{2}} & \text{非隔震楼层}\end{cases} \tag{4-40}$$

式中，G_i、G_b 分别表示集中于质点 i、隔震层的重力荷载代表值（N）；c_{ji} 为 j 复振型、质点 i 的水平相对位移非比例阻尼影响系数，比例阻尼时等于 1；φ_{ji} 为 j 复振型、质点 i 水平相对位移（mm）；η_j 为 j 复振型的参与系数；c_{ji}^0 为 j 复振型、质点 i 的地震作用非比例阻尼影响系数，比例阻尼时等于 1；ω_b 为隔震层圆频率（rad/s），等于隔震层刚度除以隔震结构总质量的平方根；α 为上部结构瑞利阻尼质量比例系数；β 为上部结构瑞利阻尼刚度比例系数；μ 为隔震层质量与上部结构总质量比值。

各振型地震作用效应的组合，可采用平方和开平方法。各质点在第 j 振型水平地震力 F_{ji} 的作用下，可求得对应于第 j 振型的各个构件的地震作用效应 S_j（弯矩 M_j、剪力 V_j、轴向力 N_j 和位移 u_j 等）。构件的地震作用标准值的效应 S_{EK} 按下式计算：

$$S_{\mathrm{EK}}=\sqrt{\sum_{j=1}^{m}(1+\iota_{j}^{2})S_{j}^{2}} \tag{4-41}$$

式中，m 为振型个数；ι_j 为第 j 振型水平地震作用效应非比例阻尼影响系数，即

$$\iota_{j}=\frac{S_{j}^{\mathrm{v}}}{S_{j}} \tag{4-42}$$

其中，S_j^{v} 为第 j 振型速度相关水平地震作用效应（N），由相应速度相关水平地震作用确定，第 j 振型 i 质点速度相关水平地震作用可按下式计算：

$$F_{ji}^{\mathrm{v}}=\alpha_{j}\gamma_{j}\mathrm{Re}\left[(-\xi_{j}+\mathrm{i}\sqrt{1-\xi_{j}^{2}})c_{ji}\phi_{ji}\right]G_{i} \tag{4-43}$$

3）扭转耦联的振型分解反应谱法

对于平面布置有明显不对称的结构，在水平地震作用下将产生明显的平动-扭转耦联效应。考虑扭转影响的结构，假设楼盖平面内刚度为无限大。在自由振型条件下，任一振型 j 在任一楼层 i 具有 3 个振型位移（两个正交的水平移动和一个扭转），即 X_{ji}、Y_{ji}、φ_{ji}，在 x 或 y 方向水平地震作用时，第 j 振型第 i 层质心水平地震作用具有 x、y 向的水平地震作用和绕质心的地震作用扭矩。

结构第 j 振型 i 质点的水平地震作用标准值，应按下列公式确定：

$$F_{Xji}=-\alpha_{j}\gamma_{tj}X_{ji}G_{i} \tag{4-44a}$$

$$F_{Yji}=-\alpha_{j}\gamma_{tj}Y_{ji}G_{i} \tag{4-44b}$$

$$F_{rji}=-\alpha_{j}\gamma_{tj}r_{i}^{2}\varphi_{ji}G_{i} \tag{4-44c}$$

式中，F_{Xji}、F_{Yji}、F_{rji} 分别为第 j 振型第 i 层的 x 方向、y 方向和转角方向的水平地震作用标准值（N）；X_{ji}、Y_{ji} 分别为第 j 振型第 i 层质心在 x、y 方向的水平相对位移（mm）；φ_{ji} 为第 j 振型 i 层的相对扭转转角（°）；r_i 为第 i 层的转动半径，可取第 i 层绕质心的转动惯量除以该层质量的商的正二次方根；γ_{tj} 为计入扭转的第 j 振型的参与系数。

考虑单向水平地震作用下扭转的地震作用效应，由于振型效应彼此耦联，组合用完全二次型组合法（CCQC），即

$$S_{\mathrm{EK}}=\sqrt{\sum_{j=1}^{m}\sum_{k=1}^{m}\rho_{jk}S_{j}S_{k}} \tag{4-45}$$

$$\rho_{jk}=\frac{8\sqrt{\xi_j\xi_k}(\lambda_T\xi_k+\xi_j)\lambda_T^{1.5}}{(1-\lambda_T^2)^2+4\xi_k\xi_j\lambda_T(1+\lambda_T^2)+4(\xi_k^2+\xi_j^2)\lambda_T^2}\left(1+\iota_j\frac{-1+\lambda_T^2}{\lambda_T\xi_k+\xi_j}+\iota_k\iota_j\frac{\lambda_T\xi_j+\xi_k}{\lambda_T\xi_k+\xi_j}\right)\tag{4-46}$$

式中，S_{EK}为地震作用标准值的组合效应（N）；S_j、S_k 分别为第 j、k 振型水平地震作用标准值的效应（N），可根据振型参与质量系数确定参与计算的振型数；ρ_{jk} 为第 j 振型与第 k 振型的耦联系数；ξ_j、ξ_k 分别为第 j、k 振型的阻尼比；λ_T 为第 k 振型与第 j 振型的自振周期比。

双向水平地震作用下的效应，可按下列公式中的较大值确定：

$$S_{EK}=\sqrt{S_x^2+(0.85S_y)^2}\tag{4-47}$$

或

$$S_{EK}=\sqrt{S_y^2+(0.85S_x)^2}\tag{4-48}$$

式中，S_x、S_y 分别为 x 向、y 向单向水平地震作用。

4）竖向地震作用振型分解反应谱法

《隔标》建议 7 度（0.15g）、8 度和 9 度时的长悬臂或大跨结构，及 9 度时的高层建筑结构，应计算竖向地震作用。计算结构竖向地震作用的方法可以采用类似于水平地震作用底部剪力法的简化方法，也可以采用振型分解反应谱方法。反应谱方法更能反映结构的动力特性，但需要建立相应的竖向地震反应谱。通过将一些台站同时记录到的水平和竖向地震加速度记录按场地分类，求出各类场地竖向和水平向的平均反应谱，发现竖向和水平地震反应谱形状相差不大，故可以近似采用水平地震反应谱曲线来计算竖向地震作用。考虑到竖向地震加速度峰值平均值约为水平地震加速度峰值的 1/2～2/3，通常竖向地震影响系数 α_v 取水平地震影响系数的 65%。此外，与水平地震作用振型分解反应谱方法不同，隔震层的竖向阻尼比可取上部结构的阻尼比，但不宜大于 5%。

4.3.3　时程分析法

时程分析法又称直接动力法，将地震记录数字化（即每一时刻对应的加速度值），根据结构的参数，由初始状态开始一步一步积分求解运动方程，从而了解结构整个地震加速度记录时间过程的地震反应（速度、位移和加速度）。

地震作用下 N 个自由度的运动方程为

$$\boldsymbol{M}\ddot{\boldsymbol{u}}+\boldsymbol{C}\dot{\boldsymbol{u}}+\boldsymbol{K}\boldsymbol{u}=-\boldsymbol{M}\boldsymbol{r}\ddot{u}_g(t)\tag{4-49}$$

求解运动方程的逐步积分方法有线性加速度法、Wilson-θ 法和 Newmark-β 法。当结构在地震作用下处于弹性状态时，构件的刚度不变，则上式的刚度矩阵保持不变；当结构在强烈地震作用下进入弹塑性阶段时，构件的刚度按照恢复力特征曲线上的位置取值，在振动过程中不断地变化。

《隔标》规定对于房屋高度大于 60m 的隔震建筑、不规则的建筑或隔震层隔震支座、阻尼装置及其他装置的组合复杂的隔震建筑，尚应采用时程分析法进行补充计算。在计算模型方面，对特殊设防类、重点设防类隔震建筑及标准设防类不规则隔震建筑，隔震体系的计算模型宜考虑结构杆件的空间分布、弹性楼板假定、隔震支座的位置、隔震建筑的质量偏心、在两个水平方向的平移和扭转、隔震层的非线性阻尼特性以及荷载-位移关系特性等。在设防地震作用下，隔震建筑上部和下部结构的荷载-位移关系特性可采用线弹性力学模型；隔震层应采用隔震产品试验提供的滞回模型，按非线性阻尼特性以及非线性荷载-位移关系特性进行分析。在罕遇地震或极罕遇地震作用下，隔震建筑上部结构和下部结构宜采用弹塑性分析模型。隔震支座单元应能够合理模拟隔震支座非线性特性，计算分析时，应按实际荷载工况顺序合理加载。

采用时程分析法时，应选用足够数量的实际强震记录加速度时程曲线和人工模拟地震动加速度时程曲线进行输入。宜选取不少于 2 组人工模拟加速度时程曲线和不少于 5 组实际强震记录或修正的加速度时程曲线。地震作用取 7 组加速度时程曲线计算结果的峰值平均值。采用振型分解反应谱法和时程分析法同时计算时，地震作用结果应取时程分析法与振型分解反应谱法的包络值。

4.4　构件截面设计

《隔标》要求隔震建筑在遭受相当于本地区基本烈度的设防地震时，主体结构基本不受损坏或不需修理即可继续使用。根据该基本设防目标，参考行业标准《高层建筑混凝土结构技术规程》JGJ 3—2010[6]中结构抗震性能设计的相关规定，对隔震结构构件进行截面设计。针对持久设计状况、短暂设计状况和地震设计状况下构件的承载力极限状态设计，与现行国家标准《工程结构可靠性设计统一标准》GB 50153[10]和《抗规》保持一致。《隔标》采用中震设计，在地震设计状况下构件的承载力极限状态设计时不考虑风荷载组合。

4.4.1　截面验算表达式

根据功能、作用、位置及重要性等将隔震结构构件（不包括隔震支座、滑板支座、阻尼器）分为关键构件、普通竖向构件、重要水平构件和普通水平构件，其中关键构件是指构件的失效可能引起结构的连续破坏或危及生命安全的严重破坏，可由结构工程师根据工程实际情况分析确定，例如：隔震层支墩、支柱及相连构件，底部加强部位的重要竖向构件、水平转换构件及与其相连竖向支承构件等。普通竖向构件是指关键构件之外的竖向构件；重要水平构件是指关键构件之外不宜提早屈服的水平构件，包括对结构整体性有较大影响的水平构件、承受较大集中荷载的楼面梁（框架梁、抗震墙连梁）、承受竖向地震的悬臂梁等；普通水平构件包括一般的框架梁、抗震墙连梁等。

1. 关键构件

对于关键构件，要求其抗震承载力满足弹性设计要求，并应符合下式规定：

$$\gamma_G S_{GE} + \gamma_{Eh} S_{Ehk} + \gamma_{Ev} S_{Evk} \leqslant R/\gamma_{RE} \tag{4-50}$$

式中，R 为构件承载力设计值（N）；γ_{RE}为承载力抗震调整系数，应符合现行国家标准《建筑抗震设计规范》GB 50011 的规定；S_{GE}为重力荷载代表值的效应（N）；γ_G 为重力荷载代表值的分项系数，应符合现行国家标准《建筑抗震设计规范》GB 50011 的规定；S_{Ehk}为水平地震作用标准值的效应（N），尚应乘以相应的增大系数、调整系数；γ_{Eh}为水平地震作用分项系数，应符合现行国家标准《建筑抗震设计规范》GB 50011 的规定；S_{Evk}为竖向地震作用标准值的效应（N），尚应乘以相应的增大系数、调整系数；γ_{Ev}为竖向地震作用分项系数，应符合现行国家标准《建筑抗震设计规范》GB 50011 的规定。

2. 普通竖向构件及重要水平构件

对于普通竖向构件及重要水平构件，要求其受剪承载力满足弹性设计要求，即应符合式（4-50）的规定，而正截面承载力需满足屈服承载力设计。所谓“屈服承载力设计”是指构件按材料强度标准值计算的承载力 R_k 不小于按重力荷载及地震作用标准值计算的构件组合内力，按式（4-51）、式（4-52）的规定验算。

$$S_{GE}+S_{Ehk}+0.4S_{Evk}\leqslant R_k \tag{4-51}$$

$$S_{GE}+0.4S_{Ehk}+S_{Evk}\leqslant R_k \tag{4-52}$$

式中，R_k 为构件承载力标准值（N），按材料强度标准值计算。

3. 普通水平构件

对于框架梁、抗震墙连梁等普通水平构件，为实现“强柱弱梁”“强剪弱弯”的原则，以及充分发挥纵向钢筋的强度，允许构件支座正截面局部进入轻微非线性状态，并应控制其程度以使结构满足“不需修理可继续使用”的性能目标。因此，计算分析时可不考虑楼板作为翼缘对梁刚度的影响，并且在普通水平构件正截面屈服承载力设计时，对钢筋混凝土梁支座或节点边缘截面可考虑钢筋的超强系数1.25。普通水平构件的抗剪承载力应符合式（4-51）的规定，构件正截面承载力应符合式（4-53）的规定：

$$S_{GE}+S_{Ehk}+0.4S_{Evk}\leqslant R_k^* \tag{4-53}$$

式中，R_k^* 为构件承载力标准值（N），按材料强度标准值计算，对钢筋混凝土梁支座或节点边缘截面可考虑钢筋的超强系数1.25。

除了构件层次，《隔标》还规定设防地震作用计算时，隔震结构各楼层对应于地震作用标准值的剪力应符合式（4-54）的要求：

$$V_{Eki}\geqslant\lambda\sum_{j=i}^{n}G_j \tag{4-54}$$

式中，V_{Eki}为第 i 层对应于水平地震作用标准值的楼层剪力（N）；λ 为水平地震剪力系数，不应小于表4-3规定的值；对于竖向不规则结构的薄弱层，尚应乘以增大系数，增大系数取值1.15；G_j 为第 j 层的重力荷载代表值（N）；n 为结构计算总层数。

楼层最小地震剪力系数值　　**表4-3**

类别	6度	7度	8度	9度
扭转效应明显或基本周期小于3.5s的结构	0.008	0.016(0.024)	0.032(0048)	0.064
基本周期大于5.0s的结构	0.006	0.012(0.018)	0.024(0.036)	0.048

注：1. 表中的基本周期指与隔震结构相应的抗震结构基本周期；
2. 基本周期介于3.5～5.0s之间的结构，应允许采用线性插值取值；
3. 7、8度时括号内数值分别用于设计基本地震加速度为0.15g 和0.30g 的地区。

4.4.2　基于性能的截面设计

隔震建筑抗震性能设计应分析隔震结构方案的特殊性，选用适宜的结构抗震性能目标，并采取满足预期抗震性能目标的措施。隔震结构抗震性能目标应综合考虑抗震设防类别、设防烈度、场地条件、隔震层设置和结构的特殊性等各项因素选定。结构抗震性能目标设为A、B、C、D四个等级（表4-4），结构抗震性能分为1、2、3、4、5、6六个水准

（表 4-4），每个性能目标均与一组在指定地震地面运动下的结构抗震性能水准相对应，其中结构抗震性能水准可按表 4-5 进行宏观判别。

结构抗震性能水准 表 4-4

地震水准	性能目标			
	A	B	C	D
设防地震	1	1	2	2
罕遇地震	1	3	4	5
极罕遇地震	3	4	5	6

各性能水准结构预期的震后性能状态 表 4-5

结构抗震性能水准	宏观损坏程度	损坏部位			继续使用的可能性
		关键构件	普通竖向构件及重要水平构件	普通水平构件	
1	完好、无损坏	无损坏	无损坏	无损坏	不需修理即可继续使用
2	基本完好	无损坏	无损坏	轻微损坏	不需修理即可继续使用
3	轻度损坏	轻微损坏	轻微损坏	轻度损坏、部分中度损坏	一般修理后可继续使用
4	轻—中度损坏	轻微损坏、部分轻度损坏	轻度损坏	中度损坏	修复后可继续使用
5	中度损坏	轻度损坏	部分构件中度损坏	中度损坏、部分比较严重损坏	修复或加固后可继续使用
6	比较严重损坏	中度损坏	部分构件比较严重损坏	比较严重损坏	需排险大修

不同抗震性能水准的结构设计应符合下列规定：

（1）第 1 性能水准的结构，应满足弹性设计要求，在设防地震或预估的罕遇地震作用下，结构构件的抗震承载力应符合式（4-50）的规定。

（2）第 2 性能水准的结构，在设防地震作用下，关键构件抗震承载力应符合式（4-50）的规定；普通竖向构件及重要水平构件的受剪承载力应符合式（4-50）的规定，其正截面承载力应符合式（4-51）、式（4-52）的规定；普通水平构件的受剪承载力应符合式（4-51)的规定，其正截面承载力应符合式（4-53）的规定。

（3）第 3 性能水准的结构应进行弹塑性计算分析。在预估的罕遇地震或极罕遇地震作用下，关键构件、普通竖向构件及重要水平构件的受剪承载力应符合式（4-50）的规定，其正截面承载力应符合式（4-51）、式（4-52）的规定；部分普通水平构件进入屈服阶段，但其受剪承载力应符合式（4-51）的规定；结构薄弱部位的层间位移角应符合相关规定。

（4）第 4 性能水准的结构应进行弹塑性计算分析。在预估的罕遇地震或极罕遇地震作用下，关键构件的抗震承载力应符合式（4-51）、式（4-52）的规定；普通竖向构件及重要水平构件的受剪承载力应符合式（4-51）、式（4-52）的规定；部分普通水平构件进入屈服阶段；结构薄弱部位的层间位移角应符合《隔标》的相关规定。

（5）第 5 性能水准的结构应进行弹塑性计算分析。在预估的罕遇地震或极罕遇地震作用下，关键构件的抗震承载力应符合式（4-51）、式（4-52）的规定；部分竖向构件进入屈服阶段，但钢筋混凝土竖向构件的受剪截面应符合式（4-56）的规定，钢-混凝土组合抗震墙的受剪截面应符合式（4-56）的规定；大部分水平构件进入屈服阶段；结构薄弱部位的层间位移角应符合《隔标》的相关规定。

$$V_{GE} + V_{Ek}^{*} \leqslant 0.15 f_{ck} b h_0 \tag{4-55}$$

$$V_{GE} + V_{Ek}^{*} - (0.25 f_{ak} A_a + 0.5 f_{spk} A_{sp}) \leqslant 0.15 f_{ck} b h_0 \tag{4-56}$$

式中，V_{GE}为重力荷载代表值作用下的构件剪力（N）；V_{Ek}^{*}为地震作用标准值的构件剪力（N），不需考虑相应的增大系数或调整系数；f_{ck}为混凝土轴心抗压强度标准值（N/mm²）；f_{ak}为抗震墙端部暗柱中型钢的强度标准值（N/mm²）；A_a 为抗震墙端部暗柱中型钢的截面面积（mm²）；f_{spk}为抗震墙墙内钢板的强度标准值（N/mm²）；A_{sp}为抗震墙墙内钢板的横截面面积（mm²）。

（6）第 6 性能水准的结构应进行弹塑性计算分析。在预估的极罕遇地震作用下，关键构件受剪时不宜进入屈服阶段；较多的竖向构件进入屈服阶段，但同一楼层的竖向构件不宜全部屈服；允许部分普通水平构件发生比较严重的破坏；结构薄弱部位的层间位移角应符合相关规定。

4.5　隔震结构设计

《隔标》规定当遭受相当于本地区基本烈度的设防地震时，主体结构基本不受损坏或不需修理即可继续使用；当遭受罕遇地震时，结构可能发生损坏，经修复后可继续使用。除了进行构件截面承载力验算外，为满足设防目标，还需进行变形验算。

4.5.1　上部结构变形验算

层间位移角是控制结构性态的重要指标，层间位移角限值保证结构具有足够刚度和地震安全性，日本、美国在建筑结构抗震标准研究方面比较成熟且震害经验比较丰富。日本的混凝土结构以框架结构为主，日本建筑学会出版的《隔震结构设计指南》（《免震構造設計指針》，2008）中，认为混凝土框架结构处于弹性状态的层间位移角限值为 1/300，处于不屈服状态的层间位移角限值为 1/200。美国国际规范委员会（International Code Council）出版的规范 IBC 2012（International Building Code 2012）和美国土木工程师协会（American Society of Civil Engineers）出版的 ASCE 7-10（Minimum Design Loads for Building and other Structure），针对结构的层间变形验算也提出了要求，将其与国家标准《建筑抗震设计规范》GB 50011—2010（2016 年版）的相应规定进行逻辑上的统一后基本可以得出，美国规范建议的混凝土框架结构的弹性层间位移角限值在 1/400 左右，混凝土的剪力墙、框架-剪力墙结构、框架-核心筒的层间位移角限值在 1/500 左右。近年来国内外专家学者对建筑结构抗震性态进行了大量研究，有不少研究结果表明，《建筑抗震设计规范》GB 50011—2010（2016 年版）规定的层间位移角限值，与国际上较权威的国家级标准相比偏于保守。

表 4-6 规定的弹性层间位移角限值，综合考虑了近年的相关研究结果，在《建筑抗震设计规范》GB 50011—2010（2016 年版）的基础上略作放松。表 4-7 规定的弹塑性层间位移角限值，参考了近年的相关研究和试算结果，使上部结构在罕遇地震作用下的损坏控制在可修复范围。表 4-8 给出的上部结构在极罕遇地震作用下的弹塑性层间位移角限值，与《建筑抗震

设计规范》GB 50011—2010(2016 年版)对罕遇地震下结构变形的限值规定基本相当。

上部结构设防地震作用下弹性层间位移角限值　　表 4-6

上部结构类型	[θ_e]
钢筋混凝土框架结构	1/400
底部框架砌体房屋中的框架-抗震墙、钢筋混凝土框架-抗震墙、框架-核心筒结构	1/500
钢筋混凝土抗震墙、板柱-抗震墙结构	1/600
钢结构	1/250

上部结构罕遇地震作用下弹塑性层间位移角限值　　表 4-7

上部结构类型	[θ_p]
钢筋混凝土框架结构	1/100
底部框架砌体房屋中的框架-抗震墙、钢筋混凝土框架-抗震墙、框架-核心筒结构	1/200
钢筋混凝土抗震墙、板柱-抗震墙结构	1/250
钢结构	1/100

上部结构极罕遇地震作用下弹塑性层间位移角限值　　表 4-8

上部结构类型	[θ_p]
钢筋混凝土框架结构	1/50
底部框架砌体房屋中的框架-抗震墙、钢筋混凝土框架-抗震墙、框架-核心筒结构	1/100
钢筋混凝土抗震墙、板柱-抗震墙结构	1/120
钢结构	1/50

4.5.2　隔震层设计

1. 设计原则

(1) 阻尼装置、抗风装置和抗拉装置可与隔震支座合为一体，亦可单独设置。必要时可设置限位装置。

(2) 同一隔震层选用多种类型、规格的隔震装置时，每个隔震装置的承载力和水平变形能力应能充分发挥，所有隔震装置的竖向变形应保持基本一致。橡胶类支座不宜与摩擦摆等钢支座在同一隔震层中混合使用。

(3) 隔震层采用摩擦摆隔震支座时，应考虑支座水平滑动时产生的竖向位移，及其对隔震层和结构的影响。

(4) 当隔震层采用隔震支座和阻尼器时，应使隔震层在地震后基本恢复原位，隔震层在罕遇地震作用下的水平最大位移所对应的恢复力，不宜小于隔震层屈服力与摩阻力之和的 1.2 倍。

(5) 隔震层宜设置在结构的底部或中下部，其隔震支座应设置在受力较大的部位，隔震支座的规格、数量和分布应根据竖向承载力、侧向刚度和阻尼的要求由计算确定。

(6) 隔震支座底面宜布置在相同标高位置上；当隔震层的隔震装置处于不同标高时，应采取有效措施保证隔震装置共同工作，且罕遇地震作用下，相邻隔震层的层间位移角不应大于 1/1000。

(7) 隔震支座的平面布置宜与上部结构和下部结构中竖向受力构件的平面位置相对

应；不能相对应时，应采取可靠的结构转换措施。

（8）隔震层刚度中心与质量中心宜重合，设防烈度地震作用下的偏心率不宜大于 3%。

（9）同一支承处采用多个隔震支座时，隔震支座之间的净距应能满足安装和更换所需的空间尺寸。

2. 承载能力验算

首先，隔震支座需要满足受压承载力的要求，在重力荷载代表值作用下，竖向压应力设计值不应超过表 4-9 的规定。对于隔震橡胶支座，当第二形状系数（有效直径与橡胶层总厚度之比）小于 5.0 时，应降低平均压应力限值：小于 5.0、不小于 4.0 时降低 20%，小于 4.0、不小于 3.0 时降低 40%；标准设防类建筑外径小于 300mm 的支座，其压应力限值为 10MPa。对于弹性滑板支座，橡胶支座部及滑移材料的压应力限值均应满足表 4-9，支座部外径不宜小于 300mm。对于摩擦摆隔震支座，摩擦材料的压应力限值也应满足表 4-9的规定。

隔震支座在重力荷载代表值作用下的压应力限值（MPa）　　**表 4-9**

支座类型	特殊设防类建筑	重点设防类建筑	标准设防类建筑
隔震橡胶支座	10	12	15
弹性滑板支座	12	15	20
摩擦摆隔震支座	20	25	30

其次，为保证隔震层在风载和微小地震作用下，隔震层不屈服，防止产生较大的位移影响隔震建筑的适用性，对抗风装置的水平承载力需满足下式规定：

$$\gamma_w V_{wk} \leqslant V_{Rw} \tag{4-57}$$

式中，V_{Rw}为隔震层抗风承载力设计值（N），隔震层抗风承载力由抗风装置和隔震支座的屈服力构成，按屈服强度设计值确定；γ_w 为风荷载分项系数，可取 1.4；V_{wk}为风荷载作用下隔震层的水平剪力标准值（N）。

最后，隔震建筑还需要进行整体抗倾覆验算和隔震支座拉压承载能力验算，结构整体抗倾覆验算时，应按罕遇地震作用计算倾覆力矩，并应按上部结构重力代表值计算抗倾覆力矩，抗倾覆力矩与倾覆力矩之比不应小于 1.1。

3. 水平变形验算

罕遇地震、极罕遇地震作用下隔震支座的水平位移可采用振型分解反应谱法结合迭代的方法或时程分析法，对隔震体系整体进行分析，确定不同设防地震作用下隔震层位移幅值。当采用底部剪力法确定地震作用的隔震结构，其隔震层水平位移可采用如下简化方法：

$$u_w = \frac{F_h}{K_h} \tag{4-58}$$

式中，u_h 为隔震层水平位移（mm）；F_h 为隔震层的水平剪力（kN）；K_h 为隔震层水平刚度（kN/mm）。

隔震支座在地震作用下的水平位移，应符合下式规定：

$$u_{hi} \leqslant [u_{hi}] \tag{4-59}$$

式中，u_{hi}为第 i 个隔震支座考虑扭转的水平位移（mm）；$[u_{hi}]$ 为第 i 个隔震支座的水平位移限值（mm），按如下规定取值：

除特殊规定外，在罕遇地震作用下，隔震橡胶支座的［u_{hi}］取值不应大于支座直径的0.55倍和各层橡胶厚度之和3.0倍二者的较小值；弹性滑板支座的［u_{hi}］取值不应大于其产品水平极限位移的0.75倍；摩擦摆隔震支座的［u_{hi}］取值不应大于其产品水平极限位移的0.85倍。

对特殊设防类建筑，在极罕遇地震作用下，隔震橡胶支座的［u_{hi}］值可取各层橡胶厚度之和的4.0倍；弹性滑板支座、摩擦摆隔震支座的［u_{hi}］值可取产品水平极限位移；隔震层宜设置超过极罕遇地震下位移的限位装置。

隔震支座产品的水平极限变形或水平极限位移，应以产品型检报告为准；隔震橡胶支座产品的水平极限变形不应低于各层橡胶厚度之和的4.0倍；弹性滑板支座产品水平极限位移，不应小于同一隔震层中隔震橡胶支座产品水平极限位移的最大值。

4.5.3　下部结构设计

对于隔震结构体系的稳定性来说，隔震层以下的结构应具有较高的刚度。在设防地震作用下，上部结构一般具有明显的隔震效果，而下部结构的减震效果相对不明显，除需要满足抗震承载力要求外，层间位移角限值还应符合表4-10的规定。在罕遇地震作用下，对下部结构的弹塑性层间位移角限值要求与上部结构相当，是一种比较合理的设计思路，可参考表4-11的限值；在极罕遇地震作用下，下部结构宜采用更加严格的弹塑性层间位移角限值，如表4-12所示，以提高隔震结构体系的整体稳定性和安全性。

地下室无开大洞时，可按整体地下室模型进行层间位移角验算。另外应区分，隔震层以下的地下室，可不受表4-11的限值规定，而隔震层以下地面以上的结构，应符合表4-11的限值规定。

下部结构在设防烈度地震作用下弹性层间位移角限值　表4-10

下部结构类型	［θ_e］
钢筋混凝土框架结构	1/500
底部框架砌体房屋中的框架-抗震墙、钢筋混凝土框架-抗震墙、框架-核心筒结构	1/600
钢筋混凝土抗震墙、板柱-抗震墙结构	1/700
钢结构	1/300

下部结构在罕遇地震作用下弹塑性层间位移角限值　表4-11

下部结构类型	［θ_p］
钢筋混凝土框架结构	1/100
底部框架砌体房屋中的框架-抗震墙、钢筋混凝土框架-抗震墙、框架-核心筒结构	1/200
钢筋混凝土抗震墙、板柱-抗震墙结构	1/250
钢结构	1/100

下部结构在极罕遇地震作用下弹塑性层间位移角限值　表4-12

下部结构类型	［θ_p］
钢筋混凝土框架结构	1/60
底部框架砌体房屋中的框架-抗震墙、钢筋混凝土框架-抗震墙、框架-核心筒结构	1/130
钢筋混凝土抗震墙、板柱-抗震墙结构	1/150
钢结构	1/60

第 5 章　隔震支座及隔震构造

5.1　一般规定

5.1.1　隔震支座类型

目前，隔震结构宜采用的成熟隔震支座类型，主要包括天然橡胶支座（LNR）、铅芯橡胶支座（LRB）、高阻尼橡胶支座（HDR）、弹性滑板支座（ESB）和摩擦摆隔震支座（FPS）等。其中，前四类均属建筑隔震橡胶支座。目前应用最广的建筑隔震支座属建筑隔震橡胶支座，建筑隔震橡胶支座通常采用多层厚度较小的薄钢板及薄橡胶相互叠加、外包橡胶保护层整体硫化而成。其竖向极限承载能力可以达到 90MPa 以上，具有水平变形能力大的特点。外包橡胶保护层使支座具有耐老化特性，可以保证支座使用寿命超过 50 年。建筑结构典型的隔震层组成如图 5-1 所示，通常由多个隔震支座组成，有时附加设置阻尼装置、抗风装置、限位装置和抗拉装置等，保障隔震层的正常工作。除了隔震支座之外的其他几类装置，根据结构的受力情况不同选择采用，在一些比较简单的建筑隔震法中，可以只设隔震支座，其中部分选用含阻尼功能的支座，如铅芯橡胶支座（LRB）等，节约空间，如图 5-2 所示。

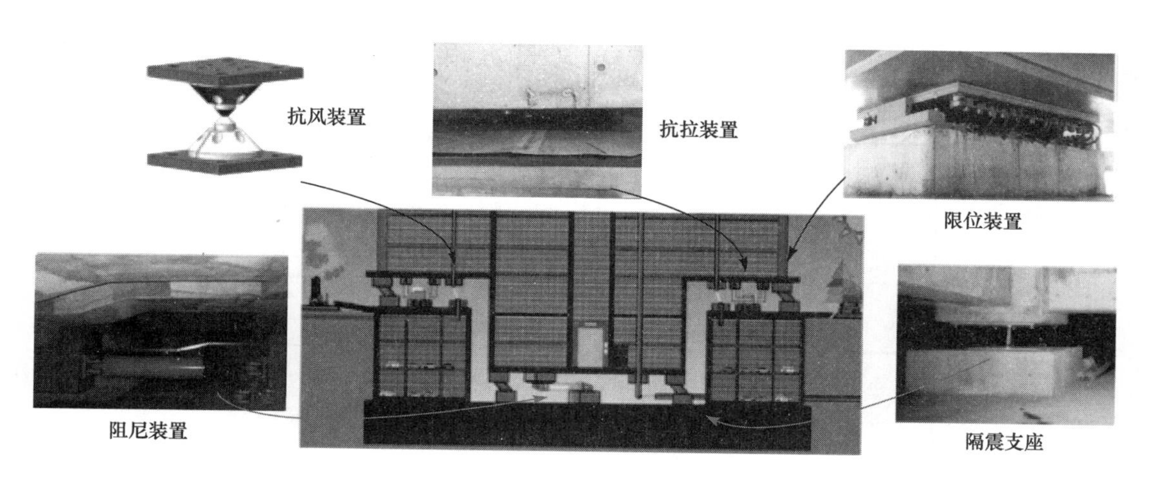

图 5-1　典型隔震层组成

按照国家标准《橡胶支座 第 3 部分：建筑隔震橡胶支座》GB 20688.3—2006[9]，建筑隔震橡胶支座主要分为天然橡胶支座（LNR）、铅芯橡胶支座（LRB）和高阻尼橡胶支座（HDR），其组成部分如图 5-3(a)、图 5-4(a)、图 5-5(a)所示。

天然橡胶支座（LNR）内部橡胶为天然橡胶，其阻尼耗能能力小，通常可以忽略不计，可以认为是具有竖向弹性刚度和水平弹性刚度的支座，其典型的水平向的力-位移曲线如图 5-3(b)所示。

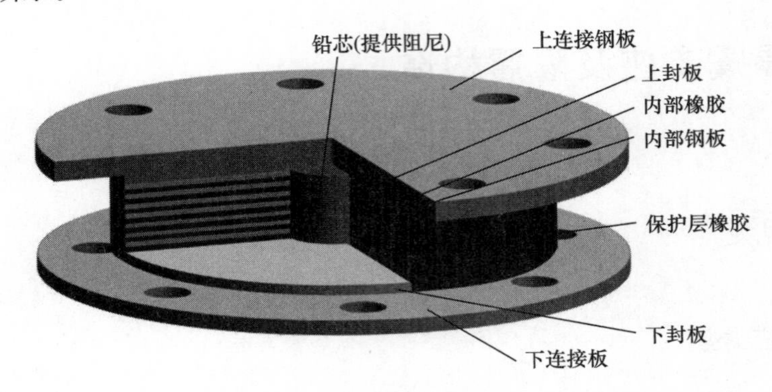

图 5-2 铅芯橡胶支座

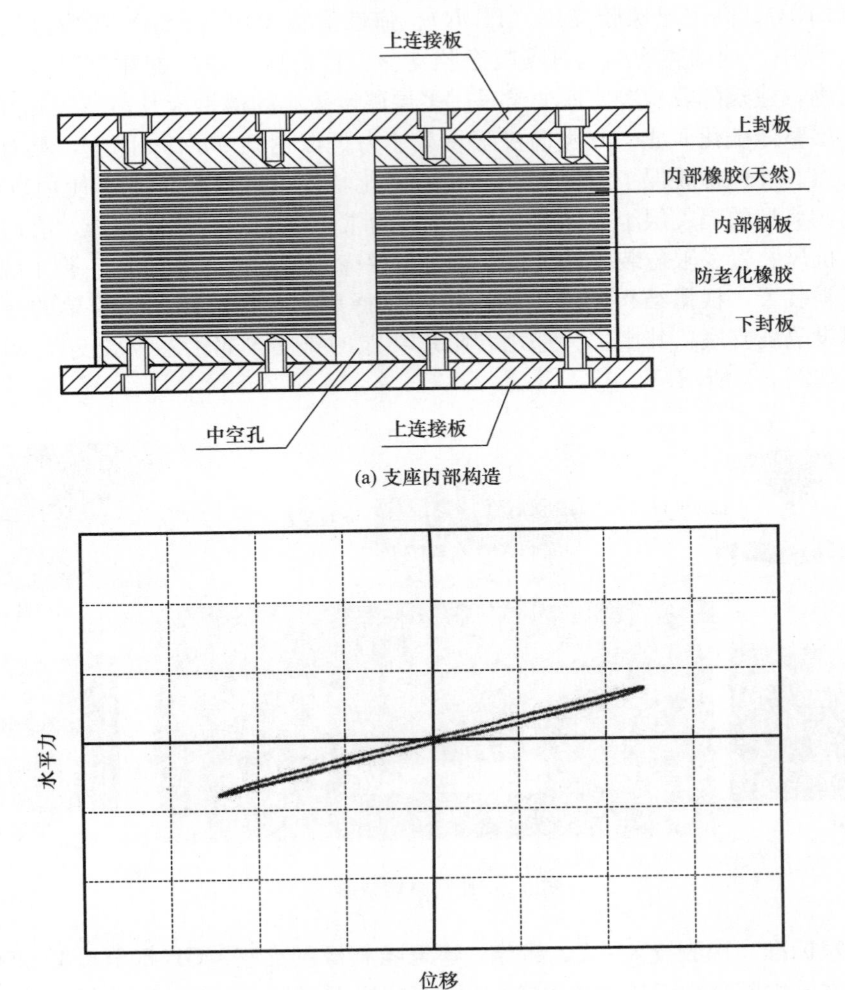

图 5-3 LNR 内部构造及支座试验水平滞回曲线

在天然橡胶支座（LNR）的中部可开具一定直径的圆通孔（一般开孔直径小于 20%橡胶支座直径），在橡胶支座硫化而成后，将略大于孔直径的固态铅棒采用压力设备压入支座孔中，形成铅芯橡胶支座。由于铅具有一定的剪切屈服强度，在支座发生水平变形时，铅芯发生屈服，提供滞回耗能功能，其水平向力-位移曲线如图 5-4(b)所示，滞回曲线较 LNR 更为饱满。

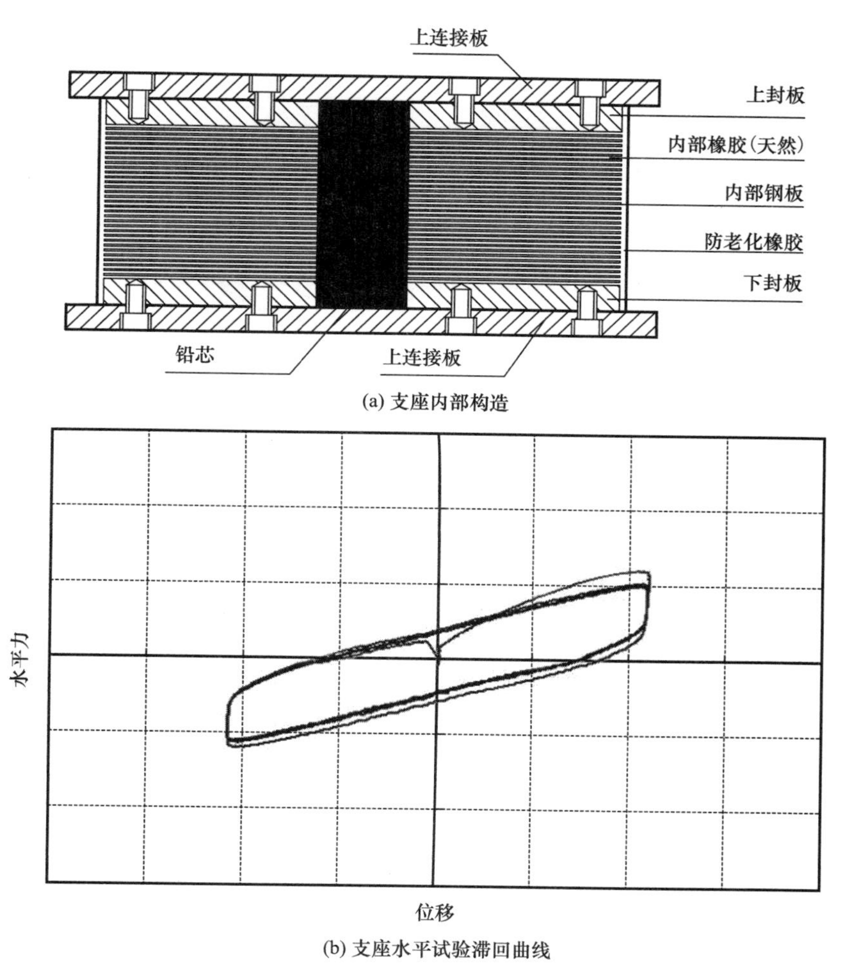

(a) 支座内部构造

(b) 支座水平试验滞回曲线

图 5-4　LRB 内部构造及支座试验水平滞回曲线

在天然橡胶支座中，将内部橡胶硫化前添加一种特殊成分，可以使支座具有与铅芯橡胶支座类似的耗能特性，即为高阻尼橡胶支座（HDR），其典型力-位移曲线如图 5-5(b)所示。

目前，LNR 和 LRB 在我国建筑隔震中运用最多，而 HDR 应用相对少一些。上述三种支座目前已有非常成熟的试验方法标准《橡胶支座 第 1 部分：隔震橡胶支座试验方法》GB/T 20688.1—2007[16]和产品检验标准《橡胶支座 第 3 部分：建筑隔震橡胶支座》GB 20688.3—2006[9]，前者是支座在进行各种性能检测时需要采用的具体试验方法，可以作为第三方检测机构进行检测操作的指导方法，后者是规定建筑隔震支座产品（LNR，LRB，HDR）需要进行的各种性能检测，以及规定相应的指标要求。

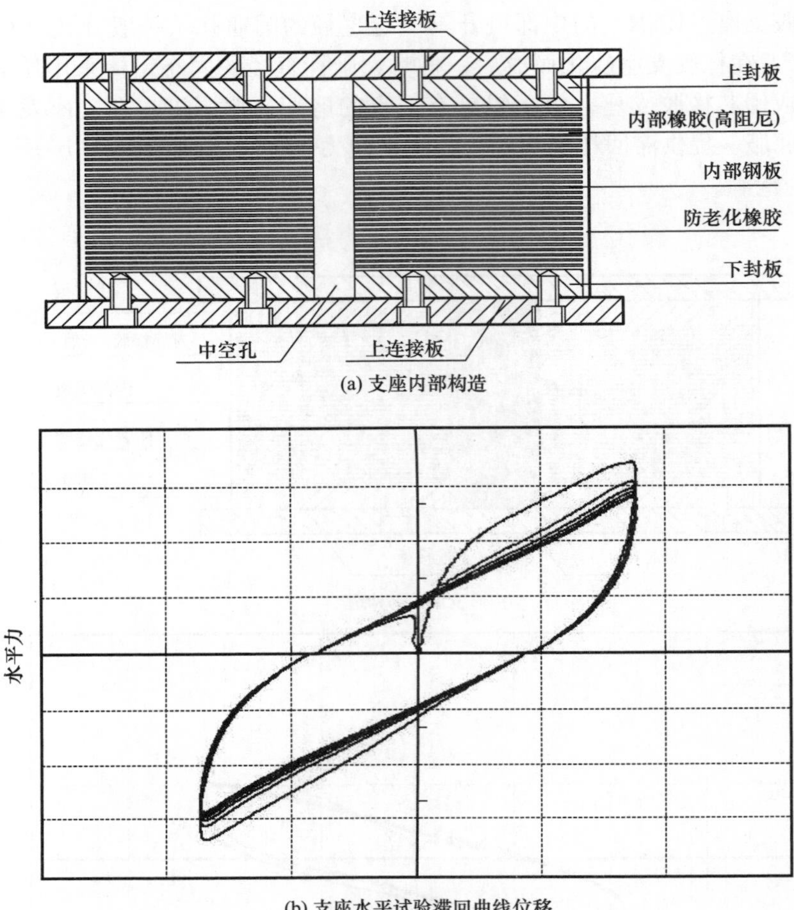

(a) 支座内部构造

(b) 支座水平试验滞回曲线位移

图 5-5　HRB 支座内部构造及支座试验水平滞回曲线

弹性滑板支座（ESB）是由天然橡胶支座增设滑动面，并与平面滑板长度串联而成，如图 5-6(a)所示。相对其他橡胶支座而言，其竖向设计面压更高，可达 15～25MPa，其水平滞回曲线为滑动后刚度为 0 的滞回曲线，其相应的检测项目可以参照《橡胶支座 第 5 部分：建筑隔震弹性滑板支座》20688. 5—2014[17]。

除建筑橡胶隔震支座外，另一类建筑隔震支座是摩擦摆隔震支座（FPS），其组成部分如图 5-7(a)所示。在地震发生较大水平位移时，采用摩擦摆隔震的上部结构会被轻微抬高，在结构设计时应予以考虑，其相应的检测可以参考《建筑摩擦摆隔震支座》GB/T 37358—2019[18]，FPS 的力-位移曲线如图 5-7(b)所示，其水平滞回曲线与 LRB 支座相类似。FPS 支座目前在桥梁隔震中运用较多，在建筑中运用相对较少。

5. 1. 2　隔震支座设计规定

隔震支座的力学分析模型宜符合《隔标》附录 D 的规定。在对隔震结构进行时程反应分析时，对不同的支座水平性能需要采用各自不同的力学模型，除了 LNR 可以采用线性刚度外，LRB、HDR、ESB、FPS 均需要采用非线性力学模型，具体可以参考《隔标》附录 D，特征参数的确定可以参考各自的产品标准。

隔震支座的性能参数及滞回曲线应经试验确认。支座的力学性能参数根据产品标准计算确定，再通过试验所得滞回曲线验证。

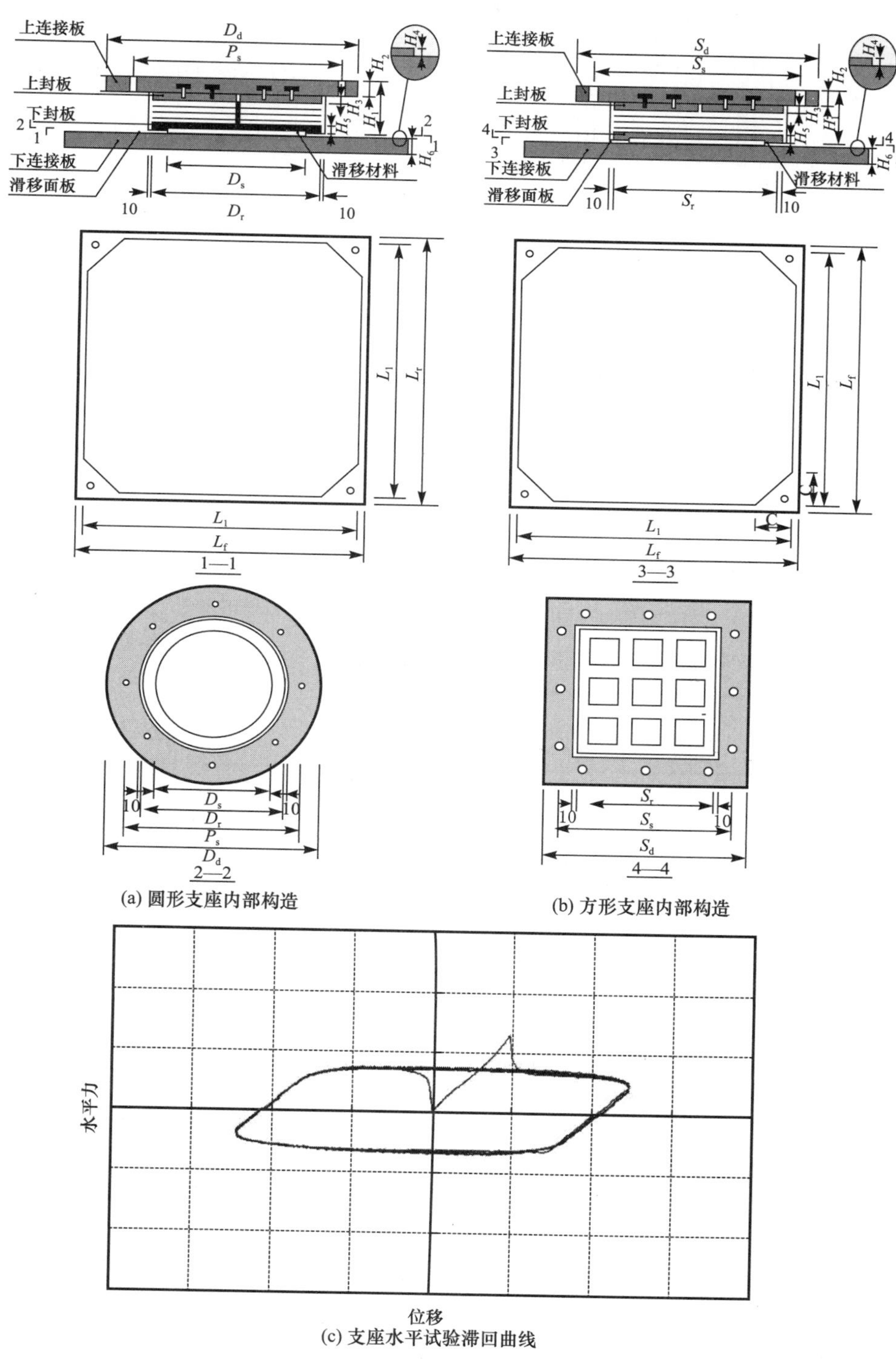

(a) 圆形支座内部构造

(b) 方形支座内部构造

(c) 支座水平试验滞回曲线

图 5-6　ESB 支座内部构造及支座试验水平滞回曲线

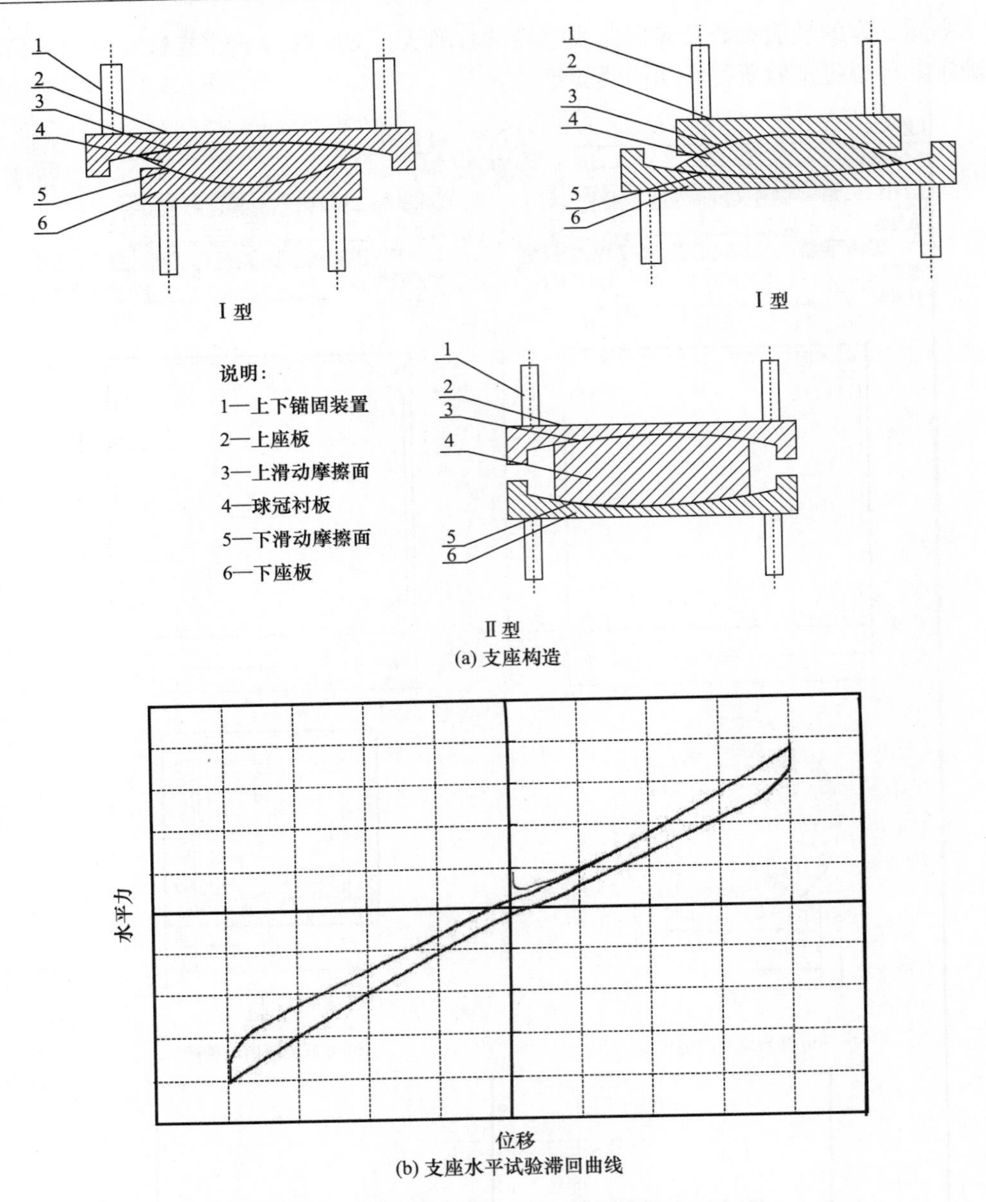

(a) 支座构造

(b) 支座水平试验滞回曲线

图 5-7　FSB 支座内部构造及支座试验水平滞回曲线

隔震建筑的设计文件，应注明对支座的性能要求，支座安装前应具有符合设计要求的型式检验报告及出厂检验报告。支座力学性能，主要包括设计面压下竖向刚度，LNR 支座的水平刚度（设计面压下，水平剪应变一般为 100%）及偏差要求，LRB 和 HDR 支座的屈服力、屈服后刚度，ESB 支座的屈服前弹性刚度和动摩擦系数（设计面压设计水平位移），FPS 支座的起滑力、起滑后刚度（设计压力下）等。这些力学性能均应进行检验。如果支座需要进行大变形检验，可以随机抽取少量的支座进行设计面压下不小于支座在罕遇地震下变形或不小于 400%剪应变的试验，试验全过程支座不应发生破坏，同时，大变形试验后的支座不应再应用到实际工程中。

隔震支座整体设计使用年限不应低于隔震结构的设计使用年限，且不宜低于 50 年。根据试验测试和实际工程检视，隔震橡胶支座 LNR、LRB、HRB 及 ESB 中的橡胶部分，一般采用 10mm 的橡胶保护层后，可以满足 50 年的老化使用要求，如果需要延长使用年限，可以适当增加橡胶保护层厚度。对 ESB、FPS 中的滑移面，在隔震建筑使用期内，应进行防尘处理，并适时检查防锈情况。

隔震层设置在有耐火要求的使用空间时，隔震支座及其连接应根据使用空间的耐火等级采取相应的防火措施，且耐火极限不应低于与其连接的竖向构件的耐火极限。当隔震层作为公共功能层时，如停车库、商场及其他具有大量人员进入的公共空间时，需要对隔震支座进行防火处理，如在支座外侧加装防火罩等，带防火装置的隔震支座的防火等级应等同于竖向受力构件。防火装置的设置应不妨碍地震时隔震支座发生水平自由变形。

隔震层顶板应有足够的刚度，当采用整体式混凝土结构时，板厚不应小于 160mm。目的是保证隔震层的支座在地震时一起发生整体的协调变形，提供良好的隔震功能，对于层间隔震，隔震层下部楼板建议也不要小于 160mm。

隔震层设计应保证上部结构及隔震部件的正常位移或变形不受到阻挡。特殊设防类隔震建筑考虑极罕遇地震作用时，可采用相应的限位措施保护。此条要求具有三个方面的含义：（1）隔震层的顶部在水平两个方向需要与周围固定结构脱开，一般设置具有一定宽度的隔震缝，（2）对于仅考虑水平隔震的结构，隔震层的顶部与周围固定结构，也应竖向脱开，一般采用设置一定高度的水平缝，如 20mm，并采用软材料填充；（3）穿越隔震层的所有管线需要采用柔性连接，柔性连接在地震下可以发生的位移应不小于隔震缝宽度，结构在罕遇地震下的隔震支座变形，同时，穿越隔震层的楼梯间和电梯间也需要水平断开。当特殊设防类隔震建筑考虑极罕遇地震作用时，为防止隔震结构与周围结构发生碰撞，应采用专门的防撞装置。

除特殊规定外，各类型隔震支座及隔震构造应符合现行国家标准《橡胶支座　第 1 部分：隔震橡胶支座试验方法》GB/T 20688. 1[16]、《橡胶支座 第 3 部分：建筑隔震橡胶支座》GB 20688. 3[9]、《橡胶支座 第 5 部分：建筑隔震弹性滑板支座》GB 20688. 5[17]、《建筑摩擦摆隔震支座》GB/T 37358—2019[18] 的规定。隔震支座的产品内部构造、力学性能检验方法、参数值误差等应满足各自相应的产品标准。其中《橡胶支座 第 1 部分：隔震橡胶支座试验方法》GB/T 20688. 1[16] 提供了各种支座试验方法，《橡胶支座 第 3 部分：建筑隔震橡胶支座》GB 20688. 3[9] 为 LNR、LRB 和 HDR 支座的内部构造要求及力学性能理论计算及检验要求标准，《橡胶支座 第 5 部分：建筑隔震弹性滑板支座》GB 20688. 5[17] 为 ESP 支座的内部构造要求及力学性能理论计算及检验要求标准，《建筑摩擦摆隔震支座》GB/T 37358—2019[18] 为 FPS 支座的内部构造要求及力学性能理论计算及检验要求标准。

5.2　隔震支座检验规定

5.2.1　型式检验和出厂检验

隔震支座产品和阻尼装置在具体工程使用前必须通过两种类型的检验：型式检验和出厂检验。

隔震支座产品的型式检验和出厂检验为两类不同类型的检验。型式检验是隔震支座生产厂家在具体生产和出售隔震橡胶支座产品之前而进行的、依照相应的国标对支座进行的一系列的试验，包括各种基本性能、相关性、极限及耐久性等试验，其检测由具有检测资质的第三方完成，只有型检合格后，隔震支座生产厂家才能生产和销售隔震支座，通俗讲，相当于隔震支座的生产许可证。

出厂检验为具体建筑工程中所使用的隔震支座进行的抽样检验，同样由具有检测资质的第三方检测单位完成，一般只检测支座的基本力学性能，设计方或甲方可以个别抽样检测其在设计面压下的水平大变形性能；出厂检验合格后，产品才能运用且仅能运用于该具体的建筑工程，此处的第三方检测，应为独立于生产厂家，且不能与生产厂家为同属一个集团公司或同属一个系统管理部门的第三方检测单位承担。

天然橡胶支座（LNR）、铅芯橡胶支座（LRB）、高阻尼橡胶支座（HDR）、弹性滑板支座（ESB）的支座型式检验所采用的支座尺寸、支座个数、支座性能指标及判断标准分别依据 GB/T 20688.3（LNR、LRB、HDR）中表 3～表 8 和 GB/T 20688.5（ESB）中表 3 进行，其各项指标的测试方法依据 GB/T 20688.1 进行，摩擦摆隔震支座（FSP）检测指标依据 GB/T 37358—2019 中的表 12 和表 7 进行，其试验方法依据表 10 进行；支座型式检验报告应包含支座编号、详细内部构造、试验使用设备、性能测试值及相应滞回曲线及性能判定。天然橡胶支座（LNR）、铅芯橡胶支座（LRB）、高阻尼橡胶支座（HDR）、弹性滑板支座（ESB）的支座材料依据 GB/T 20688.3（LNR、LRB、HDR）中表 9 和 GB/T 20688.5（ESB）中表 14 分别进行，摩擦摆隔震支座（FSP）支座材料依据 GB/T 37358—2019 表 11 进行。在没有特殊要求的情况下，隔震支座产品的型式检验的判定标准应分别满足 GB/T 20688.3（LNR、LRB、HDR）中表 3～表 8、GB/T 20688.5（ESB）中表 3、GB/T 37358—2019（FSP）中表 12 和表 7 进行，出厂检验的判定标准应分别满足 GB/T 20688.3（LNR、LRB、HDR）中表 3（剪切性能）和表 5（竖向刚度）、GB/T 20688.5（ESB）中表 3、GB/T 37358—2019（FSP）表 7。除特殊规定外，隔震支座及隔震层阻尼装置产品的型式检验确定的产品性能应满足设计要求，极限性能不应低于隔震层各相应设计性能。

隔震支座出厂检验，采用原型足尺支座，主要是针对支座的基本性能进行检验，即对 LNR、LRB、HDR 进行压缩性能（竖向刚度）和水平剪切性能（屈服力和屈服后刚度或给定剪应变下（一般 100%）的等效刚度和等效阻尼比）检测，判定标准分别依据 GB/T 20688.3 中的表 5 和表 3；对 ESB 主要进行压缩性能（竖向刚度）和水平性能（初始刚度和动摩擦系数），判定标准依据 GB/T 20688.5 中表 3 进行；对 FSP 主要进行压缩性能（竖向刚度，竖向极限承载能力）和剪切性能试验（静摩擦系数、动摩擦系数和屈服后刚度），判定依据表 7。对出厂检验，设计方或使用方也可以随机抽取个别原型支座进行极限性能试验，极限试验后的支座产品不可再应用到实际隔震项目中。出厂检验报告中应具有详细的项目名称、支座直径和编号、测试值、竖向和水平滞回曲线及判定结果。

型式检验报告以报告日期起算，时间跨度不能超过 6 年。出厂检验报告只针对具体时间及地点的建筑工程。

5.2.2 隔震支座和阻尼器的检验规定

对于隔震层中的隔震支座应在安装前进行的出厂检验，《隔标》作出了以下规定：

(1) 特殊设防类、重点设防类建筑，每种规格产品抽样数量应为 100%；

(2) 标准设防类建筑，每种规格产品抽样数量不应少于总数的 50%；有不合格试件时，应 100%检测；

(3) 每项工程抽样总数不应少于 20 件，每种规格的产品抽样数量不应少于 4 件，当产品少于 4 件时，应全部进行检验。

本条对出厂检验中支座抽检的数量进行具体的规定，主要是因为隔震支座作为隔震结构中关键竖向承载构件，支座产品的质量严重影响隔震结构的安全。第 1 项主要针对地震中不容许出现破坏或失去功能、抗震设防等级为甲类的结构，如核电站、危险生物研究机构、重要的地震指挥中心等；第 2 项是指除第 1 条之外的隔震建筑；第 3 项是针对隔震建筑中使用多种隔震支座或总体隔震支座数量较少而定。

5.3　隔震支座与结构的连接

隔震支座的连接宜按《隔标》附录 C 进行设计。采用附录 C 进行连接螺栓、预埋件、混凝土局部最大受压承载能力计算时，根据隔震结构的重要性，可以取隔震结构在罕遇地震下地震荷载标准值和重力荷载代表值下的内力进行组合，也可以取支座极限破坏（水平极限剪切、竖向拉伸）时支座所承担的荷载（《隔标》第 5.3.3 条）。

隔震支座连接螺栓、连接板和相关预埋件的设计应符合现行国家标准《橡胶支座 第 3 部分：建筑隔震橡胶支座》GB/T 20688.3[9]、《混凝土结构设计规范》GB 50010[19]和《钢结构设计标准》GB 50017[20]的规定。在进行隔震支座连接螺栓、连接板的计算时，除了按《隔标》附录 C 进行计算外，还应满足 GB/T 20688.3[9]中的附录 G 及 GB 50017[20]的要求。隔震支座相关预埋件的设计除了按《隔标》附录 C 进行计算外，还应满足现行《混凝土结构设计规范》GB 50010[19]的要求。

隔震支座与上部结构及下部结构的连接应可靠，应使隔震支座在达到极限破坏状态时仍不发生连接的破坏。隔震支座与上部结构和下部结构的连接通过连接螺栓和预埋件，防止隔震支座破坏前发生连接螺栓和预埋件的破坏，对特殊重要的结构，如甲类结构，支座连接螺栓和预埋件的设计内力应取支座极限破坏时对应荷载。

隔震支座外露的预埋件应有可靠的防锈措施。隔震支座外露的金属部件表面应进行防腐处理。隔震结构一般最少使用 50 年，LNR、LRB、HDR 支座外露的连接板、预埋板、连接螺栓一般采用钢材料制成，为防止上述外露钢结构材料锈蚀影响隔震支座的耐久性，除了在安装时采取必要的防锈措施外，在隔震结构的使用周期内，应进行周期性检查，如发现外露钢构件发生锈蚀，应及时进行除锈处理。ESB 支座还应注意不锈钢镜面板的防尘和防锈保护；FSP 还应注意弧形滑移面的防尘保护及支座外露钢结构的防锈处理和保护。

工程中应设置防止局部受压破坏的构造措施，如设置隔震支座的柱头位置。隔震支座在发生水平大变形时，因支座上、下重叠面积的减少，支座上、下混凝土柱头会产生局部受压情况，其局部受压计算应按《隔标》附录 C 进行计算和验算，如不满足，应设置多层网片筋以提高局部承压能力。

5.4 隔离缝的要求

5.4.1 隔离缝设置

隔震建筑上部结构与周围固定物之间应设置完全贯通的竖向隔离缝以避免罕遇地震作用下可能的阻挡和碰撞，隔离缝宽度不应小于隔震支座在罕遇地震作用下最大水平位移的1.2倍，且不应小于300mm。对相邻隔震结构之间的隔离缝，缝宽取最大水平位移值之和，且不应小于600mm。对特殊设防类建筑，隔离缝宽度不应小于隔震支座在极罕遇地震下最大水平位移。

对基础隔震结构，为防止隔震结构在地震时与周围固定结构发生碰撞，在隔震结构的周围应设置隔震缝，如图5-8所示。隔震缝的底面与隔震支座底面或支撑隔震支座的下部支墩底面平齐，底部与室外底面平齐，其隔震缝的宽度应按时程分析法在罕遇地震下隔震结构按支座非线性特性计算隔震支座位移结果为准，对7条波可取平均值，考虑一定的安全储备，再乘以1.2的放大系数，并不小于300mm。对于相邻两栋隔震层完全独立的基础隔震结构，为防止隔震结构之间发生碰撞，隔震结构之间应设置隔震缝，可以将两栋隔震结构放在一个程序平台上同时计算，即公用固定地面，两个隔震计算模型在同一个地震波下进行时程分析，上部结构可以考虑弹性，支座考虑非线性，计算得到缝两边隔震支座顶部的相邻节点时程之差的最大值，对7条波，可取7条波的平均值，并不小于600mm。对特殊设防类建筑，隔离缝宽度计算时，地震波的加速度幅值应按极罕遇地震时取值。隔震结构之间的缝隙应按《隔标》第5.6.1条和第5.6.2条确定。

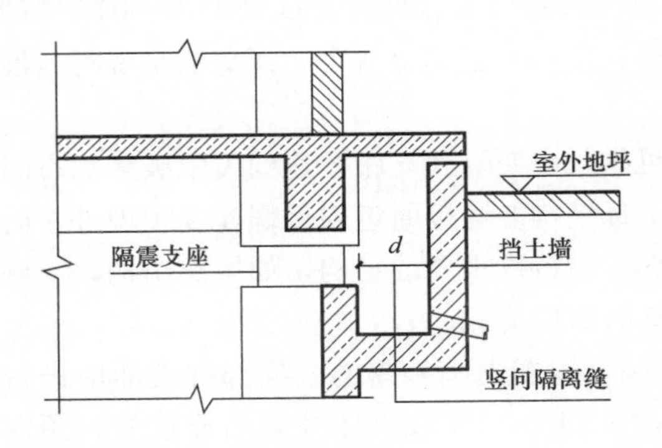

隔离缝宽度$d \geqslant \max(1.2D, 300, D_h)$

D—罕遇地震作用下隔震支座最大水平位移；

D_h—极罕遇地震作用下隔震支座最大水平位移（仅特殊设防类建筑需要）

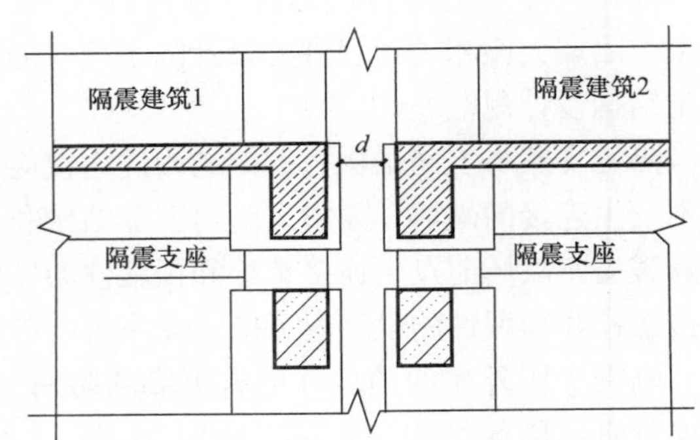

隔离缝宽度$d \geqslant \max(D_1+D_2, 600, D_{h1}+D_{h2})$

D_1—隔震建筑1罕遇地震作用下隔震支座最大水平位移；

D_2—隔震建筑2罕遇地震作用下隔震支座最大水平位移

图5-8 竖向隔离缝宽度要求

隔离缝上方应设置盖板，盖板可以由室内地面延伸，或设置滑动式盖板。如图5-9所示为滑动式盖板，应满足罕遇地震位移要求和防水要求。此外，由于隔离缝是沿建筑全部高度设置，如果建筑两部分之间有隔离缝，则在屋顶隔离缝处还需要额外设置盖板，如图5-10所示。

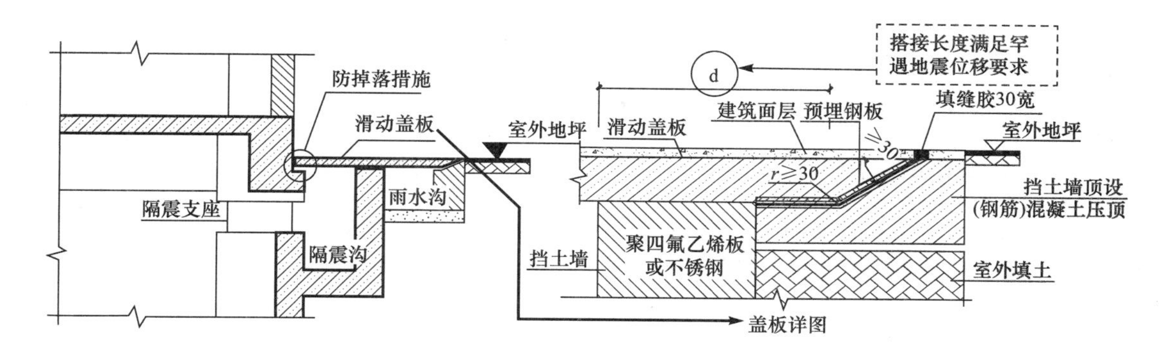

图 5-9　典型隔离缝盖板示意图

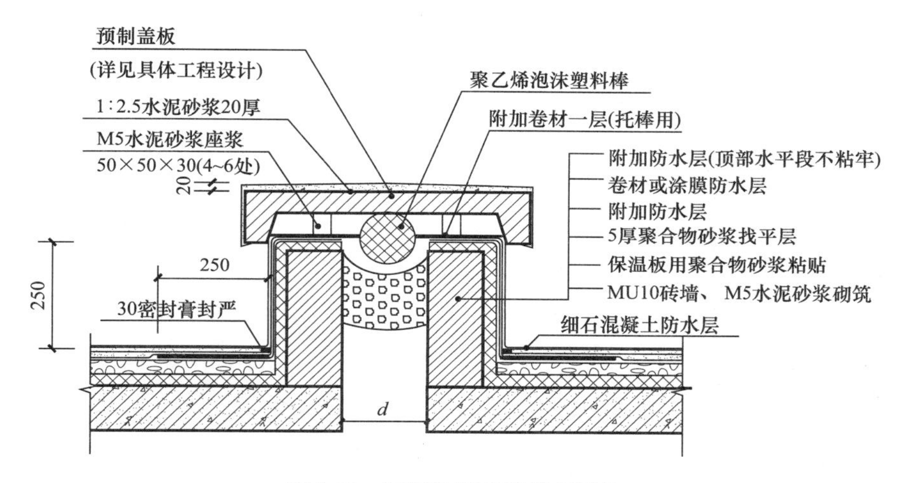

图 5-10　屋顶处隔离缝盖板措施

上部结构与下部结构或室外地面之间应设置完全贯通的水平隔离缝，水平隔离缝高度不宜小于 20mm，并应采用柔性材料填塞，进行密封处理，如图 5-11 所示。为了让隔震结构在地震作用下水平可以自由移动，除了需在隔震结构周围设置第 5.4.1 节中规定的具有一定宽度的水平隔震沟外，当隔震结构有悬挑结构跨过隔震沟与隔震沟外固定结构接触时，如出入口处，其悬挑结构应与固定地面在竖直方向留有缝隙，一般不小于 20mm，为

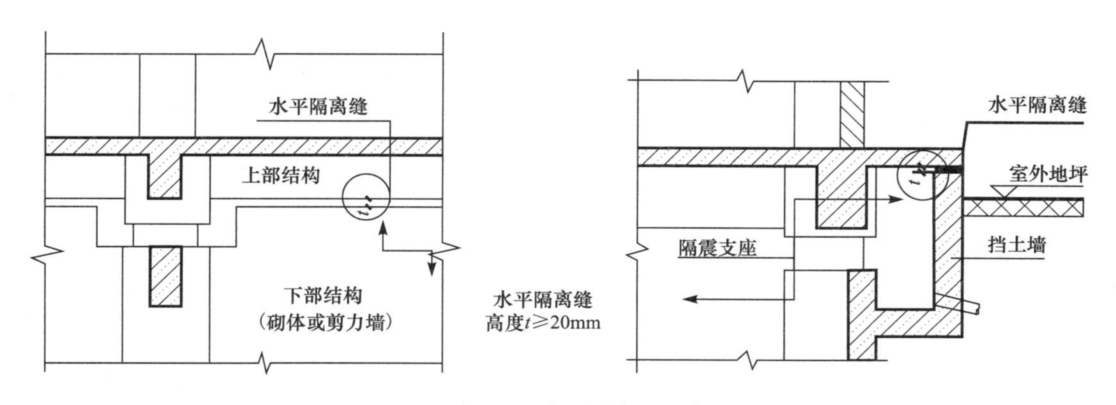

图 5-11　水平隔离缝要求

防止水、异物等的进入，可以采用新材料填塞密封处理。该高度主要考虑了隔震支座竖向变形、徐变、温度变化等影响因素。如填充有困难，可以采用不与地面固定的滑移方式解决，即外挑结构一端与隔震结构铰接，另一端浮搭在固定地面上。

5.4.2 电梯井处隔离缝设置

采用悬吊式方案使电梯井穿越隔震层时，在电梯井底部可设置隔震支座，亦可直接悬空，电梯井与下部结构之间的隔离缝宽度不应小于所在结构与周围固定物的隔离缝宽度，如图 5-12 所示。当采用悬吊结构形式时，为防止罕遇地震作用下电梯井结构与隔震结构下部固定结构发生碰撞，从隔震支座顶面开始起算，在电梯井的周围应形成环向的隔震缝，其缝宽可取 1/400 乘以电梯悬挑部分长度（混凝土结构）或 1/400 乘以电梯悬挑部分长度（钢结构）。

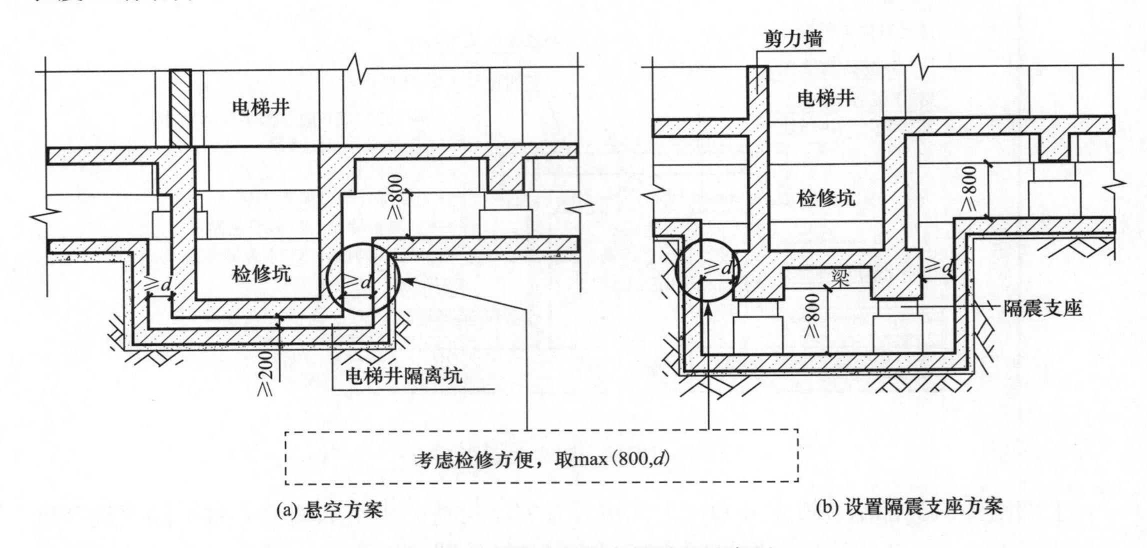

图 5-12　电梯井处隔离缝设置示意图

一般情况下，隔离缝顶部、悬吊式电梯井出入口与下部结构之间，应设置滑动盖板，滑动盖板应满足罕遇地震作用下的滑动要求，如图 5-13 所示。对基础隔震结构周围的环形隔震缝，在没有人出入的地方，可以设置从隔震结构外延伸出来的悬挑板，悬挑板的外挑长度大于隔震缝的宽度，在有人出入的出口处，可以设置外伸悬挑板或一端与隔震结构铰接、另一端与隔震缝外浮放的钢板，两种结构在隔震缝沿固定地面的外延伸长度应大于隔震支座在罕遇地震下的位移，为防止地震时，隔震楼内人员从入口处向外逃生时因延伸长度过小而发生人员跌入隔震缝的事故。对于悬吊式电梯井出入口与下部结构之间的缝隙，也需要同样处理。

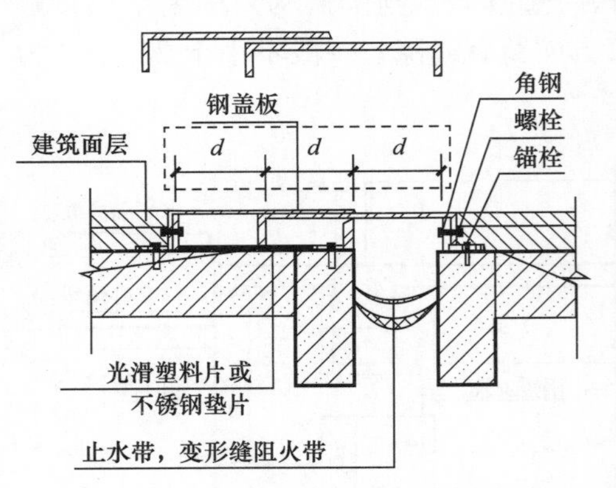

图 5-13　电梯与相邻楼层盖板设计

5.5　隔震层管线设置

5.5.1　固定设施的构造要求

规范中规定，穿越隔震层的楼梯、扶手、门厅入口、踏步、电梯、地下室坡道、车道入口及其他固定设施，应避免地震作用下可能的阻挡和碰撞，采用断开或可变形的构造措施，如图 5-14 所示。

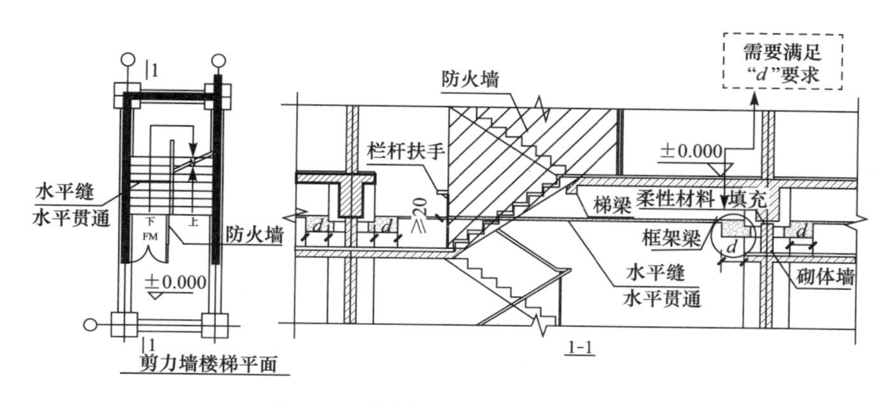

图 5-14　楼梯处隔震支座构造要求

为了保证隔震结构在地震时可以自由水平运动，不同于普通的抗震结构，隔震支座的上部需要与周围的固定结构彻底、全部断开，特别是门厅入口、楼梯及扶手、出入口踏步、电梯、地下室坡道、车道入口等，如图 5-15 所示。对于这些细部地方，最容易被设计人员忽略，作为结构设计人员，应明确此点，并在建筑初步设计时与建筑设计人员积极沟通。有关此部分的各个详细做法，可以参看国家标准图集《建筑结构隔震构造详图》03SG610-1[21]。一般情况下，对出入口处沿固定地面方向外延长度应大于罕遇地震作用下隔震结构支座位移，且周围不能有阻挡；对特殊设防类建筑，外延长度应大于罕遇地震作用下隔震结构的支座位移。

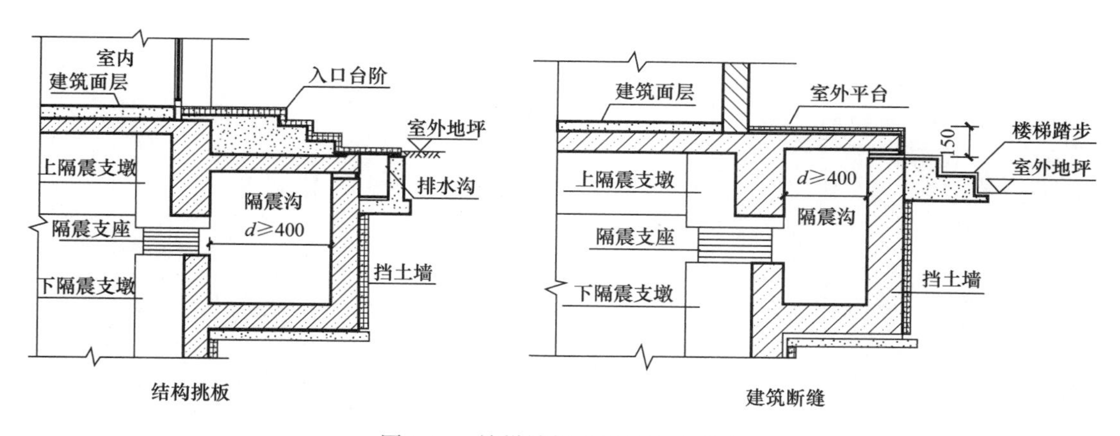

图 5-15　楼梯端部连接处构造要求

5.5.2 管线的构造要求

穿越隔震层的一般管线在隔震层处应采用柔性措施，其预留的水平变形量不应小于隔离缝宽度。穿越隔震层的普通管线，包括水（进水和出水）、电（强电和弱电）、暖气、通风等，不同于传统抗震结构，上述管线如果做成刚性管线，一方面会阻碍隔震结构在地震时自由水平运动，另一方面，隔震结构在强地震时的水平运动可能拉断上述管线，造成燃气等危险管道的泄漏，产生次生灾害。上述管线在穿越隔震层时全部做成柔性连接，相关做法可以参考国家标准图集《建筑结构隔震构造详图》03SG610-1[20]，其柔性连接需保证管线在水平两个方向都可以自由移动，且在一般情况下不应小于隔离缝宽度，如图 5-16 所示。此点，作为结构设计人员在初步设计时应预先与设备专业设计人员沟通。

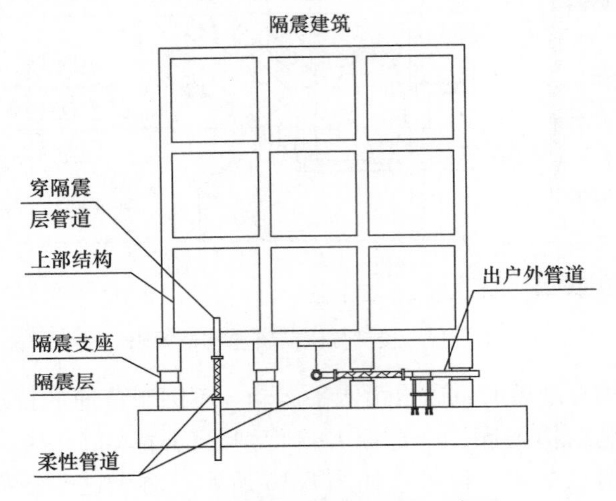

图 5-16 穿越隔震层的管线示意图

对于穿越隔震层的特殊管道，则需要另外进行处理，例如，对穿越隔震层的重要管道、可能泄露有害介质或可燃介质的管道，如燃气、有毒气体的管道，除了采用柔性连接外，其预留变形量相对普通管线，要求更严，不小于隔离缝宽度的 1.4 倍。柔性连接的处理可以参看国家标准图集《建筑结构隔震构造详图》03SG610-1[21]，典型的竖向和水平向管道如图 5-17 和图 5-18 所示。

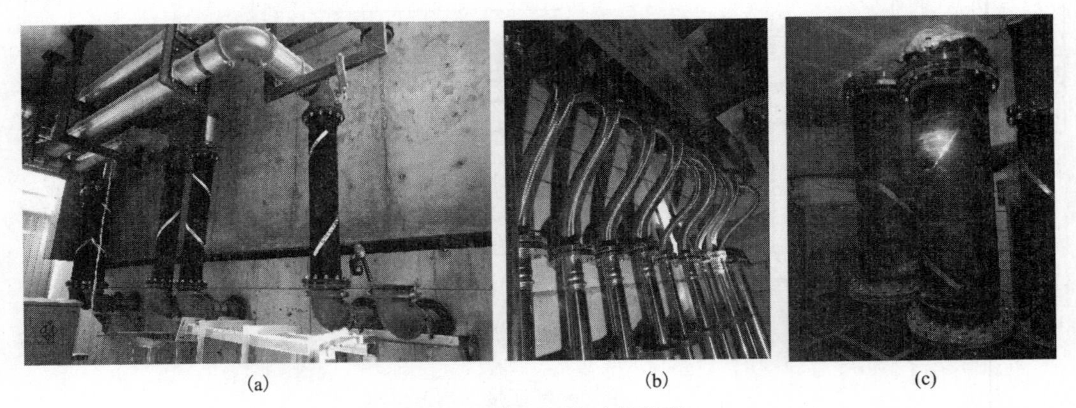

(a) (b) (c)

图 5-17 典型竖向连接管道

(a)

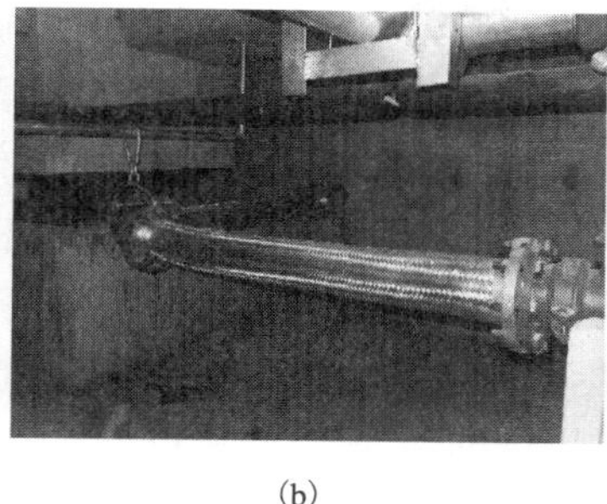

(b)

(c)

图 5-18　典型水平连接管道

利用构件钢筋作避雷针时，应采用柔性导线连接隔震层上部结构和下部结构的钢筋，其预留的水平变形量不应小于隔离缝宽度的 1.4 倍。柔性连接的做法可以参看国家标准图集《建筑结构隔震构造详图》03SG610-1[21]。

5.6　伸缩缝要求

普通建筑的伸缩缝是指为防止建筑物构件由于气候温度变化（热胀、冷缩），使结构产生裂缝或破坏而沿建筑物或者构筑物施工缝方向的适当部位设置的构造缝。隔震建筑上部结构设置的伸缩缝，其间距可比现行国家标准《混凝土结构设计规范》GB 50010[19]的相关规定适当加大，但必须经过详细计算确定；缝宽应符合国家现行相关标准的规定，且不应小于罕遇地震或极罕遇地震作用下缝两侧结构最大相对位移的 1.2 倍。

5.7　检修及隔震标识

标准规定，隔震层应设置进人检查口，进人检查口的尺寸应便于人员进入，且符合运输隔震支座、连接部件及其他施工器械的规定。当隔震层作为停车场和设备层等完整功能层时，其一般具有正常的出入口，可以满足检修和更换支座的功能，不用再特别设计专门的出入口。对不具公共功能作用的隔震层，为了方便日常维护和更换支座的需要，一般在隔震层顶部楼板建议开设具有不小于 1.5m×1.5m（具体尺寸以方便人、施工设备、最大尺寸隔震支座进入）的活动洞口，并铺设盖板和活动扶梯，以方便维护和更换时人员和设备的进出。

此外，隔震层应留有便于观测和维修更换隔震支座的空间，宜设置必要的照明，通风等设施。隔震层顶部楼板的下底面与隔震层底部底面的净高、隔震支座上部结构梁与隔震层底面的净高设计时应考虑人员检修和穿过的需求，一般建议前者不小于 1.2m，后者不小于 0.7m，同时为方便支座更换，隔震支座的上下柱头除了满足受力要求外，其平面尺寸应适当加大，以满足支座更换时放置千斤顶等设备的需求。同时在不具有公共功能的隔震层设置照明、通风设施，以方便维护人员检修维护的需要。

为了方便日常管理和维护，要求隔震建筑应设置标识，标识内容应包括隔震装置的型号、规格及维护要求以及隔离缝的检查和维护要求。本条主要用于提醒隔震建筑的使用人员，隔震建筑不同于传统的抗震建筑，在日常的维护中应确保隔震建筑与周围固定结构保持断开，同时提醒地震来临时行人的注意，隔震建筑在地震时会发生水平移动，行人过往时应适当远离隔震建筑。标识内容应简单明了、统一，具有警示作用。隔震建筑标识应注明隔震产品的型号、规格、功能、特性等，并简要描述其特殊使用要求。水平隔离缝处的标识应注明严禁在此地堆放物体及杂物等内容，楼梯隔离缝处的标识应注明当地震来临时在隔离缝处的楼梯会发生滑动，勿在滑动范围内堆放能阻止楼梯滑动的物体，且提醒行人在地震来临时注意。在建筑物周围的竖向隔离缝处的标识应注明地震时建筑将在该范围内移动，禁止往隔震缝倾倒垃圾、堆放杂物等，并且周围停放物应该和建筑物保持一定的避让距离，避免地震时发生碰撞。设计人员在隔震建筑验收后应提醒隔震建筑的使用人员定期巡查隔震缝，如发现临时阻挡物应及时清除。

第 6 章　多层与高层建筑

6.1　概述

20 世纪 90 年代初，我国在联合国工业发展组织的倡导和支持下，建成我国第一栋橡胶支座隔震住宅楼——汕头国际隔震示范楼，被联合国专家誉为“隔震技术发展的第三个里程碑”[22]。在 1994 年台湾海峡地震中，该示范楼表现出良好的隔震效果。在 1994 年美国北岭地震和 1995 年日本阪神地震中[23,24]，美国、日本的一些隔震建筑受到强烈地震的考验，表现很好。此后，隔震建筑如雨后春笋般迅猛发展。日本的隔震建筑几年来由几十幢增至 6000 多幢，最高的隔震建筑达到 50 层 177.4m，是目前世界上最高的隔震建筑。美国的隔震建筑达到 80 多栋，最高的为 29 层[25]。2008 年汶川地震后，隔震工程在灾后重建工程中大量采用。芦山县人民医院门诊综合楼为澳门特别行政区援助的灾后重建项目[26]，采用基础隔震技术，在 2013 年的雅安地震中（里氏 7.0 级），除了少许墙面乳胶漆层脱落，建筑内部的梁、柱、墙等构件均没有出现任何裂纹，就连窗户的玻璃都没有任何毁坏，誉为“楼坚强”。在灾后的救急救灾中，发挥了重要的作用（图 6-1）。目前我国建成的隔震建筑超过万栋，分布在全国 20 多个省市自治区，在燕郊建成的 24 栋、31 层的高层隔震住宅（图 6-2），建筑面积达到 100 万 m^2，高度超过了 100m，是世界面积最大的隔震建筑群，是隔震技术应用于高层建筑的成功实例。

图 6-1　芦山县人民医院门诊综合楼

图 6-2　燕郊高层隔震住宅群

6.2　多层和高层隔震建筑的设计方法

6.2.1　《建筑抗震设计规范》第 12 章设计方法

隔震结构由于设置了隔震层，设计方法和非隔震结构设计方法有很大的不同。在我国第一部隔震技术规程——《叠层橡胶支座隔震技术规程》CECS 126：2001 中[27]，首次提出了隔震结构的分部设计方法。将隔震结构和非隔震结构在多遇地震作用下的各层剪力进行对比，得到水平向减震系数。根据减震系数，对非隔震结构的地震影响系数进行折减，并据此进行结构设计分析。

《建筑抗震设计规范》GB 50011—2010 对上述分部隔震设计方法进行了完善[2]，提出了在设防烈度作用下，采用时程分析方法对多高层隔震建筑和非隔震建筑的层间剪力和层间倾覆力矩进行对比分析，以确定水平向减震系数。

分部设计的具体流程如图 6-3 所示。分部设计方法将隔震设计分成隔震部分设计和

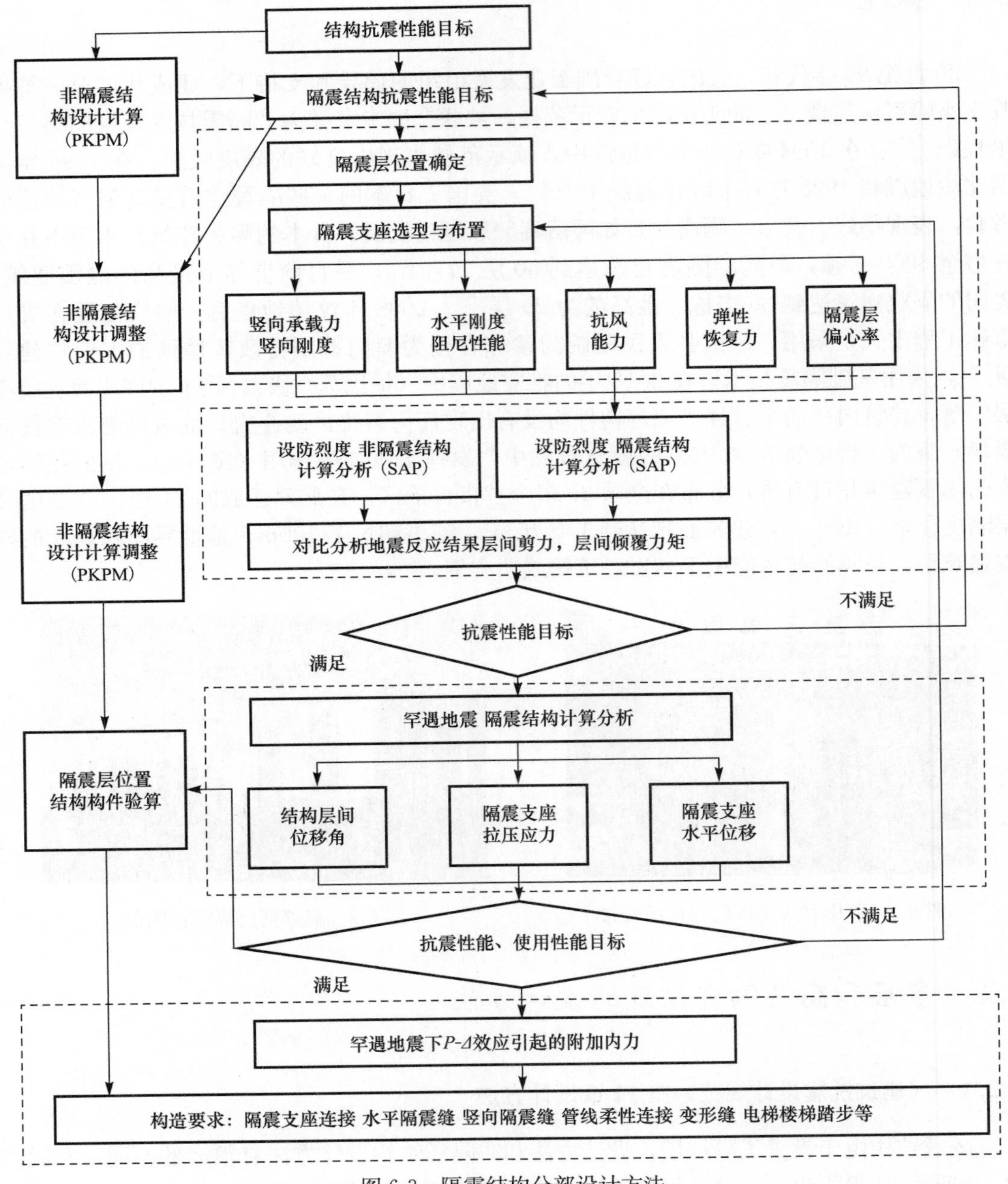

图 6-3　隔震结构分部设计方法

非隔震部分设计。在隔震设计部分，根据结构抗震目标，进行隔震层位置确定，隔震层支座选型和布置，确定隔震层的竖向承载能力、竖向刚度、水平刚度和阻尼性能，隔震层的抗风能力和弹性恢复力等，采用非线性时程分析方法，在设防烈度地震作用下，对隔震结构和非隔震结构地震反应进行对比分析，根据层间剪力和层间倾覆力矩的对比，确定水平向减震系数，以判断结构的抗震性能目标是否满足原设定要求，非隔震结构是否可以降一度或半度设计。随后，隔震设计进行罕遇地震作用下的结构分析，确定结构层间位移角、隔震支座的水平位移和支座拉压应力等参数是否满足要求；计算由于隔震支座在大震下发生较大水平位移时，考虑 $P\text{-}\Delta$ 效应对结构构件产生的附加内力情况。

在非隔震设计部分，根据隔震部分设计得到的水平向减震系数，对非隔震结构按降度后的抗震设计目标进行传统的抗震设计，然后按隔震结构设计确定的附加内力，对隔震层位置处的结构构件进行内力验算。最后按隔震构造要求，确定隔震缝宽度，穿越隔震层的管线的柔性连接，电梯和踏步的构造，验算隔震支座的连接。

分部设计法考虑在相同地震作用下，隔震结构的地震作用远小于非隔震结构，充分利用已有的抗震设计资源，用隔震系数这个参数，将隔震设计和传统的抗震设计有效结合起来，采用传统的非隔震结构设计方法，对隔震结构进行设计。该方法概念清楚简单，容易被设计人员接受，在非线性计算分析未全面推广阶段，加速了隔震技术的推广应用。

然而，分部设计方法也存在着明显的缺陷。主要表现在以下两个方面：

1. 设计模型与实际受力模型不一致

采用隔震方案的建筑，利用减震系数减小了结构水平地震作用，但最终是按非隔震结构模型进行的结构设计，设计模型与实际的受力模型是不一致的，与计算水平向减震系数时的模型也有一定差别。设计模型中的隔震支座一般是采用短柱代替（图 6-4）。特别是与隔震支座连接位置的构件，存在其实际受力和计算结果的不一致情况。为此，分部设计方法中提出，考虑隔震支座在大震作用下的大变形，考虑 $P\text{-}\Delta$ 效应产生的附加内力，对与隔震支座上下连接的构件进行了大震作用下的验算分析。

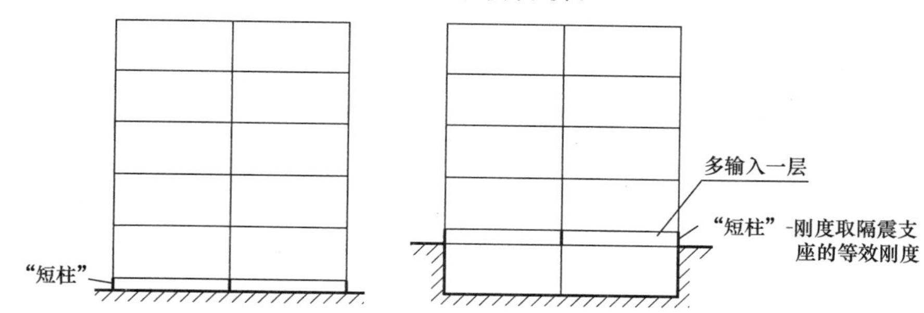

图 6-4　设计模型与实际受力模型不一致

2. 水平向减震系数的确定，随地震动的选取而变化

水平向减震系数的确定，是根据时程分析的计算结果确定的。地震动的选取虽然在规范中有明确的要求，但是，在规范范围内，仍然有较大的变动幅度，选取的地震动不同，计算出的水平向减震系数也会不同，不同的地震动计算出的减震系数有一定的离散性。

6.2.2　《隔标》设计方法

《隔标》采用一体化直接设计方法，一体化直接设计方法的流程如图 6-5 所示，其主要特点如下：

（1）设计模型与实际受力模型完全一致。按隔震结构实际模型，考虑隔震层的非线性性能，进行隔震结构的设计计算。上部结构、隔震层、下部结构一步到位的一体化直接设计（图 6-6）。

（2）充分考虑隔震层的非线性性能。为了与传统的抗震设计方法相协调，采用振型分解反应谱方法进行结构的抗震设计。充分考虑隔震装置的非线性特性，按等效线性化的迭代方式，确定隔震层的等效刚度。默认基于考虑阻尼矩阵的复振型分解的反应谱方法。仅当阻尼比小于 15%，上部结构质量和刚度沿高度分布比较均匀且隔震支座类型单一的隔震建筑，采用强迫解耦实振型分解反应谱方法进行计算。

（3）引入性能化设计方法。对隔震结构，根据结构重要性程度分类，分为关键构件、普通竖向构件和重要水平构件、普通水平构件和耗能构件等，进行结构的性能化设计。

（4）为了考虑隔震后结构地震作用减小的有利影响，可以相应地降低结构的抗震构造措施。为了方便确定抗震措施降低的依据，简化水平减震系数为底部剪力比，根据剪力比的大小，确定抗震措施是否降低。隔震结构底部剪力比大于 0.5 时，按本地区设防烈度规定采取相应的抗震措施，隔震结构底部剪力比不大于 0.5 时，上部结构可按本地区设防烈度降低 1 度确定抗震措施；由于隔震结构对竖向地震作用影响不大，与竖向地震作用有关的抗震措施，不得降低。

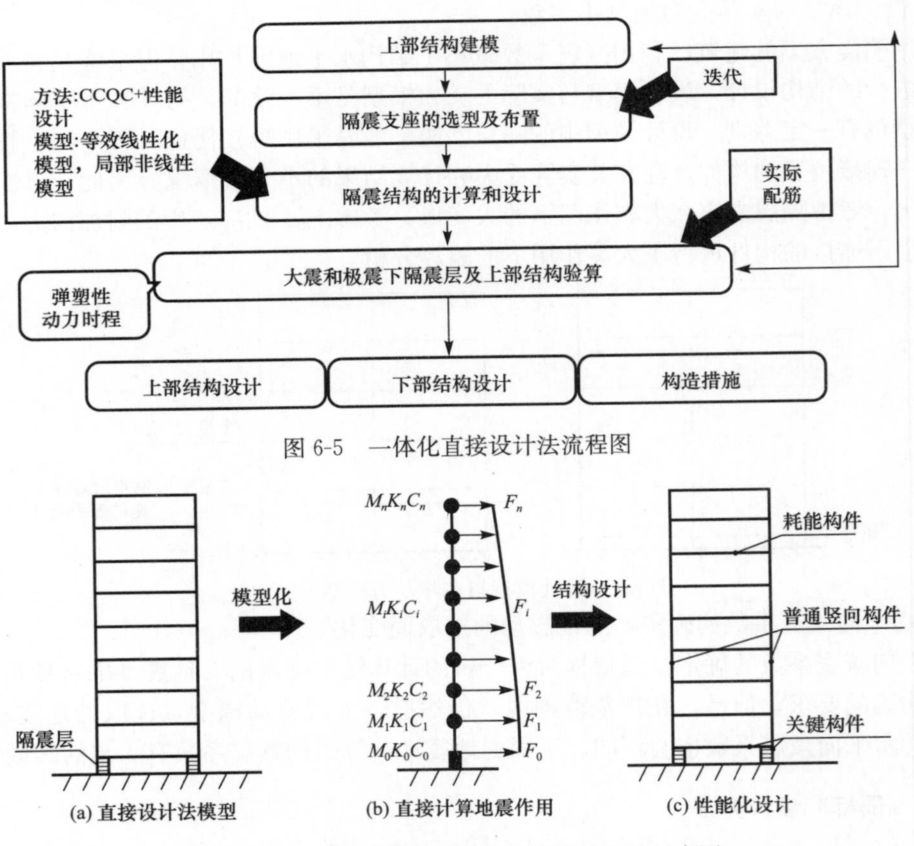

图 6-5　一体化直接设计法流程图

图 6-6　一体化直接设计法模型和设计方法示意图

6.3　多层和高层隔震建筑的隔震房屋的受力特点

6.3.1　多高层基础隔震建筑的受力特点

1. 基础隔震体系的原理和特点

传统结构的抗震设计中，地震作用从地面直接传递给结构，抗震设计考虑的问题是通过增加结构刚度、强度达到抵抗这种地震作用的能力，保证在小震作用下，结构不发生破坏，在大震作用下，控制塑性破坏区域发生在特定的位置，如框架结构的塑性铰区域在接近梁柱节点的梁内。通过塑性铰的塑性变形和结构延性耗散地震能量，保证结构整体稳定性。

隔震技术从根本上改变了传统抗震设计方法的“硬抗”的抗震思想，隔震设计是减小传递到结构上的地震作用和能量，通过在基础和上部结构之间设置隔震层来达到“隔离”地震的目的。隔震层在水平方向具有很大的柔性，水平刚度远小于上部结构的层间水平刚度，增大了结构的自振周期，使其远离与场地发生共振的频率段，地震作用产生的变形主要集中在隔震层，从传统结构的“放大晃动型”变为隔震结构的“整体平动型”（图6-7b），从激烈的、由上到下的晃动变为只作长周期的、缓慢的、整体水平平动，从有较大的层间变位变为只有很小的层间变位，因而上部结构在强地震中仍处于弹性状态。使房屋结构免受地震灾害，也能保护结构内部的装饰、精密仪器等不遭任何损坏。当隔震层的位移过大时，可通过设置阻尼元件耗损地震输入的能量，控制隔震层位移在允许范围内，确保建筑结构和生命财产在强地震中的安全。

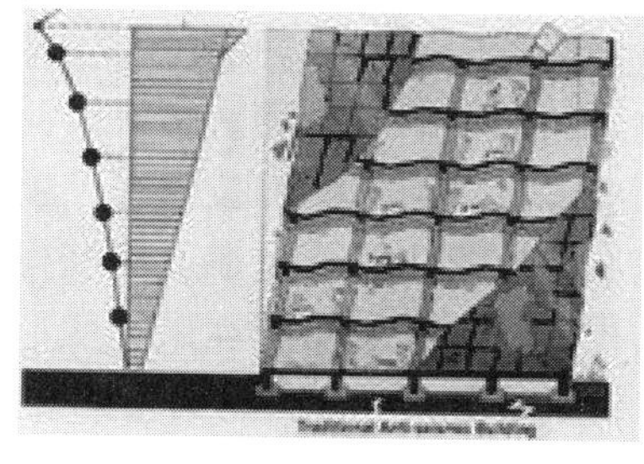

(a) 传统结构

(b) 隔震结构

图6-7　传统结构与隔震结构反应对比

基础隔震一般是在基础和上部结构之间设置隔震层。将结构分成上部结构、隔震层和下部基础三部分。隔震层可采用叠层橡胶隔震支座的隔震体系、滑动和滚动的摩擦隔震支座体系以及悬挂、悬浮、顶支撑隔震体系等，为了达到明显的减震效果，隔震层的性能必须满足以下要求[27]：

（1）隔震层具有较大的竖向承载能力，能够稳定持续地支承建筑物重量和使用荷载，确保建筑结构在使用状况下的安全和满足使用要求。

（2）隔震层具有可变的水平刚度特性。在强风或微小地震时，应具有足够大的水平刚度，使上部结构水平位移极小，不影响使用要求；在中强地震发生时，应具有足够小的水平刚度，能使上部结构产生水平滑动，使“刚性”的抗震体系变为“柔性”的隔震体系，其自振周期大大延长（例如 $T_{s2}=2.0\sim5.0s$），远离传统结构的自振周期（$T_{s1}=0.3\sim1.2s$）和场地特征周期（$T_g=0.2\sim1.0s$），从而把地震动有效隔开，明显降低上部结构的地震反应，可使上部结构的加速度反应或地震作用降低为传统结构加速度反应的1/12～1/4。

（3）隔震层具有复位和耗能特性。隔震层应具有水平弹性恢复力，使隔震体系在地震中具有瞬时自动“复位”功能。地震后，上部结构恢复至初始状态，满足正常使用要求。隔震装置还具有适当的阻尼，能够吸收并消耗地震输入的能量（图 6-8）。

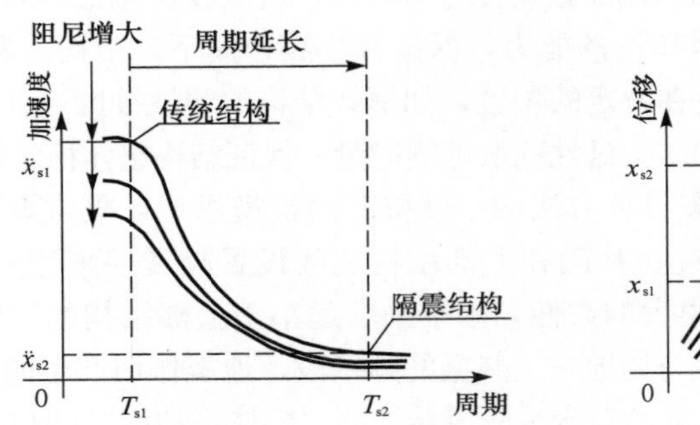

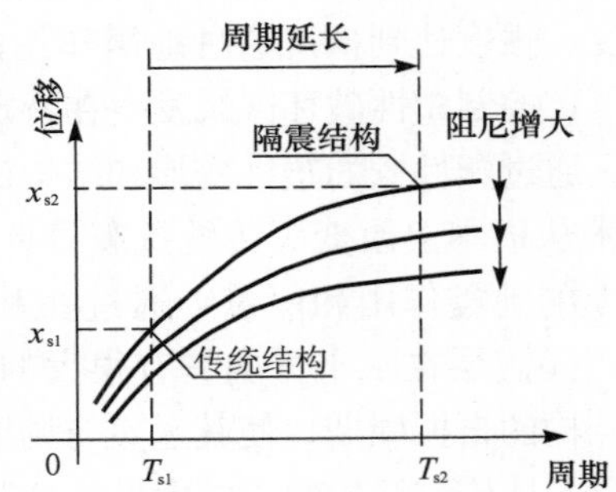

图 6-8　结构加速度反应和位移反应与自振周期的关系

2. 高层隔震体系的原理和特点

随着我国经济水平的提高，城市的发展步伐不断加快，人们对住房的需求也在增加。建筑结构由原来的低层变成高层乃至超高层建筑结构。我国是一个地震灾害频发的国家，地震的不可预测性常常会给人类带来毁灭性的后果。通过加大构件横截面，提高配筋率来抵御地震能量的传统抗震设计可以达到抗震设防目标，但也存在着不足，构件的横截面增大，其刚度和自重也就增大，发生地震时，建筑物的动力响应也随之增大；其次，构件截面增大不仅影响建筑外观还会降低建筑有效使用面积。目前，隔震技术是一项有效且经济的被动控制技术，在多高层建筑结构中的应用越来越广泛。它通过在上部结构和下部结构之间设置隔震层来阻止地震的能量直接向上部结构传递，并利用隔震层的变形来吸收地震的能量，这样就保护了上部结构的功能和安全。多高层隔震不仅适用于混凝土结构，在钢结构及钢-混凝土组合结构中同样可以发挥出其卓越的减震效果。

目前，高层建筑采用隔震技术存在以下几个主要问题：

（1）高层建筑基本周期较长，隔震后进一步延长基本周期，地震影响系数曲线在长周期范围下降缓慢，高层建筑隔震后的减震效果明显但比中低层建筑有所下降，且上部结构弯曲变形明显。

（2）高层隔震建筑越高，水平荷载作用下的倾覆力矩越大，罕遇地震作用下隔震支座的最大拉应力和压应力是否满足规范要求，将限制隔震技术在高层建筑中的应用。

（3）高层隔震建筑在风荷载作用下的位移响应、加速度响应比非隔震结构显著。

（4）目前的隔震设计是在没有考虑特殊长周期地震动的前提下完成，特殊长周期地震动作用下，高层隔震建筑安全性需要深入研究。

我国目前建成的最高隔震建筑高度在100m左右，高层隔震建筑的建设有待继续发展，且钢结构隔震建筑应用较少。钢-混凝土混合结构隔震建筑的相关研究目前也有待进一步完善。鉴于此，目前给出的隔震建筑的最大适用高度宜参考现行国家标准《建筑抗震设计规范》GB 50011—2010（2016年版）的规定。隔震建筑高度指室外地面到主要屋面板顶的高度。结构高度取隔震支座标高到上部结构屋面板顶的高度。

当隔震建筑的高度或高宽比超过《建筑抗震设计规范》GB 50011—2010（2016年版）的规定限值时，详尽的论证必须包含对结构抗倾覆设计和支座抗拉设计的论证，抗倾覆措施是指在隔震层设置具有抗拉功能的装置或部件，或通过其他方式来抵抗结构的倾覆效应，使隔震支座的拉应力控制在规定范围，并预留整体抗倾覆安全裕度。

6.3.2 层间隔震结构的受力特点

最初的隔震结构，只限于体形规则的结构，规定隔震层设在基础顶面或地下室底部。但在实际工程中，由于建筑和使用上的需要，要求突破规范的这些限制，在结构的中间层设置隔震装置，形成新的层间隔震减震体系。随着对隔震结构的受力性能的深入研究和部分工程的应用，《建筑抗震设计规范》GB 50011—2010 中提出了层间隔震体系。

1. 层间隔震建筑隔震层位置

以下几种较为常见的建筑结构，适合采用层间隔震。

（1）竖向不规则建筑

大底盘或大平台多塔楼结构，底部一层或几层是大底盘裙房结构，其上是几栋多层或高层房屋，在上部的一栋或多栋塔楼与大底盘之间设置隔震层，可同时改善下部大底盘结构的受力状况和上部塔楼的抗震性能。

在复杂高层建筑中，常设置结构转换层，在转换层与上部结构之间设置隔震层，一方面能调整结构的动力特性，改善转换层上下刚度突变引起的结构地震反应的突变，控制转换层的突变位移仅发生在隔震层；另一方面可通过调整隔震支座的刚度分布以减小转换结构的偏心影响，减小整体结构地震反应。

（2）地理位置特殊的建筑

对某些地理位置特殊的建筑，由于建筑、地形和使用要求等原因，隔震层不允许设置在基础顶面、地下室底部或顶部。如依山而建的建筑，基础倾斜或基础标高变化较多的建筑，不适宜在基础设置隔震层；位于海边或江边的建筑，考虑地下水位较高或海水侵入对隔震支座的影响，也需要考虑提高隔震层位置。

（3）已有建筑的加固改造

为了提高土地利用率，降低工程造价，改善旧房的使用功能和条件，常常在已有建筑上进行加层改造。加固并延长已有建筑的使用寿命。但增加层数后由于旧结构不满足抗震要求，必须对其进行抗震加固。如果按照传统的抗震设计方法进行加固，即加大截面、增加配筋，其结果造成截面越大刚度越大，地震作用力也越大，不仅难以保证既有结构加层后的抗震安全，也将大大增加工程费用。

如果对现有建筑进行加层或加固改造时采用层间隔震技术，在新增加层和旧有建筑之间设置隔震层，则可同时减小上部新加结构和下部已有建筑的地震作用，不但节省投资，而且便于施工，建筑物的原有功能不受干扰。

2. 层间隔震建筑的特点

层间隔震是基础隔震层向结构上部转移的结果。层间隔震体系可根据结构本身的特点，在结构竖向刚度有突变的部位（图 6-9a）、结构形式有变化的部位（图 6-9b）设置隔震层，隔震层的位置可以设置在结构的一层顶（图 6-9c）、中间层（图 6-9d）和顶层（图 6-9e）等。

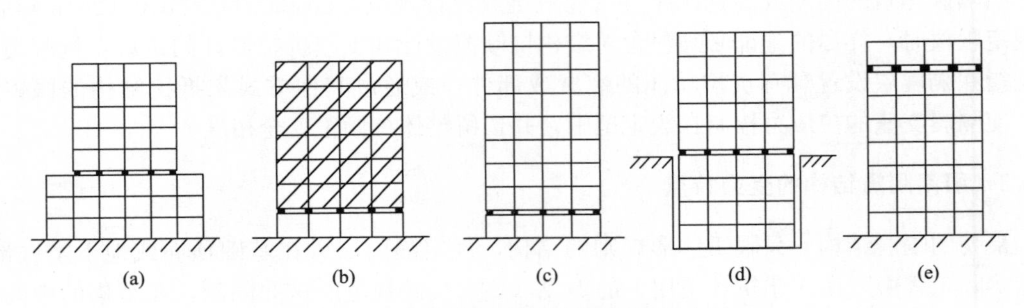

图 6-9　隔震层在不同位置的层间隔震

由于隔震层设置在结构的中间层，将整体结构分为上部结构和下部结构，引起结构动力特性的变化，隔震结构的工作机理出现了新的特征。当隔震层位置较低时，结构设计的目标为减少隔震层刚度，降低结构的自振频率，通过延长整体结构的周期，远离地震的卓越周期，减小结构的地震反应。并使地震时的变形主要集中在隔震层上，依靠隔震装置来耗散地震能量。当隔震层位置较高时，整体结构周期的延长不够明显，结构设计的目标一方面要降低结构的自振频率，另一方面可以调整减震装置的刚度改变上部结构的自振频率，使其尽量接近主结构的基本频率或激振频率，采用调谐吸振的方法，使结构的振动反应衰减并受到控制。

对于隔震层上部结构，类似于基础隔震，在地震作用下主要为水平方向平动，当下部结构的刚度无穷大，且其地震反应不要求控制时，层间隔震体系转化为基础隔震体系。对于下部结构，上部结构的作用相当于调谐质量块，上部结构的存在，对下部结构的地震反应起控制作用。当上部结构为单自由度体系且其地震反应不要求控制时，层间隔震体系转化为 TMD 结构体系。

层间隔震结构设计的目的，不仅要减小上部结构的地震反应，同时要求在不增加或减小下部结构地震反应的情况下，减小整体结构的地震反应。

广州大学工程抗震研究中心，对 6 层框架层间隔震结构进行了一系列研究（图 6-10～图 6-14）[28]，理论研究和试验均证明层间隔震结构对上部结构和下部结构均能起到较好的减震效果。从隔震效果来看，随隔震层位置的变化，隔震效果明显分两种情况：当隔震层位于结构 1/2 高度附近及以下时（试验模型的第 4 层及以下各层），隔震效果较好；当隔震层位于 1/2 高度以上时（第 5 层和第 6 层），隔震效果较差。

在进行层间隔震结构设计时，不仅仅控制结构的第一周期，第二周期也需要控制。对于隔震层上部结构，通过合理设计隔震层刚度和阻尼，延长结构的第一周期，并适当控制隔震层的位移，可达到对上部结构“隔震”的设计目的。对于隔震层下部结构，根据结构本身的特点，合理选择隔震层位置，通过调整隔震层上部结构和下部结构的刚度、质量或增设结构阻尼等，避开结构的第二个主控周期，可达到在不增加或减小下部结构地震作用的同时，减小整体结构地震作用的“减震”目的。合理进行层间隔震设计，可同时减小上部结构和下部结构的地震反应。

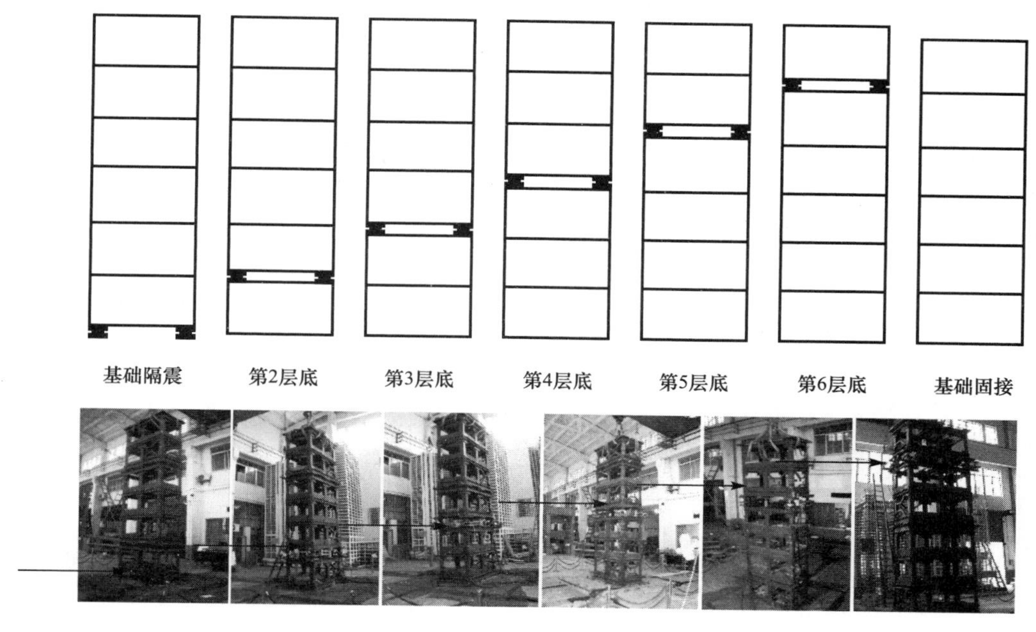

图 6-10　层间隔震结构振动台试验模型

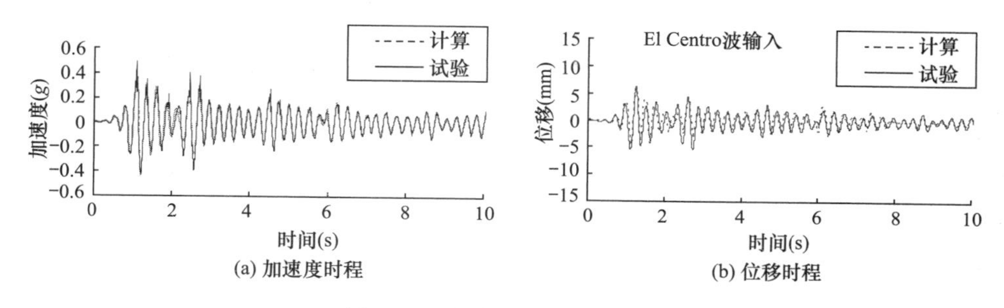

图 6-11　基础固结第 6 层时程

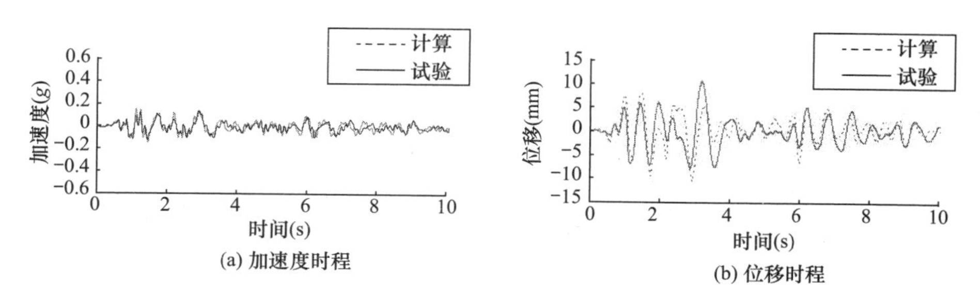

图 6-12　基础隔震第 6 层时程

6.3.3　隔震建筑抗震措施

隔震是一项效果突出的振动控制技术，适用于多高层建筑，可以大大降低主体结构地震反应。通过科学合理的隔震设计、有效的构造措施以及正确施工及维护等构建良好的隔震设计生态是发挥隔震优势的根本保障。

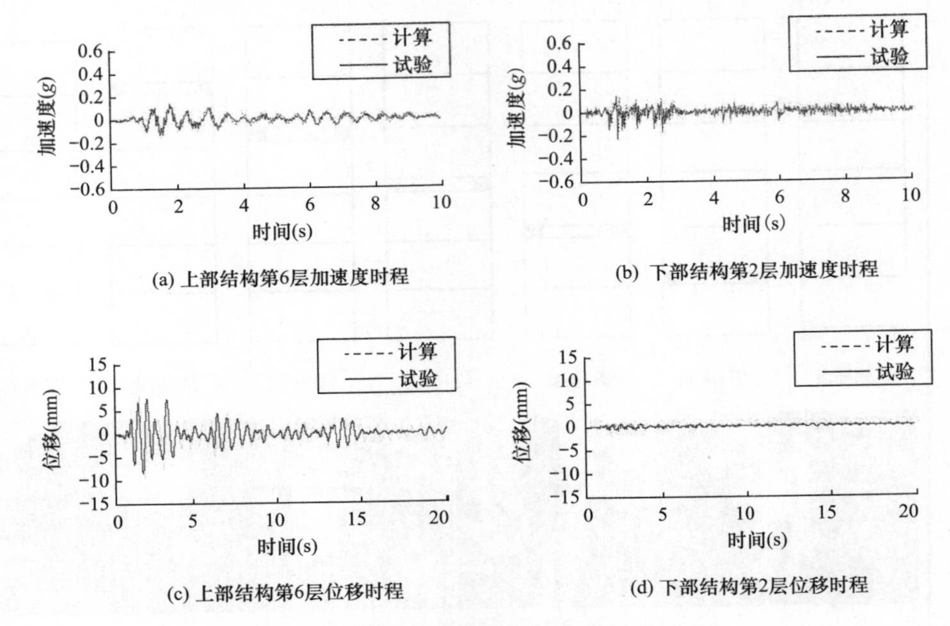

图 6-13　3 层底隔震加速度和位移时程对比

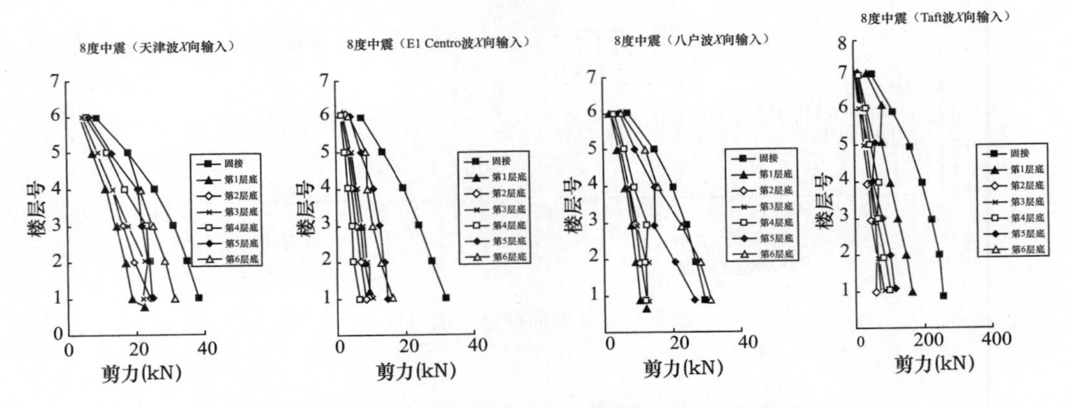

图 6-14　8 度设防烈度地震，层间剪力反应包络图对比

隔震结构的抗震措施除应符合现行国家标准《建筑抗震设计规范》GB 50011 的规定外，还应满足下列规定：

层间隔震结构，一般情况下，隔震层上部结构的地震作用力有较大的减少，隔震层下部结构的地震作用力减少得不多。同时，层间隔震结构隔震层在罕遇地震作用下，隔震支座产生较大位移，其对下部结构将会产生重力二阶效应，从而造成下部结构的内力增大。为此，下部结构在结构设计时应加强。加强范围为上部结构竖向投影向外延伸一跨范围的所有竖向构件，均按关键构件设计（图 6-15），其抗震等级也相应提高，根据结构体系和设防等级确定为一级或二级（表 6-1）。隔震层下部的地下室各层的抗震等级不得低于三级。

同理，层间隔震结构地下室设计时，地下一层抗震等级应与地面上一层相同，以下各层结构抗震等级可逐渐降低，但不得小于三级。

基底隔震结构，隔震层上部结构的地震作用力减少，传递到下部结构的地震作用力响应也会减少。但当下部结构为地下室柱或墙顶时，也需要考虑重力二阶效应的影响。隔震层所在的地下室地下一层抗震等级应与隔震层上一层抗震等级相同，以下各层结构抗震等级可逐渐降低，但不得小于三级。

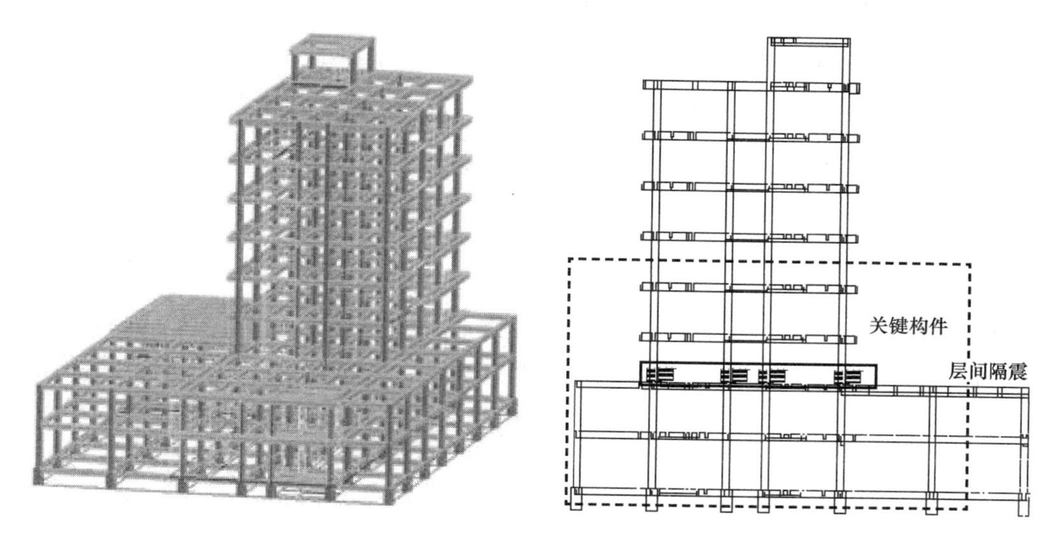

图 6-15　层间隔震结构关键构件范围

层间隔震结构抗震等级　　表 6-1

结构类型	设防烈度	
	6、7 度	8、9 度
钢筋混凝土框架结构	二级	一级
钢筋混凝土抗震墙结构	一级	一级

6.4　隔震层设计

6.4.1　多高层隔震建筑的抗倾覆验算

1. 结构整体抗倾覆验算

结构整体抗倾覆验算时，应按罕遇地震作用计算倾覆力矩，并应按上部结构重力代表值计算抗倾覆力矩，抗倾覆力矩与倾覆力矩之比不应小于 1.1。

隔震层在罕遇地震作用下应保持稳定，不宜出现不可恢复的变形。隔震支座在罕遇水平和竖向地震共同作用下，荷载效应组合考虑重力荷载代表值，叠加三向地震动作用，计算支座的最大拉、压应力，要求分别满足标准规定的限值。

隔震支座的最大拉压应力应符合《隔标》第 6.2.1 条的规定。隔震橡胶支座、弹性滑板支座和摩擦摆隔震支座的最大竖向压应力，标准设防类建筑分别不大于 30MPa、40MPa、60MPa。多层尤其是高层建筑隔震设计过程中，应重点关注隔震支座受拉问题。隔震支座的受拉刚度约为受压刚度的 1/10～1/7，隔震橡胶支座在罕遇地震作用下的竖向拉应力限值，一般控制在 1MPa 以内。特殊设防类建筑不允许出现拉应力，且出现拉应力的支座数量不宜过多，同一地震动加速度时程曲线作用下，出现拉应力的支座数量不宜超过支座总数的 30％；弹性滑板支座、摩擦摆隔震支座或其他不能承受竖向拉力的支座，为防止其脱离，必须保持处于受压状态。

2. 隔震支座拉压承载能力验算

各类隔震支座罕遇地震下的短期最大压应力和最大拉应力应满足《隔标》第 6.2.1 条相关规定，详见表 6-2～表 6-5。

隔震橡胶支座在罕遇地震下的最大竖向压应力限值 **表 6-2**

建筑类别	特殊设防类建筑	重点设防类建筑	标准设防类建筑
压应力限值（MPa）	20	25	30

注：隔震橡胶支座的直径小于 300mm 时其压应力限值可适当降低。

弹性滑板支座在罕遇地震下的最大竖向压应力限值 **表 6-3**

建筑类别	特殊设防类建筑	重点设防类建筑	标准设防类建筑
压应力限值（MPa）	25	30	40

注：弹性滑板支座中的橡胶支座部及滑移材料的压应力限值均应满足该表。

摩擦摆隔震支座在罕遇地震下的竖向最大压应力限值 **表 6-4**

建筑类别	特殊设防类建筑	重点设防类建筑	标准设防类建筑
压应力限值（MPa）	40	50	60

注：摩擦摆隔震支座中的摩擦材料的压应力限值均应满足该表。

隔震橡胶支座在罕遇地震下的竖向拉应力限值 **表 6-5**

建筑类别	特殊设防类建筑	重点设防类建筑	标准设防类建筑
拉应力限值（MPa）	0	1	1

注：隔震支座验算最大压应力和最小压应力时，应考虑水平及竖向地震同时作用产生的最不利轴力；其中水平和竖向地震作用产生的应力应取标准值。

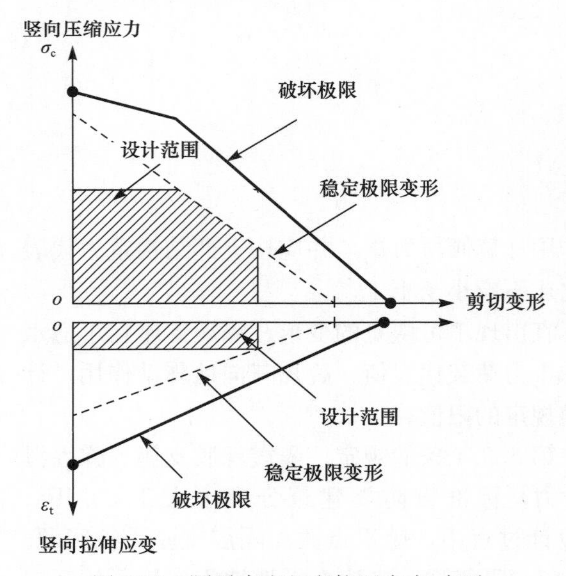

图 6-16 隔震支座竖向拉压应力-水平剪应变极限状态曲线

3. 压剪极限性能

橡胶支座的极限性能取决于其竖向拉压应力和水平剪应变的耦合作用，应由生产厂商提供或进行极限性能试验实测。竖向拉压应力-水平剪应变的极限状态曲线及其设计使用范围如图 6-16 所示。

6.4.2 隔震层的水平变形

在罕遇地震作用下，隔震橡胶支座的极限水平变形取值不应大于 0.55 倍支座直径与各层橡胶厚度之和 3.0 倍二者的较小值；弹性滑板支座的极限水平变形取值不应大于其产品水平极限位移的 0.75 倍；摩擦摆隔震支座的极限水平变形取值不应大于其产品水平极限位移的 0.85 倍。

隔震设计过程中，可以通过采取优化屈重比（隔震层屈服力与上部结构重力荷载代表值比值）或者在隔震层设置黏滞阻尼器等措施，减小隔震层的水平变形。

6.4.3　隔震层的偏心率

考虑上部结构的隔震层偏心由上部结构偏心和隔震层的偏心所致。上部结构偏心一般由建筑物重量、荷载偏差或结构构件刚度、强度偏差产生。相对于上部结构的整体重心，隔震支座和阻尼器等隔震装置整体刚心的偏心会带来隔震层的偏心。对于相同的偏心距和偏心率，由隔震层平面形状、隔震装置的位置、非线性特性引起的扭转振动的影响程度也不一样。即使设计上不存在偏心，在高压应力下，小型叠层橡胶支座的刚度会降低，特别是第二形状系数小的；地震时滑板支座的摩擦力伴随轴力的变化而变化；隔震支座和阻尼器制作上的偏差、上部结构荷载的变化等原因，都有可能引起扭转振动。考虑上部结构的隔震层的偏心率应小于3%。

6.4.4　抗风设计

高层及复杂隔震结构的风振响应相对较大，使隔震支座在风荷载及其他荷载作用下处于不利受力状态。竖向荷载作用计算时，宜考虑不同隔震支座竖向变形差异引起的结构附加内力，并进行隔震支座施工阶段的验算。

设计隔震建筑时，隔震层的总屈服力要求高于100年一遇的风压设计值。风荷载作用下的结构性能评价包括隔震层的阻尼器在反复荷载作用下的疲劳设计，以及风荷载作用下的居住性能评价等。

6.5　结构设计

隔震建筑设计时，采用不计入风荷载效应的设防地震基本组合。根据功能、作用、位置及重要性等将结构构件分为关键构件、普通竖向构件、重要水平构件和普通水平构件，按相应的规定要求进行设计。结构构件指主体结构构件，不包括隔震支座、滑板支座、阻尼器等按特殊构件设计。

对隔震结构，隔震层支墩、支柱及相连构件，底部加强部位的重要竖向构件、水平转换构件及与其相连竖向支承构件等为结构的关键构件。普通竖向构件是指关键构件之外的竖向构件；重要水平构件是指关键构件之外不宜提早屈服的水平构件，包括对结构整体性有较大影响的水平构件、承受较大集中荷载的楼面梁（框架梁、抗震墙连梁）、承受竖向地震的悬臂梁等；普通水平构件包括一般的框架梁、抗震墙连梁等。

6.5.1　上部结构

为提高结构的延性和抗震性能，根据“强柱弱梁”的原则，对框架柱、抗震墙的弯矩进行放大；根据“强剪弱弯”的原则，对框架柱、框架梁、抗震墙、连梁的剪力进行放大。同时，对重要结构构件（如转换柱、角柱等），考虑到受力复杂，对其剪力及弯矩进行放大，以增大结构的安全性。

1. 基底隔震的底部框架-抗震墙结构

隔震层以上的首层墙体作为关键构件来设计，其余构件按普通构件来设计。对于采用基底隔震的底部框架-抗震墙结构，由于底部框架-抗震墙及底部-抗震墙上部首层墙体承担较大剪力，都是宜发生破坏的构件，因此作为关键构件来设计。隔震结构抗震墙底部加强部位的范围应符合下列规定：

(1) 底部加强部位的高度，对基底隔震结构，应从隔震层顶板算起；对中间层隔震结构，有地下室时应从地下室顶板算起，无地下室时应从基础面算起；

(2) 底部加强部位的高度可取底部两层和墙体总高度的 1/10 二者的较大值，对部分框支抗震墙结构及中间层隔震结构，尚应取至转换层及隔震层以上两层。

2. 基底隔震的钢结构

在设防地震和罕遇地震作用下，隔震层上部钢结构的底层应尽量保持稳定的强度和刚度，以便有效地传递隔震层上、下结构的内力和变形，此时不应采用偏心支撑，宜采用屈曲约束支撑或中心支撑。

6.5.2 隔震层顶部屋盖及梁

隔震层顶部楼盖应具有足够的刚度和承载力，从而有效传递隔震层上、下部结构的竖向荷载和水平荷载，并有效协调隔震层整体位移。隔震层顶部楼盖的刚度和承载力宜大于一般楼面的刚度和承载力。

隔震支座和阻尼装置与建筑结构之间的连接件，应能传递罕遇地震作用下隔震支座和阻尼装置产生的最大水平剪力和弯矩，以保证隔震支座和阻尼装置能够持续、稳定地发挥作用。与隔震支座和阻尼装置相连的支墩、支柱等，不仅作为关键构件来设计，还应计算抗冲切和局部承压。

隔震层上部结构采用抗震墙结构类型时，上部抗震墙和隔震支座的连接一般均需通过转换梁来传递内力。为此，应保证设防地震作用下转换梁的弹性状态，并提高梁上下纵向钢筋的最小配筋率以保证其承载力和延性。转换梁的转换次数也不宜大于 3，以便有效传递竖向荷载。因此转换梁需按关键构件设计。

若隔震层设置阻尼装置，阻尼装置与建筑结构之间的连接件，应能传递罕遇地震下隔震支座和阻尼装置产生的最大水平剪力和弯矩，遵循“强连接、弱构件”的原则，按照关键构件进行设计。

6.5.3 轴压比要求

限制框架柱的轴压比主要是为了保证其在地震作用下的延性要求。《隔标》采用设防地震设计，框架柱轴压比公式中引入轴压比调整系数 ξ，使计算结果与多遇地震下的结果保持一致，实现与其他现行设计标准的衔接。在计算柱轴压力设计值时，需考虑荷载和作用的分项系数。对于抗震墙，墙肢轴压比取重力荷载代表值作用下墙肢承受的轴压力设计值与墙肢的全截面面积和混凝土轴心抗压强度设计值乘积之比值，与现行设计标准的计算方法是一致的。

6.5.4 隔震层以下结构

隔震层下部结构的承载力验算，应考虑上部结构传来的轴力、弯矩、水平剪力以及由隔震层水平变形产生的附加弯矩，可按式（6-1）进行计算。隔震支座及连接部分变形如图 6-17 所示。

$$M=\frac{P\delta+Qh}{2} \tag{6-1}$$

式中，M 为隔震支墩及连接部位所受弯矩；P 为上部混凝土结构传递的设计轴压力；δ 为隔震支座的水平剪切变形位移；Q 为支座所受水平剪力；h 为隔震支座的总高度（含连接板）；Δ 为隔震支座的竖向压缩变形。

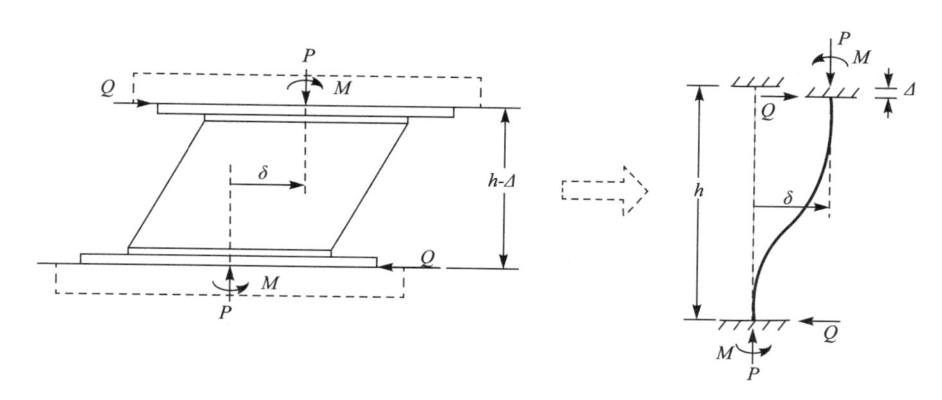

图 6-17　隔震支座及连接部位变形

隔震层支墩、支柱及相连构件，应采用在罕遇地震下隔震支座底部的竖向力、水平力和弯矩进行承载力验算。隔震支座下部支墩应设置防止局部受压的钢筋网片。

隔震层以下的地下室或隔震塔楼下的底盘中直接支撑塔楼结构及其相邻一跨的相关构件，应满足设防地震烈度下的抗震承载力要求，并按照罕遇地震下进行层间位移验算。

6.6　多高层建筑的设计算例

6.6.1　工程概况

某公寓楼抗震设防类别为丙类。为提高建筑的抗震安全性，采用隔震技术。公寓楼采用钢筋混凝土剪力墙结构，共 16 层。地下 2 层，隔震层位于地面地下室和地上一层之间，图 6-18 为第 1 层的结构布置图，图 6-19 为标准层的结构布置图。

6.6.2　结构设计依据

1. 基本设计参数

设计基准期	50 年
使用年限	50 年
抗震设防分类	丙类
100 年重现期基本风压	0.50kN/m^2
地面粗糙度	B 类
风荷载体型系数	1.3

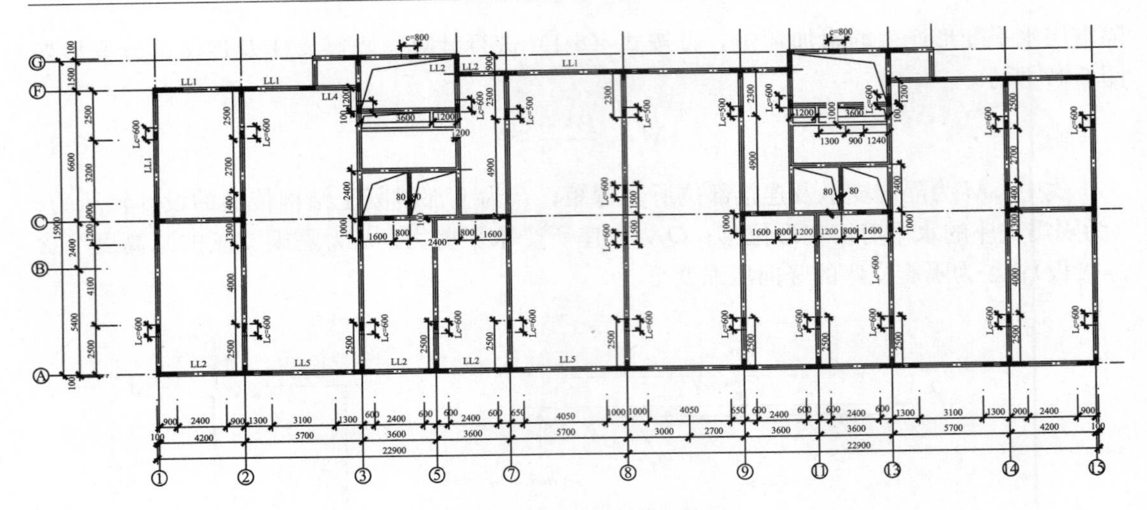

图 6-18　第 1 层结构布置图

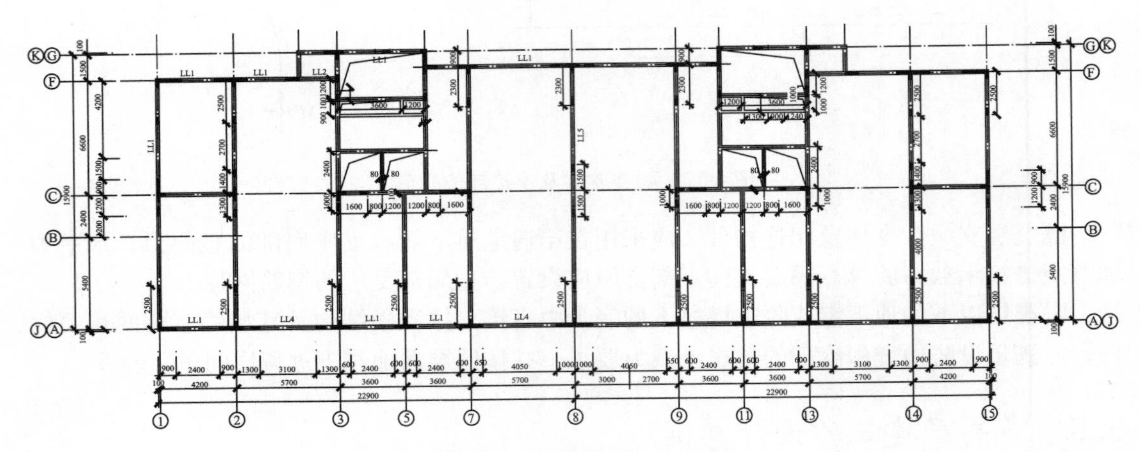

图 6-19　标准层结构布置图

2. 地震信息

抗震设防烈度	7 度
基本地震加速度	0.15g
设计地震分组	第二组
水平地震影响系数最大值	设防地震：0.34
	罕遇地震：0.72
时程分析加速度最大值	设防地震：0.15m/s^2
	罕遇地震：0.31m/s^2
场地类别	Ⅲ类
场地特征周期	0.55s

6.6.3　结构模型建立

1. 上部结构分析模型的建立

本工程采用 PKPM-GZ 结构分析软件，首先建立了包含地下室的上部结构非隔震的有限元模型。梁、柱、墙、板构件均采用软件中的单元，建成后模型的三维视图如图 6-20（a）所示。

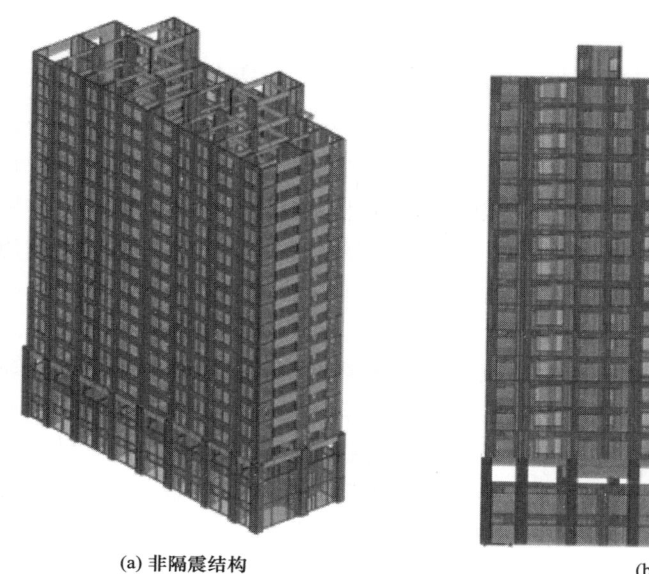

(a) 非隔震结构　　(b) 隔震结构

图 6-20　有限元模型三维视模型及立面图

分析该建筑的上部结构的动力特性，本工程计算出结构前 20 阶动力特性，其结果详见表 6-6。

上部结构动力特性分析结果　　表 6-6

振型号	周期（s）	类型	质量参与系数（%）	
			X	*Y*
1	0.9588	Y	0	65.35
2	0.7959	X	68.08	65.35
3	0.5782	T	68.19	65.35
4	0.2631	Y	68.19	82.72
5	0.2419	X	83.24	82.72
6	0.1800	T	83.28	82.72
7	0.1349	X	91.28	82.73
8	0.1338	Y	91.29	90.89
9	0.1043	X	93.03	90.89
10	0.1020	T	93.14	90.89
11	0.1001	T	93.63	90.89
12	0.0894	Y	93.63	95.78
13	0.0882	X	96.06	95.78
14	0.0707	T	96.08	95.78
15	0.0680	Y	96.08	97.30
16	0.0678	X	96.45	97.31
17	0.0600	T	96.45	97.31

续表

振型号	周期（s）	类型	质量参与系数（%）	
			X	Y
18	0.0560	Y	96.45	97.67
19	0.0523	X	96.45	97.67
20	0.0487	T	96.45	97.67

根据《高层建筑混凝土结构技术规程》JGJ 39—2010 第 5.1.13 条，各振型的参与质量之和不应小于总质量的 90%。从表中可以看出，结构前 20 阶振型总的质量参与系数 X 方向达到了 96.45%，Y 向达到了 97.67%；上部结构前 2 阶周期比为 1.20，1 阶扭转周期和弯曲周期比为 0.73，结构布置满足抗震基本要求。

2. 隔震结构分析模型的建立

本工程在上部结构有限元分析模型的基础上建立隔震结构的有限元分析模型（图 6-20b），PKPM-GZ 软件提供了天然橡胶隔震支座、铅芯橡胶隔震支座可选用单元，同时还可以根据产品的试验结果提供各类隔震单元的计算参数进行相关输入。隔震结构的动力特性会随隔震支座水平剪应变的变化而发生变化，本工程采用 PKPM-GZ 计算出隔震结构体系在隔震支座 100%剪应变时的动力特性的结果，其中前 3 阶周期结果列于表 6-7。

隔震结构前 3 阶振型的周期（s） **表 6-7**

振型	隔震前（s）	隔震后（s）
1	0.959	2.718
2	0.796	2.683
3	0.578	2.438

从表 6-7 中可以看出，隔震体系的周期较原结构增大了很多，基本周期由原来的 0.959s 延长至 2.718s，已经远离了建筑场地的卓越周期。

6.6.4 隔震层设计

1. 隔震层布置及参数选择

结构隔震体系由上部结构、隔震层和下部结构三部分组成，为了达到预期的隔震效果，隔震层必须具备四项基本特征：

（1）具备较大的竖向承载能力，以安全支撑上部结构；

（2）具备可变的水平刚度，屈服前的刚度可以满足风荷载和微振动的要求；当中强震发生时，其较小的屈服后刚度使隔震体系变成柔性体系，将地面振动有效隔离，降低上部结构的地震响应；

（3）具备水平弹性恢复力，使隔震体系在地震中具有即时复位功能；

（4）具备足够的阻尼，有较大的消能能力。

通过合理配置铅芯橡胶支座、天然橡胶支座和阻尼器，可以使隔震结构具备上述的四项基本特征，并达到预期的隔震目标和抗震抗风性能目标。

通过大量计算分析，最终确定隔震层布置如图 6-21 所示，隔震支座的数量和设计参数见表 6-8、表6-9。

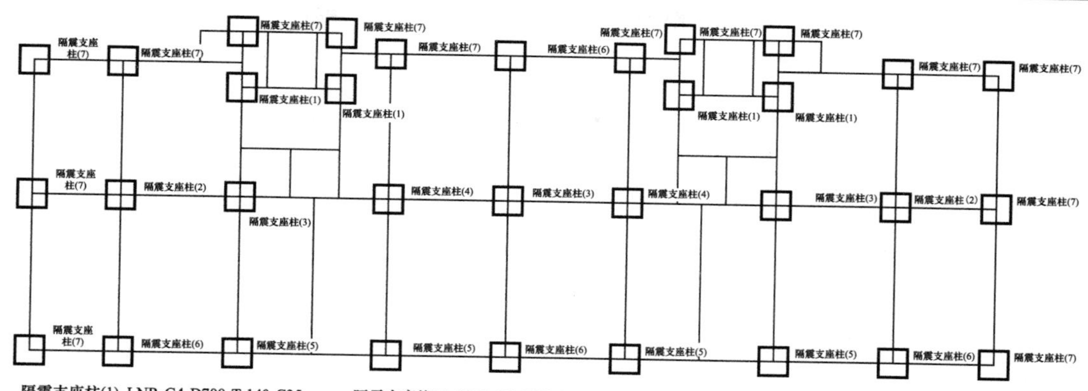

图 6-21　隔震层布置图

隔震支座设计参数　　　　**表 6-8**

内容	参数	单位	LRB-G4-1000-Tr182-C180	LNR-G4-D900-Tr162-C45	LRB-G4-D900-Tr162-C180	LNR-G4-D800-Tr162-C40	LRB-G4-D800-Tr162-C160	LNR-G4-D700-Tr140-C35	LRB-G4-D700-Tr140-C140
	橡胶 G 值	N/mm²	0.392	0.392	0.392	0.392	0.392	0.392	0.392
形状参数	橡胶支座外径	mm	1020	920	920	820	820	720	720
	橡胶支座有效直径	mm	1000	900	900	800	800	700	700
	中孔（铅芯）直径	mm	180	45	180	40	160	35	140
	封板	mm	30	28	28	25	25	22	22
	单层内部橡胶厚度	mm	7	6	6	6	6	5	5
	橡胶层数	层	26	27	27	27	27	28	28
	中间钢板厚	mm	4.0	3.5	3.5	3.5	3.5	3.0	3.0
	内部橡胶总厚	mm	182	162	162	162	162	140	140
	橡胶部高度（未含连接板）	mm	342	309	309	303	303	265	265
	连接板厚度	mm	36	36	36	30	30	25	25
	支座总高度	mm	414	381	381	363	363	315	315
	第一形状系数		35.70	32.88	34.50	31.70	33.30	33.25	35.00
	第二形状系数		5.49	5.34	5.34	5.00	5.00	5.00	5.00
极限性能	最大水平位移（%）		728	648	648	648	648	560	560

注：橡胶剪切弹性模量为 0.392N/mm²。

隔震支座设计值 表 6-9

支座类型	有效直径(mm)	橡胶层厚度 T_r(mm)	屈服后（等效）刚度 k_d(kN/mm)	屈服力 Q_d(kN)	竖向刚度 k_v(kN/mm)	极限变形 $\delta_{(max)}$(mm)	数量(个)
LRB-G4-1000-Tr182-C180	1000	182	1.696	202.9	5197	728	2
LNR-G4-D900-Tr162-C45	900	162	1.515	—	4338	648	3
LRB-G4-D900-Tr162-C180	900	162	1.549	202.9	4905	648	4
LNR-G4-D800-Tr162-C40	800	162	1.197	—	3073	648	2
LRB-G4-D800-Tr162-C160	800	162	1.221	160.3	3535	648	4
LNR-G4-D700-Tr140-C35	700	140	1.06	—	2861	560	4
LRB-G4-D700-Tr140-C140	700	140	1.084	122.7	3259	560	16

典型型号隔震支座的产品示意图见图 6-22，具体的产品设计加工图由隔震支座厂家完善，由设计单位审核，并按照相关规范进行检测。

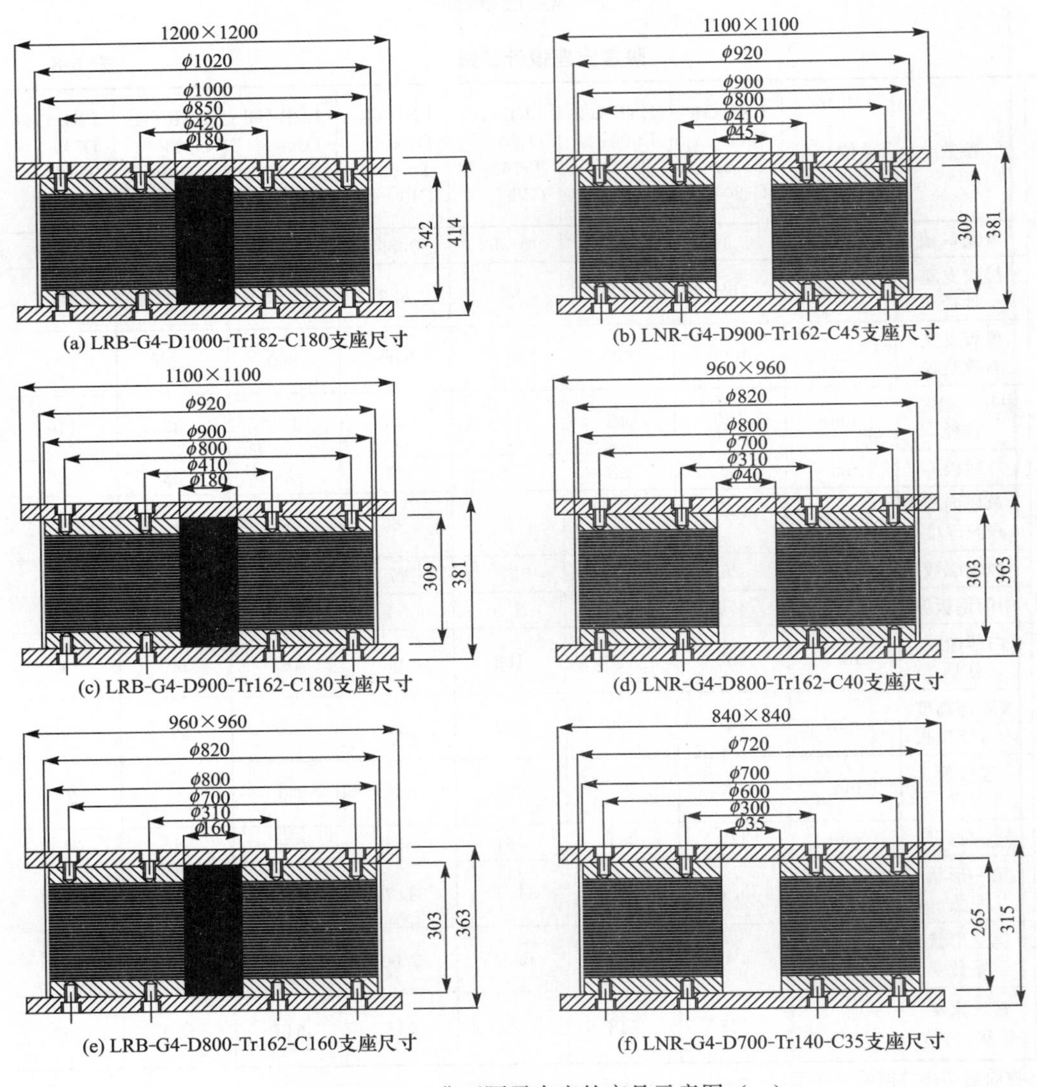

图 6-22 典型隔震支座的产品示意图（一）

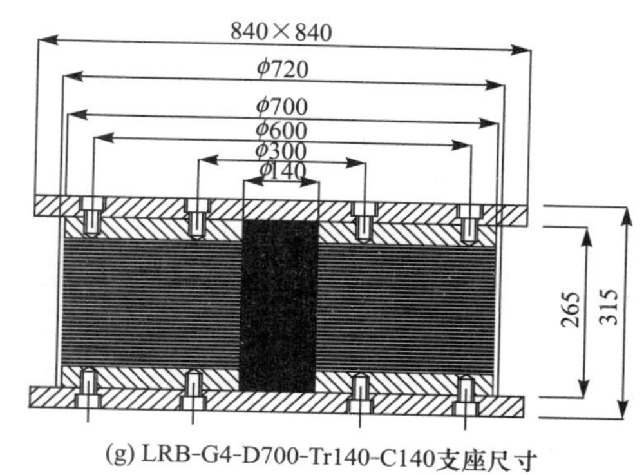

(g) LRB-G4-D700-Tr140-C140支座尺寸

图 6-22　典型隔震支座的产品示意图（二）

2. 隔震支座应力设计

隔震结构在重力荷载代表值下支座的压应力值见表 6-10。

隔震公寓楼隔震支座压应力值　　**表 6-10**

支座编号	产品规格	承压面积（cm^2）	长期面压（N/mm^2）	水平位移限值（mm）
1	LRB700	3848	6.41	385
2	LRB800	5027	7.02	440
3	LRB900	6362	6.93	495
4	LRB900	6362	6.73	495
5	LRB800	5027	7.56	440
6	LRB900	6362	6.73	495
7	LRB900	6362	6.91	495
8	LRB800	5027	6.98	440
9	LRB700	3848	6.34	385
10	LRB700	3848	8.11	385
11	LRB800	5027	5.31	440
12	LNR900	6346	6.47	495
13	LRB1000	7854	7.22	546
14	LNR900	6346	6.39	495
15	LRB1000	7854	7.18	546
16	LNR900	6346	6.36	495
17	LNR800	5014	5.3	440
18	LRB700	3848	8.05	385
19	LNR700	3839	4.57	385
20	LNR700	3839	4.54	385
21	LNR700	3839	4.47	385
22	LNR700	3839	4.43	385
23	LNR700	3839	6.17	385
24	LRB700	3848	7.83	385
25	LRB700	3848	7.81	385
26	LRB700	3848	6.13	385
27	LRB700	3848	7.88	385
28	LRB800	5027	7.64	440
29	LRB700	3848	7.79	385
30	LRB700	3848	7.27	385

续表

支座编号	产品规格	承压面积（cm^2）	长期面压（N/mm^2）	水平位移限值（mm）
31	LRB700	3848	7.52	385
32	LRB700	3848	7.38	385
33	LRB700	3848	7.08	385
长期平均面压（N/mm^2）			6.68	

3. 隔震层偏心率计算

隔震结构的偏心率也是隔震层设计中的一个重要指标，《隔标》明确规定隔震系统的偏心率不得大于3%，在进行隔震层设计时也对隔震系统的偏心率进行了计算，隔震层偏心率计算步骤为：

（1）重心

$$X_g=\frac{\sum N_{l,i}\cdot X_i}{\sum N_{l,i}},\quad Y_g=\frac{\sum N_{l,i}\cdot Y_i}{\sum N_{l,i}}$$

（2）刚心

$$X_k=\frac{\sum K_{ey,i}\cdot X_i}{\sum K_{ey,i}},\quad Y_k=\frac{\sum K_{ex,i}\cdot Y_i}{\sum K_{ex,i}}$$

（3）偏心距

$$e_x=|Y_g-Y_k|,\quad e_y=|X_g-X_k|$$

（4）扭转刚度

$$K_t=\sum[K_{ex,i}(Y_i-Y_k)^2+K_{ey,i}(X_i-X_k)^2]$$

（5）弹力半径

$$R_x=\sqrt{\frac{K_t}{\sum K_{ex,i}}},\quad R_y=\sqrt{\frac{K_t}{\sum K_{ey,i}}}$$

（6）偏心率

$$\rho_x=\frac{e_y}{R_x},\quad \rho_y=\frac{e_x}{R_y}$$

式中，$N_{l,i}$为第i个隔震支座承受的长期轴压荷载；X_i、Y_i为第i个隔震支座中心位置X方向和Y方向坐标；$K_{ex,i}$，$K_{ey,i}$为第i个隔震支座在隔震层发生位移δ时，X方向和Y方向的等效刚度。

表6-11给出了偏心率计算结果。

隔震层偏心率 **表 6-11**

重心位置	x=22.74m	偏心距	0.06m
	y=8m		0.03m
刚心位置	x=22.8m	偏心率	0.26%
	y=7.97m		0.38%

从以上分析可以看出，大楼隔震层隔震支座配置合理，隔震层具有足够的初始刚度保证结构在风荷载、较小地震或其他非地震水平荷载作用下的稳定性，而且隔震层屈服后比屈服前提供了较低的水平刚度，保证结构在较大地震下能很好地减小地震反应。

通过隔震层偏心率计算，结果显示两方向的偏心率均小于 3%，说明隔震层布置规则，重心和刚心基本重合。隔震支座最大长期面压满足相关规范要求，隔震支座具有足够的稳定性和安全性。

6.6.5　输入地震动选取

该隔震建筑属丙类建筑，按《隔标》要求本工程设计采用 7 条地震动。其中，人工合成加速度时程曲线 3 条，与规范地震影响系数曲线在统计意义上相符的强震记录 4 条，所选用地震动见表 6-12。

设计输入地震动　　表 6-12

序号	地震波名称	场地类别	卓越周期（s）
1	人工波 1（简写为 FIELDWAVE1）	Ⅲ	0.49
2	人工波 2（简写为 FIELDWAVE2）	Ⅲ	0.49
3	人工波 3（简写为 FIELDWAVE3）	Ⅲ	0.51
4	Northbridge 0°（简写为 NB0）	Ⅲ	0.67
5	Northbridge 90°（简写为 NB90）	Ⅲ	0.34
6	San Fernando 196°（简写为 ASF196）	Ⅲ	0.43
7	San Fernando 286°（简写为 ASF286）	Ⅲ	0.39

图 6-23～图 6-29 给出了设计地震动加速度时程函数，图 6-30 给出了 7 条地震的反应谱曲线。

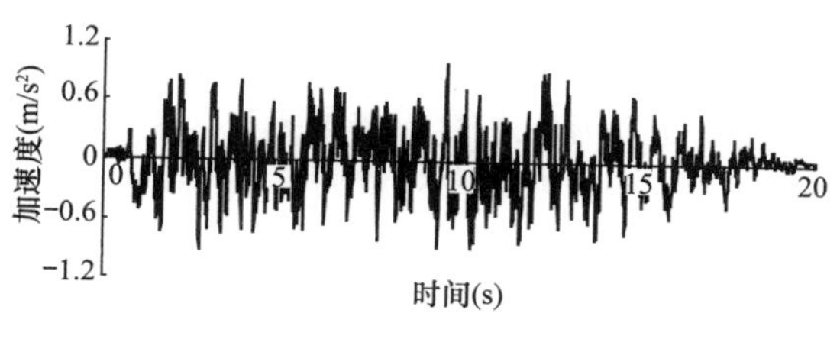

图 6-23　地震波-人工波 1 时程曲线

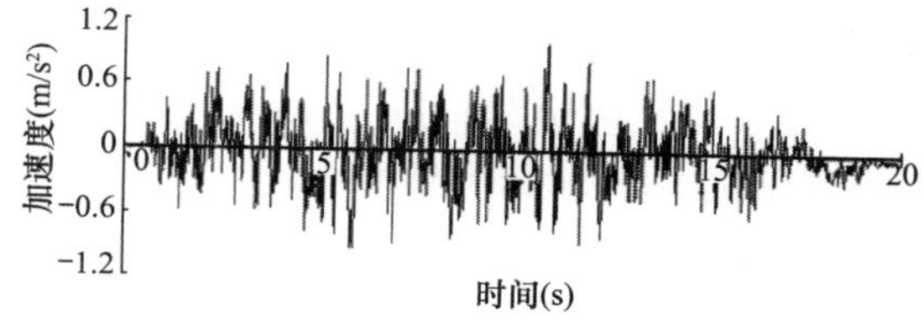

图 6-24　地震波-人工波 2 时程曲线

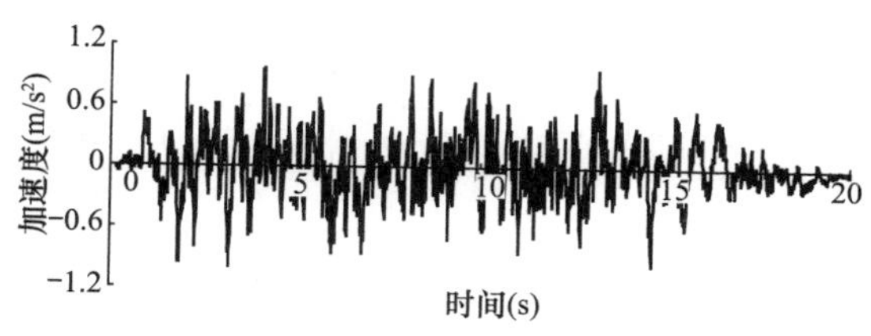

图 6-25　地震波-人工波 3 时程曲线

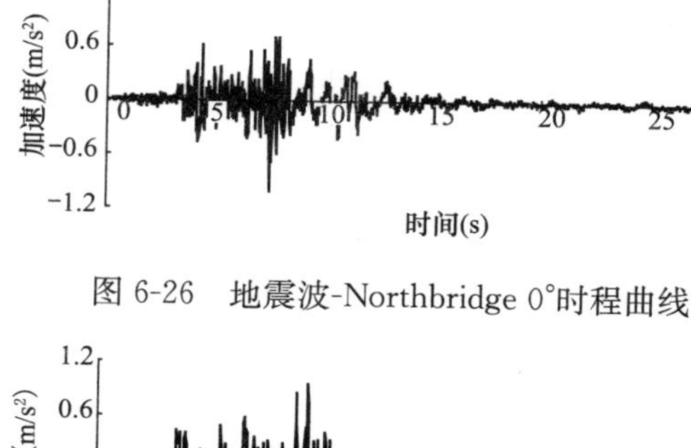

图 6-26　地震波-Northbridge 0°时程曲线

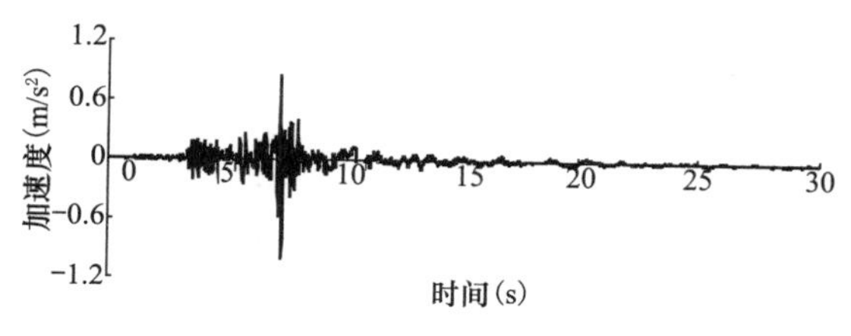

图 6-27　地震波-Northbridge 90°时程曲线

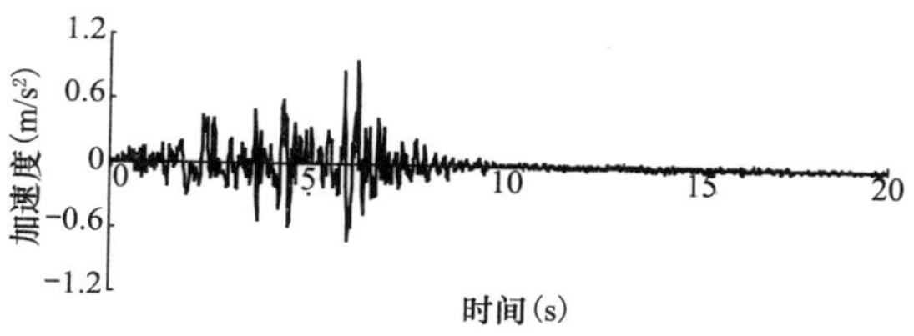

图 6-28　地震波-San Fernando 196°时程曲线

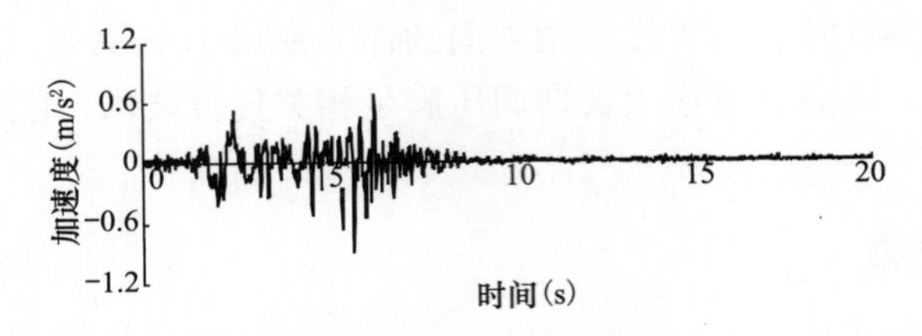

图 6-29 地震波-San Fernando 286°时程曲线

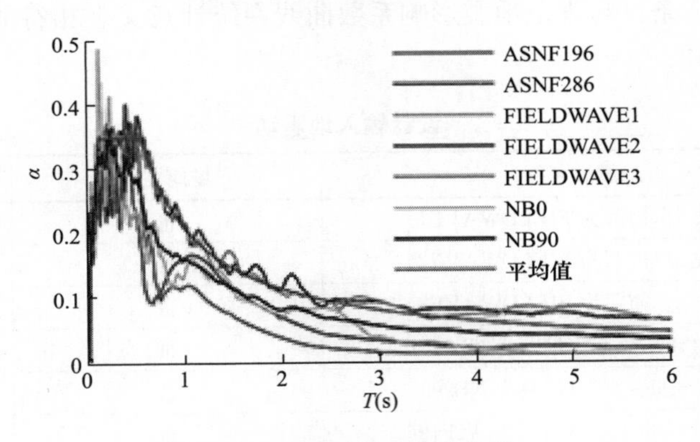

图 6-30 地震波反应谱曲线

6.6.6 7 度设防地震作用下的地震响应分析

采用 PKPM-GZ 结构计算软件隔震模块进行了隔震结构的整体非线性时程分析，重点分析了隔震结构在 7 度设防地震作用下地震剪力、位移响应、滞回历程和耗能等问题。为了更直观反映采用隔震技术的减震效果，对非隔震上部结构也进行了时程分析，以比较采用隔震前后结构地震响应差异。

1. 地震剪力分析

表 6-13、表 6-14 给出了隔震结构在 7 度设防地震作用下上部结构的最大层间剪力，上部结构层剪力，其包络图见图 6-31。

隔震结构在 7 度设防烈度地震作用下 *X* 向各楼层剪力（单位：kN）　　表 6-13

层号	ASF196	ASF286	FIELDWAVE2	FIELDWAVE3	FIELDWAVE1	NB0	NB90	平均值
16	190.15	162.45	196.04	176.69	214.31	149.87	87.64	168.16
15	1181.24	1067.89	1225.56	1086.75	1351.72	980.94	561.07	1065.02
14	2013.29	1819.45	2115.26	1831.08	2299.29	1687.89	965.41	1818.81
13	2768.23	2494.36	2939.57	2483.93	3154.17	2340.68	1340.85	2503.11
12	3435.54	3085.07	3687.12	3040.43	3917.94	2946.76	1698.45	3115.90
11	4007.24	3586.91	4346.45	3498.51	4582.75	3491.02	2032.81	3649.38
10	4477.2	4001.22	4922	3936.45	5142.13	3967.78	2341.55	4112.62
9	4841.63	4333.52	5393.75	4312.06	5589.66	4373.08	2648.97	4498.95
8	5098.45	4590.79	5751.63	4622.37	5926.20	4704.67	2936.29	4804.34
7	5246	4778.27	5990.53	4981.43	6212.46	4961.45	3198.10	5052.61
6	5283.48	4899.06	6113.02	5308.92	6402.69	5143.85	3430.56	5225.94

续表

层号	ASF196	ASF286	FIELDWAVE2	FIELDWAVE3	FIELDWAVE1	NB0	NB90	平均值
5	5216.48	4955.77	6189.55	5611.28	6498.41	5254.44	3631.07	5336.71
4	5103.11	4953.47	6369.72	5879.45	6501.28	5298.55	3799.77	5415.05
3	4891.16	4918.22	6512.80	6134.43	6484.19	5283.78	3953.90	5454.07
2	4659.44	4866.70	6609.17	6358.19	6571.55	5219.19	4089.87	5482.02
1	4601.85	4820.83	6670.88	6596.98	6615.73	5114.30	4217.56	5519.73

隔震结构在 7 度设防烈度地震作用下 *Y* 向各楼层剪力（单位：kN）　　表 6-14

层号	ASF196	ASF286	FIELDWAVE2	FIELDWAVE3	FIELDWAVE1	NB0	NB90	平均值
16	183.63	130.66	189.12	196.87	176.12	153.88	86.03	159.47
15	1126.01	840.78	1219.14	1237.59	1110.80	930.56	553.87	1002.68
14	1878.47	1432.83	2063.64	2095.72	1862.84	1537.45	957.02	1689.71
13	2515.01	1966.40	2808.85	2879.77	2508.89	2039.62	1329.76	2292.61
12	3028.94	2438.71	3450.67	3572.69	3043.03	2434.86	1670.96	2805.69
11	3414.70	2870.89	4000.70	4166.96	3574.11	2723.50	2004.15	3250.72
10	3669.03	3273.80	4455.49	4656.05	4066.75	2908.56	2311.99	3620.24
9	3791.54	3624.93	4927.35	5035.69	4494.09	3154.17	2587.83	3945.09
8	3819.10	3919.33	5314.08	5304.58	4853.37	3358.22	2827.36	4199.44
7	3737.71	4151.85	5614.47	5464.75	5142.13	3504.75	3027.47	4377.59
6	3548.85	4318.71	5832.56	5559.88	5358.61	3601.24	3187.76	4486.80
5	3681.97	4419.36	5983.70	5733.26	5502.35	3658.63	3310.62	4612.84
4	3776.28	4457.76	6057.18	5857.38	5575.03	3673.33	3400.82	4685.39
3	3841.56	4441.02	6061.44	5935.86	5599.05	3647.27	3470.76	4713.85
2	3875.57	4393.09	6003.00	5966.83	5601.20	3784.94	3572.61	4742.46
1	3894.28	4328.85	5918.96	5967.46	5602.21	4051.81	3665.92	4775.64

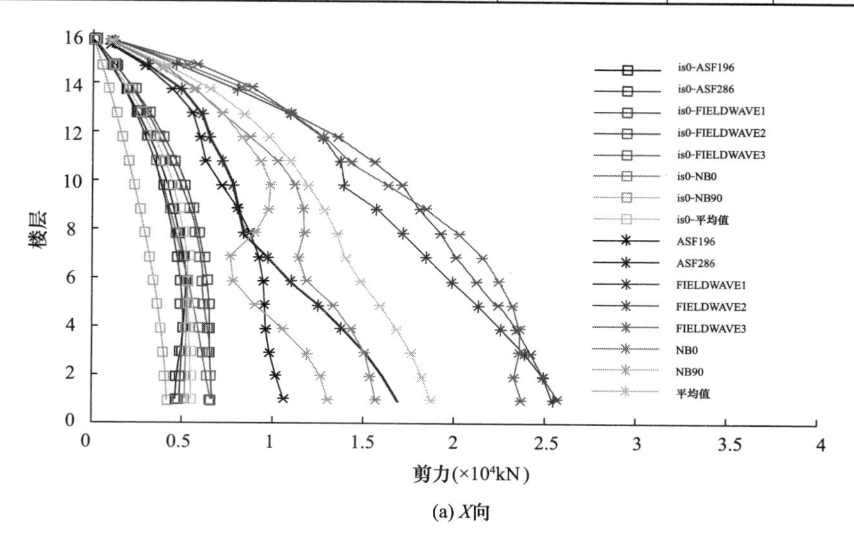

(a) *X*向

图 6-31　楼层剪力包络值（一）

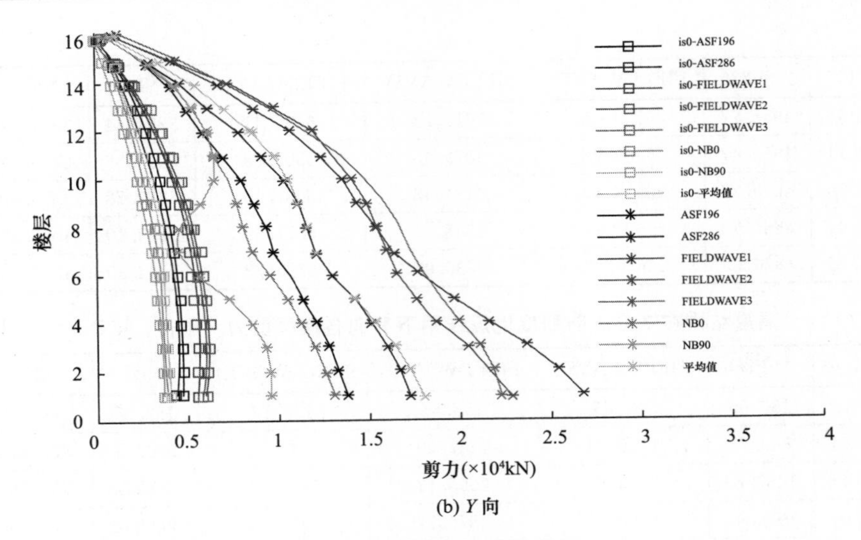

(b) Y向

图 6-31 楼层剪力包络值（二）

表 6-15、表 6-16 给出了非隔震结构在 7 度设防地震作用下的最大层间剪力。

非隔震结构在 7 度设防地震作用下 X 向各楼层剪力（单位：kN） **表 6-15**

层号	ASF196	ASF286	FIELDWAVE2	FIELDWAVE3	FIELDWAVE1	NB0	NB90	平均值
16	722.65	666.46	1116.42	1261.08	1279.46	1224.09	850.30	1017.21
15	2804.95	2986.82	4621.39	5228.99	5715.37	3820.43	3619.41	4113.91
14	4445.57	4881.10	7964.90	8345.61	8825.45	5619.93	5692.80	6539.34
13	5525.61	6053.81	10966.04	10827.74	10998.79	7228.01	7199.51	8399.93
12	5968.16	6517.51	13542.78	12671.74	12759.16	8760.52	8282.78	9786.09
11	6257.36	7211.13	15609.36	14314.11	13703.54	10283.00	9328.02	10958.07
10	7188.69	7729.45	17106.56	16351.26	13937.26	11296.74	9863.88	11924.83
9	8064.00	8091.75	18041.27	18450.57	15726.90	11760.85	9776.73	12844.58
8	8770.53	8370.10	19248.94	20234.64	17159.84	11746.53	9027.22	13508.26
7	9262.02	9626.12	20078.73	21612.16	18464.11	11423.67	7679.64	14020.92
6	9518.59	11019.05	21276.42	22515.48	19944.09	11917.81	7843.26	14862.10
5	9557.87	12466.07	22475.21	23312.85	21376.71	13341.75	9082.83	15944.76
4	9608.03	13816.58	23446.41	23703.18	22602.95	14356.42	10538.91	16867.50
3	9840.24	15049.06	24247.03	23625.22	23942.74	15054.85	11857.33	17659.50
2	10154.81	16057.57	24945.26	23328.96	24925.01	15411.60	12714.46	18219.67
1	10605.73	16932.19	25757.60	23766.88	25535.97	15720.54	13116.31	18776.46

非隔震结构在 8 度设防地震作用下 Y 向各楼层剪力（单位：kN） **表 6-16**

层号	ASF196	ASF286	FIELDWAVE2	FIELDWAVE3	FIELDWAVE1	NB0	NB90	平均值
16	552.51	669.73	977.07	854.33	936.09	728.68	657.43	767.98
15	2736.59	2931.52	4579.05	4253.95	4478.33	2757.47	2985.85	3531.82
14	4447.34	4761.45	7479.10	6996.81	6777.76	4254.58	4374.57	5584.52
13	5646.73	6339.05	9886.97	9453.96	8824.59	5099.60	5422.81	7239.10
12	6256.15	7874.12	11930.33	11580.52	10739.70	5973.85	6173.27	8646.85

续表

层号	ASF196	ASF286	FIELDWAVE2	FIELDWAVE3	FIELDWAVE1	NB0	NB90	平均值
11	6535.38	9185.76	13328.27	13348.70	12391.06	7045.55	6549.41	9769.16
10	7156.87	10262.27	14083.59	14730.06	13599.56	7948.65	6573.35	10622.05
9	7668.03	11103.85	15020.95	15728.50	14401.27	8681.97	5869.30	11210.55
8	8057.70	11723.67	15479.42	16490.95	15347.31	9260.17	4480.48	11548.53
7	8595.55	12147.81	16068.84	17123.79	16350.14	9709.40	4516.02	12073.08
6	9587.86	12960.64	16481.87	17841.38	17726.28	10527.53	5636.88	12966.06
5	10486.73	14110.68	17630.83	18883.45	19673.45	11365.80	7277.37	14204.04
4	11278.08	15116.79	18881.85	19852.48	21658.53	12098.67	8499.68	15340.87
3	12017.54	16033.88	20461.61	21060.07	23703.20	12746.82	9312.19	16476.47
2	12633.26	16751.88	21767.63	21748.36	25423.48	13293.90	9640.52	17322.72
1	13143.74	17288.53	22725.35	22181.84	26789.37	13772.18	9581.18	17926.03

比较隔震结构和非隔震结构在设防地震作用下的响应结果，可以很清楚地看出隔震系统的隔震效果。

表 6-17 和表 6-18 给出了隔震结构和非隔震结构楼层剪力比分析结果。

结构 *X* 向隔震/非隔震结构楼层剪力比　　表 6-17

层号	ASF196	ASF286	FIELDWAVE2	FIELDWAVE3	FIELDWAVE1	NB0	NB90	平均值
16	0.26	0.24	0.18	0.14	0.17	0.12	0.10	0.17
15	0.42	0.36	0.27	0.21	0.24	0.26	0.16	0.26
14	0.45	0.37	0.27	0.22	0.26	0.30	0.17	0.28
13	0.50	0.41	0.27	0.23	0.29	0.32	0.19	0.30
12	0.58	0.47	0.27	0.24	0.31	0.34	0.21	0.32
11	0.64	0.50	0.28	0.24	0.33	0.34	0.22	0.33
10	0.62	0.52	0.29	0.24	0.37	0.35	0.24	0.34
9	0.60	0.54	0.30	0.23	0.36	0.37	0.27	0.35
8	0.58	0.55	0.30	0.23	0.35	0.40	0.33	0.36
7	0.57	0.50	0.30	0.23	0.34	0.43	0.42	0.36
6	0.56	0.44	0.29	0.24	0.32	0.43	0.44	0.35
5	0.55	0.40	0.28	0.24	0.30	0.39	0.40	0.33
4	0.53	0.36	0.27	0.25	0.29	0.37	0.36	0.32
3	0.50	0.33	0.27	0.26	0.27	0.35	0.33	0.31
2	0.46	0.30	0.26	0.27	0.26	0.34	0.32	0.30
1	0.43	0.28	0.26	0.28	0.26	0.33	0.32	0.29

结构 *Y* 向隔震/非隔震结构楼层剪力比　　表 6-18

层号	ASF196	ASF286	FIELDWAVE2	FIELDWAVE3	FIELDWAVE1	NB0	NB90	平均值
16	0.33	0.20	0.19	0.23	0.19	0.21	0.13	0.21
15	0.41	0.29	0.27	0.29	0.25	0.34	0.19	0.28
14	0.42	0.30	0.28	0.30	0.27	0.36	0.22	0.30
13	0.45	0.31	0.28	0.30	0.28	0.40	0.25	0.32
12	0.48	0.31	0.29	0.31	0.28	0.41	0.27	0.32

续表

层号	ASF196	ASF286	FIELDWAVE2	FIELDWAVE3	FIELDWAVE1	NB0	NB90	平均值
11	0.52	0.31	0.30	0.31	0.29	0.39	0.31	0.33
10	0.51	0.32	0.32	0.32	0.30	0.37	0.35	0.34
9	0.49	0.33	0.33	0.32	0.31	0.36	0.44	0.35
8	0.47	0.33	0.34	0.32	0.32	0.36	0.63	0.36
7	0.43	0.34	0.35	0.32	0.31	0.36	0.67	0.36
6	0.37	0.33	0.35	0.31	0.30	0.34	0.57	0.35
5	0.35	0.31	0.34	0.30	0.28	0.32	0.45	0.32
4	0.33	0.29	0.32	0.30	0.26	0.30	0.40	0.31
3	0.32	0.28	0.30	0.28	0.24	0.29	0.37	0.29
2	0.31	0.26	0.28	0.27	0.22	0.28	0.37	0.27
1	0.30	0.25	0.26	0.27	0.21	0.29	0.38	0.27

可见，在设防地震下，隔震结构与非隔震结构各楼层剪力比均小于 0.5，其中底部剪力比 X 向和 Y 向分别为 0.29 和 0.27。不同地震动输入方向下的结构层间剪力比值的平均值的最大值为 0.36。

2. 层间位移角分析

表 6-19、表 6-20 给出了隔震结构在 7 度设防地震作用下的最大层间位移角倒数（$1/\theta$）。

隔震结构在 7 度设防地震作用下 X 向楼层位移角倒数（$1/\theta$）　　表 6-19

层号	ASF196	ASF286	FIELDWAVE1	FIELDWAVE2	FIELDWAVE3	NB0	NB90	平均值
16	2439	2494	2044	2067	2140	2503	4467	2593
15	3461	3649	3041	2980	3127	3503	6040	3686
14	3195	3336	2783	2748	2887	3203	5586	3391
13	2896	3014	2518	2492	2599	2893	5040	3065
12	2653	2753	2302	2252	2347	2635	4573	2788
11	2469	2557	2142	2089	2177	2435	4203	2582
10	2335	2419	2033	1991	2078	2287	3909	2436
9	2242	2324	1958	1901	2014	2179	3665	2326
8	2179	2255	1902	1842	1956	2099	3455	2241
7	2159	2228	1876	1829	1943	2063	3319	2202
6	2194	2248	1887	1868	1975	2075	3271	2217
5	2283	2312	1938	1950	2040	2130	3281	2276
4	2442	2429	2047	2082	2179	2239	3337	2394
3	2756	2681	2277	2334	2476	2477	3552	2650
2	3245	3075	2592	2676	2915	2845	3954	3043
1	4854	4469	3699	3685	4133	4121	5664	4375

隔震结构在 7 度设防地震作用下 Y 向楼层位移角倒数（$1/\theta$）　　表 6-20

层号	ASF196	ASF286	FIELDWAVE1	FIELDWAVE2	FIELDWAVE3	NB0	NB90	平均值
16	1972	1982	1694	1441	1656	2210	2891	1978
15	1977	1897	1611	1406	1605	2132	2729	1908

续表

层号	ASF196	ASF286	FIELDWAVE1	FIELDWAVE2	FIELDWAVE3	NB0	NB90	平均值
14	1879	1807	1533	1340	1529	2031	2603	1817
13	1784	1726	1469	1278	1463	1938	2497	1736
12	1707	1654	1418	1223	1402	1861	2401	1667
11	1653	1590	1374	1177	1346	1796	2308	1606
10	1628	1533	1334	1141	1302	1744	2210	1556
9	1630	1488	1302	1117	1269	1699	2124	1518
8	1667	1466	1293	1113	1258	1679	2074	1507
7	1708	1476	1314	1135	1268	1704	2081	1527
6	1761	1525	1355	1184	1311	1773	2140	1578
5	1839	1602	1417	1262	1382	1872	2228	1657
4	1961	1720	1512	1383	1493	2013	2347	1776
3	2178	1922	1689	1584	1682	2246	2562	1980
2	2571	2272	1994	1867	2005	2667	2975	2336
1	3773	3313	2872	2679	2929	3878	4302	3392

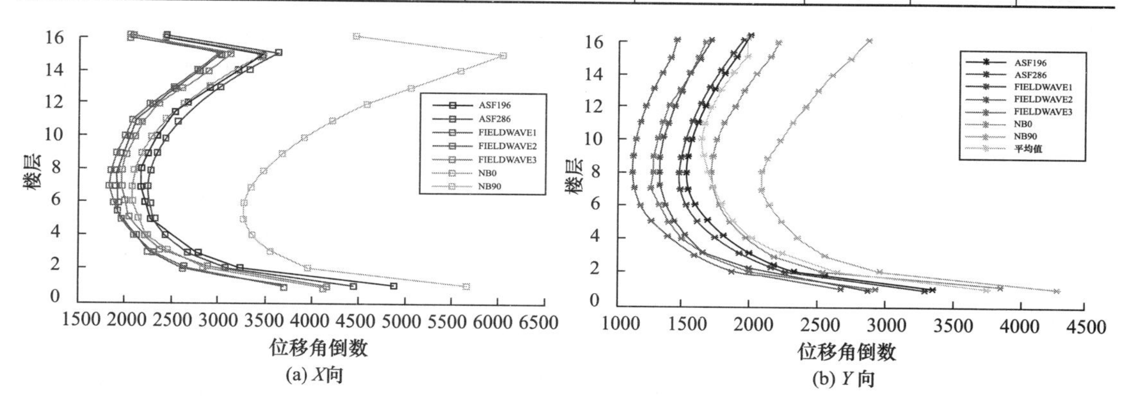

图 6-32　设防地震楼层位移角倒数包络图

可见，在设防地震下，隔震体系上部结构最大层间位移角 X 向和 Y 向分均小于 1/500，满足《隔标》第 4.5.1 条规定。

6.6.7　7 度罕遇地震作用下的地震响应分析

1. 层间位移角分析

表 6-21 和表 6-22 给出了隔震结构在 7 度罕遇地震作用下的最大层间位移角倒数（$1/\theta$），图 6-33 给出了隔震结构最大层位移角分布图。

隔震结构在 7 度罕遇地震作用 X 向楼层位移角倒数（$1/\theta$）　　表 6-21

层号	ASF196	ASF286	FIELDWAVE1	FIELDWAVE2	FIELDWAVE3	NB0	NB90	平均值
16	1717	1919	1713	1548	1610	2486	2736	1961
15	2382	2931	2405	2193	2214	3600	3965	2813
14	2190	2681	2234	2016	2054	3332	3669	2597
13	1980	2434	2013	1832	1853	3013	3327	2350

续表

层号	ASF196	ASF286	FIELDWAVE1	FIELDWAVE2	FIELDWAVE3	NB0	NB90	平均值
12	1808	2241	1829	1681	1670	2742	3046	2145
11	1668	2101	1683	1561	1525	2516	2836	1984
10	1573	2009	1580	1472	1427	2348	2679	1870
9	1513	1933	1499	1411	1361	2220	2554	1784
8	1476	1866	1440	1375	1297	2113	2459	1718
7	1469	1836	1408	1374	1252	2041	2414	1685
6	1496	1847	1404	1382	1218	2019	2431	1685
5	1566	1905	1415	1389	1208	2043	2483	1716
4	1698	2029	1475	1454	1247	2127	2586	1802
3	1975	2285	1633	1628	1374	2343	2825	2009
2	2390	2654	1838	1834	1533	2680	3208	2305
1	3588	3788	2493	2456	2030	3853	4577	3255

隔震结构在 7 度罕遇地震作用下 Y 向楼层位移角倒数（$1/\theta$） **表 6-22**

层号	ASF196	ASF286	FIELDWAVE1	FIELDWAVE2	FIELDWAVE3	NB0	NB90	平均值
16	1276	1613	1138	1202	1116	1567	2099	1430
15	1307	1617	1135	1176	1100	1513	2026	1411
14	1243	1538	1081	1118	1050	1439	1932	1343
13	1177	1461	1025	1071	998	1378	1853	1280
12	1122	1399	973	1029	948	1335	1788	1228
11	1088	1358	931	997	906	1307	1732	1188
10	1077	1331	900	975	873	1292	1685	1162
9	1089	1295	881	952	848	1289	1648	1143
8	1122	1280	874	944	836	1311	1637	1143
7	1171	1298	878	952	836	1370	1669	1168
6	1255	1354	896	984	852	1465	1746	1222
5	1393	1439	935	1037	887	1582	1845	1303
4	1629	1566	1006	1127	950	1704	1969	1422
3	1956	1774	1135	1274	1061	1906	2178	1612
2	2335	2120	1341	1511	1236	2259	2556	1908
1	3405	3037	1877	2123	1699	3313	3705	2737

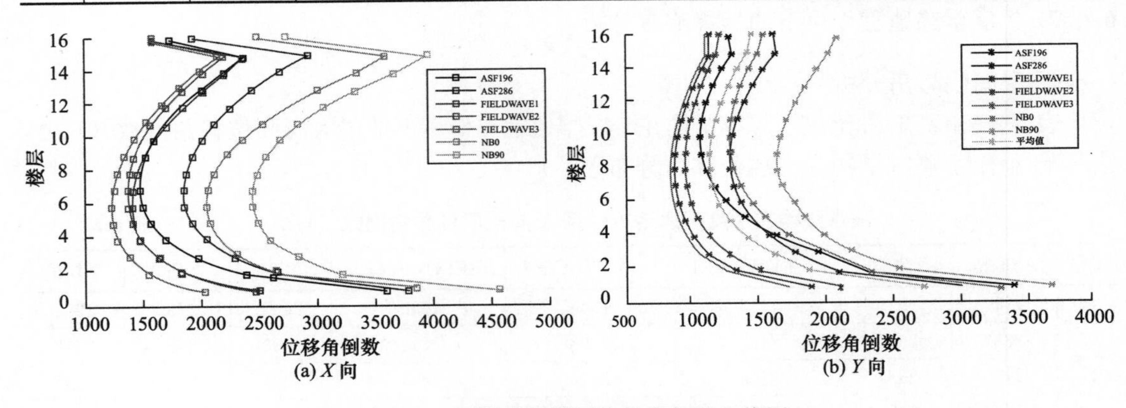

图 6-33　罕遇地震楼层位移角倒数包络图

隔震体系上部结构在罕遇地震作用下 X 向和 Y 向最大层间位移角小于 1/200，满足《隔标》第 4.5.2 条要求。

2. 隔震结构位移反应

在 7 度（0.15g）罕遇地震作用下，隔震结构隔震层的最大水平位移最大值见表 6-23。满足支座最大位移限值要求。

支座最大位移值　　　表 6-23

X 向地震作用	105mm
Y 向地震作用	104mm

3. 隔震结构滞回曲线

图 6-34 给出了主楼下方 LRB1000 铅芯橡胶支座在 7 度罕遇地震下的滞回曲线图（部分）。铅芯隔震支座耗能能力可以从滞回曲线中反映出来，滞回环包围的面积即铅芯隔震支座耗能水平。

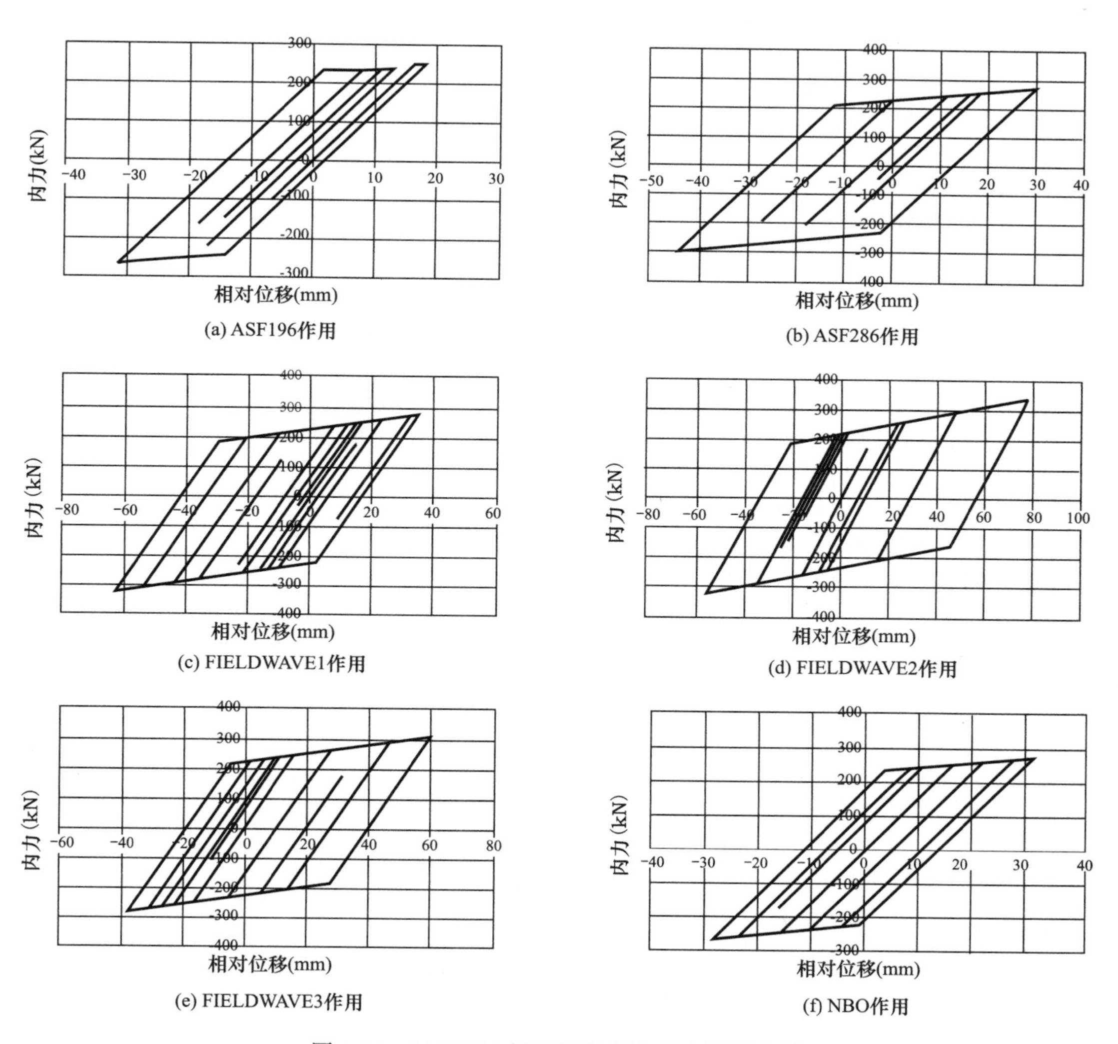

图 6-34　LRB1000 铅芯隔震支座 X 向滞回曲线

4. 隔震支座短期极限面压

隔震支座在罕遇地震作用下的短期极值面压是隔震层设计中的重要指标，极值面压考虑了重力荷载代表值、罕遇地震动沿 X 和 Y 轴输入、竖向地震作用。其中短期极大面压的轴力计算方法为：最大压应力＝1.0×恒载＋0.5×活载＋1.0×罕遇水平地震作用产生的最大轴力＋0.4×竖向地震作用产生的轴力。表 6-24 中各隔震支座的短期极值面压小于 30MPa，隔震支座未出现受拉的现象，满足要求。

隔震支座短期极值面压　　表 6-24

支座编号	类型	承压面积	极值面压（N/mm²）	支座编号	类型	承压面积	极值面压（N/mm²）
1	LRB700	3848	7.00	18	LRB700	3848	8.64
2	LRB800	5027	7.58	19	LNR700	3839	4.8
3	LRB900	6362	7.49	20	LNR700	3839	4.78
4	LRB900	6362	7.3	21	LNR700	3839	4.71
5	LRB800	5027	8.12	22	LNR700	3839	4.66
6	LRB900	6362	7.29	23	LNR700	3839	6.76
7	LRB900	6362	7.47	24	LRB700	3848	8.43
8	LRB800	5027	7.54	25	LRB700	3848	8.41
9	LRB700	3848	6.94	26	LRB700	3848	6.73
10	LRB700	3848	8.7	27	LRB700	3848	8.47
11	LRB800	5027	5.52	28	LRB800	5027	8.2
12	LNR900	6346	6.67	29	LRB700	3848	8.39
13	LRB1000	7854	7.69	30	LRB700	3848	7.86
14	LNR900	6346	6.59	31	LRB700	3848	8.11
15	LRB1000	7854	7.65	32	LRB700	3848	7.98
16	LNR900	6346	6.57	33	LRB700	3848	7.68
17	LNR800	5014	5.51				

5. 隔震结构抗倾覆验算

建筑物隔震系统的抗倾覆力矩不得小于倾覆力矩结构。整体抗倾覆验算时，应按罕遇地震作用计算倾覆力矩，并应按上部结构重力代表值计算抗倾覆力矩。为提高安全性，倾覆力矩以罕遇地震力的 1.2 倍进行计算，抗倾覆力矩则依照隔震系统上部结构重力荷载代表值的 0.9 倍进行计算。罕遇地震下隔震结构体系抗倾覆验算结果如表 6-25 所示。

隔震结构抗倾覆验算　　表 6-25

工况	抗倾覆力矩 M_r(kN·m)	倾覆力矩 M_{ov}(kN·m)	比值 M_r/M_{ov}	零应力区（%）
EX	3.09e+6	2.58e+5	11.95	0.00
EY	1.07e+6	2.57e+5	4.17	0.00

从上表可以看出，隔震体系 X 向的抗倾覆力矩是罕遇地震作用下倾覆力矩的 11.95 倍，Y 向的抗倾覆力矩是罕遇地震作用下倾覆力矩的 4.17 倍，大于《隔标》第 4.6.9条 2 款规定的限值 1.1，表明隔震体系具有良好的抗倾覆能力。

6.6.8　隔震结构抗风验算

隔震层必须具备足够的屈服前刚度和屈服承载力，以满足风荷载和微振动的要求。《隔标》规定，抗风装置应按下式进行计算：

$$\gamma_w V_{wk} \leqslant V_{Rw}$$

X 向风载验算：$1.4V_{wk}=1686.9<3971.0$kN，满足要求；

Y 向风载验算：$1.4V_{wk}=3684.7<3971.0$kN，满足要求；

式中，V_{Rw}为抗风装置的水平承载力设计值。当不单独设抗风装置时，取隔震支座的屈服荷载设计值；γ_w 为风荷载分项系数，取 1.4；V_{wk}为风荷载作用下隔震层的水平剪力标准值。

《隔标》规定：采用隔震的结构风荷载和其他非地震作用的水平荷载标准值产生的总水平力不宜超过结构总重力的 10%。本结构总重力荷载代表值为 133005.6kN，大于风荷载产生的水平力，满足要求。

6.6.9　结构设计

在设防地震下，由第 6.6.6 节分析结果可知结构底部剪力比 X 向和 Y 向分别为 0.29 和 0.27，均小于 0.5，根据《隔标》第 6.1.3 条 2 款要求，上部结构可按本地区设防降 0.5 度确定抗震措施，即按照 7 度（$0.1g$）确定上部结构抗震措施。上部结构考虑竖向地震作用按原设防烈度进行验算。

第 7 章　大跨屋盖建筑

7.1　引言

大跨度屋盖结构因自重轻，受力合理、造型丰富、易取得大的使用空间等特点，在体育馆、会展中心、候机楼、车站、剧院、大型厂房等建筑中被广泛应用，甚至成为衡量一个国家建筑科技水平的重要标志。近年来，我国的大跨屋盖建筑的建筑数量和规模增长非常迅速，平面尺寸从百米级向千米级发展，建筑功能更加复杂，建筑造型更加多样化。

常规的大跨屋盖结构（如网架、网壳等）一般具有较好的抗震性能，随着建筑设计的复杂性和多样性越来越突出，不规则屋盖和重屋盖的应用也越来越多。这类屋盖结构由于上部屋盖质量大，整体侧向刚度大，在水平地震作用下往往在下部支承柱底部产生较大的弯矩；由于下部大空间的使用要求，支承柱往往具有较大的跨度且不宜在柱间设置过多的柱间支撑，这就造成了在水平地震作用下结构成为下柔上刚体系，从而对抗震设防不利[29]。实际震害中也经常发现大跨空间结构地震中破坏甚至倒塌的情况，如图 7-1 所示[2,30]。由此，引起我们对大跨屋盖结构抗震设计的高度重视。

在高烈度地震区，某些大跨屋盖结构，如机场、体育馆，通常承担着人员疏散、物资救援和应急避难等重要作用，在地震时或地震后要求建筑使用功能不能中断，对结构自身的抗震性能要求高。同时，对于超大型大跨度结构，由于跨度大、结构复杂、荷载和刚度不均匀、温度作用效应明显，地震时行波效应不能忽略，很难经济合理地采用传统的抗震技术来保证安全。因此，采用减隔震技术是解决高烈度地震区大跨屋盖结构抗震安全的有效手段。

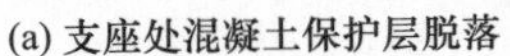

(a) 支座处混凝土保护层脱落

(b) 支座抗剪破坏并移位

图 7-1　大跨结构实际震害情况（一）

（图片来源于《阪神地震的钢结构震害报告》）

(c) 网架杆件断裂、屈曲

(d) 焊接球节点连接破坏

图 7-1　大跨结构实际震害情况（二）

（图片来源于《阪神地震的钢结构震害报告》）

7.2　大跨屋盖结构隔震体系

对大跨屋盖建筑采用隔震技术，可有效降低屋盖和支承结构的地震反应、缓解超长结构的温度效应，近年来已在工程实践中得到了应用。大跨屋盖建筑常用的隔震方式有基底隔震和屋盖隔震两种，也可采用将两种隔震方式组合的形式。将隔震装置设置在结构基础顶部的基底隔震方式较为常见（图 7-2）[32]，如北京大兴机场航站楼、昆明长水机场航站楼、海口美兰机场航站楼等。研究表明，大跨屋盖结构当采用基底隔震方式时，无论是对大跨空间屋架还是下部支承结构体系均可以显著降低地震作用力，整体隔震效果较好。表 7-1 给出了国内三大机场航站楼基础隔震的基本情况介绍。

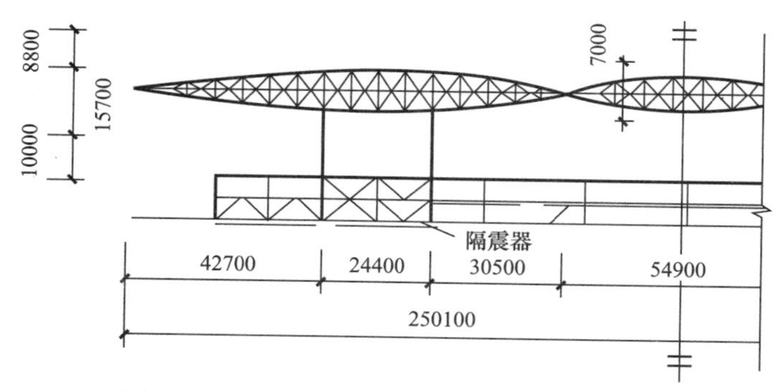

图 7-2　旧金山国际机场新候机厅（基底隔震）

国内三大基底隔震机场航站楼基本情况　　表 7-1

项目名称	昆明长水机场航站楼	北京大兴机场航站楼	海口美兰机场航站楼
隔震层位置	基础隔震，隔震支座位于同一标高	基础隔震，隔震层位于同一标高。部分隔震支座布置在无地下室区域的基础上；其余布置在地下二层区域，支承在地下一层柱顶	基础隔震，隔震层跨层布置。部分隔震支座布置在无地下室区域的基础上；其余布置在地下一层区域的基础上

续表

项目名称		昆明长水机场航站楼	北京大新机场航站楼	海口美兰机场航站楼
构造特点		设备管线、楼电梯间布置简单	设备管线、楼电梯间布置复杂，地下二层满足大震下刚度和承载力要求。由于地下二层为高铁，高铁基础不能采用隔震形式	设备管线、楼电梯间布置简单。地下一层结构刚度大、满足大震承载力要求
构造图示		上部结构 地下室 隔震层 基础	上部结构 隔震层 局部地下室 基础	上部结构 隔震层 局部地下室 隔震层 基础
隔震层	支座	LRB1000　654 个 LNR1000　1156 个	LRB1200　322 个 LNR1200-1500　862 个 滑板支座 111 个	LRB900-1200　482 个 LNR900-1200　405 个 滑板支座 32 个
	阻尼器	出力 100t，行程 600mm 黏滞阻尼器 100 个	出力 150t，行程 800mm 黏滞阻尼器 112 个	无阻尼器
隔震质量		75.3 万 t	103.5 万 t	53.1 万 t
周期	隔震前	0.99s	1.27s	1.01s
	隔震后	2.20s	3.73s	2.80s
隔震效率		降低一度	降低一度	降低一度

也可将隔震装置与钢支座相结合设置在屋盖结构的支座处而形成屋盖隔震方式(图 7-3)，如上海国际赛车场新闻中心[31]、国家体育馆 2022 冬奥训练馆等[33]。屋盖隔震由于隔震层位置提高到了屋盖支承结构的顶部，对上部屋盖结构的隔震效果显著，但对下部支承结构的减震效果有限，同时由于隔震层的大变形及屋盖自重作用下，会对下部支承结构产生较大的偏心荷载和 $P\text{-}\Delta$ 效应，设计时应特别关注。

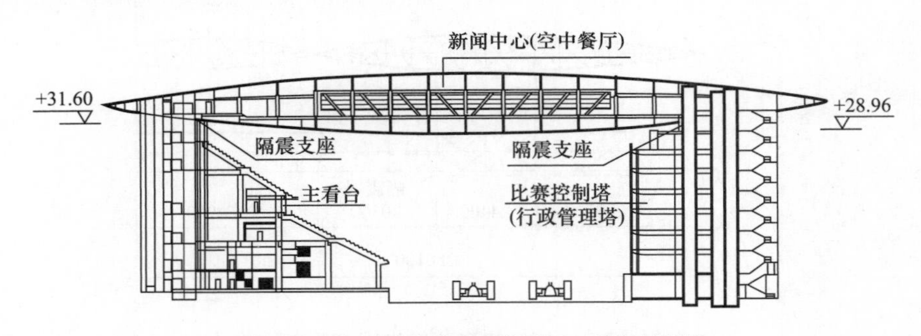

图 7-3　上海国际赛车场新闻中心（屋盖隔震）

由于大跨结构本身的特点，屋盖隔震往往对大跨屋盖受力有较大影响，基底隔震时难以形成常规隔震设计具有的完整隔震层，因此对这类结构的隔震设计应作出专门的规定。当大跨屋盖由多（高）层结构支承且能够形成完整基底隔震层时，其设计计算方法与前面各章节相同；大跨屋盖建筑屋盖隔震及屋盖计算分析应按本章节的规定进行。

实际工程中大跨屋盖的柱顶与屋盖常常做成点式支承。这种情况下如果采用基础隔震技术，柱的两端接近铰接，抗侧刚度将大大降低，尤其是对于单层空旷结构，在地震荷载作用下容易形成可动的机构失稳。此时宜适当地增加柱间支撑，提高下部支承结构的抗侧刚度，并宜在隔震层顶部设置刚性楼板或刚性圈梁，以保证形成完整的隔震层，可提高整个隔震体系的冗余度，确保隔震性能的充分发挥。若基底隔震体系形成完整的隔震层有困难时，可考虑将隔震层的位置提高到大跨屋架与下部支承结构之间，形成屋盖隔震体系。此时，对于在竖向荷载作用下可能产生水平推力的大跨屋盖，宜采取设置承受水平拉力的构件，加强屋盖或支承结构的平面内刚度等措施，以减小隔震装置承受的水平推力。对于拱式受力的平面体系宜在下部设置拉杆（索）、下弦杆等，对于壳体受力的结构体系宜设置刚性圈梁或对边缘构件进行加强。

7.3　地震作用计算

大跨屋盖隔震结构自身的地震效应是空间屋盖、下部支承结构与隔震层协同工作的结果。尤其是当下部结构给屋盖提供的竖向刚度较弱或分布不均匀时，仅单独取屋盖结构模型进行分析计算会产生较大的误差。因此，对于大跨屋盖结构，无论结构物的高度如何，都不建议采用底部剪力法或仅按屋盖结构模型考虑支承条件进行地震作用计算。考虑上下部结构和隔震层协同作用的最合理方法是按整体空间结构模型建模进行地震作用分析。目前，通用的结构分析软件对模型单元和自由度数量的适用能力越来越强，且对于大跨屋盖结构，上部屋盖结构所占的单元和节点数比例较大，整体建模分析的难度并不大。

大跨屋盖结构多为空间受力体系，且为竖向地震敏感结构，在地震效应计算时应包含三向地震作用的结果，因此其构件验算应考虑三向（两个水平向和竖向）地震效应的组合。结构构件的地震作用效应和其他荷载效应的基本组合应按下式计算：

$$S=\gamma_{G}S_{GE}+\gamma_{Eh}S_{Ehk}+\gamma_{Ev}S_{Evk} \tag{7-1}$$

式中，S为结构构件内力组合的设计值，包括组合的弯矩、轴向力和剪力设计值等；γ_{G}、γ_{Eh}、γ_{Ev}分别为重力荷载分项系数、水平和竖向地震作用分项系数，应符合现行国家标准《建筑抗震设计规范》GB 50011[2]的规定；S_{GE}为重力荷载代表值的效应；S_{Ehk}为水平地震作用标准值的效应，尚应乘以相应的增大系数或调整系数；S_{Evk}为竖向地震作用标准值的效应，尚应乘以相应的增大系数或调整系数；式（7-1）中S_{Ehk}应考虑双向水平地震作用下的共同效应，按《隔标》式（4.3.2-6）和式（4.3.2-7）计算。需要指出的是，与《抗规》略有不同，《隔标》采用设防烈度地震水准进行地震作用计算和效应组合，地震起主要控制作用，因此在效应组合中不再考虑风荷载参与组合。

大跨屋盖本身及其支承结构在地震作用下具有明显的空间变形特征，与常规隔震结构有显著的差异，非线性效应明显，可以考虑多种非线性效应的时程分析法更为适用；同时由于大跨屋盖结构的高阶振型往往参与作用明显，振型分解反应谱法通常需要用到非常多的振型，已失去其快速的优点，故建议直接采用时程法进行计算。当按多维反应谱法进行屋盖结构的三维地震效应分析时，结构各节点最大位移响应与各杆件最大内力响应可按行业标准《空间网格结构技术规程》JGJ 7—2010 附录 F 中的公式进行组合计算[34]。

对于平面规则且跨度小于 60m 的平板网架结构、规则曲面体型的双层网壳结构及以平面内受力为主的立体桁架结构，也可采用振型分解反应谱法。但应注意大跨度屋盖建筑的竖向地震作用明显且可能对设计起控制作用，因此分析中应考虑竖向地震作用的影响。

7.4 隔震层设计

大跨屋盖结构隔震层经常兼顾支座的作用，根据大跨屋盖结构支座的特点，如转角相对较大；台风区轻屋盖支座抗拔力较大；超大型大跨结构温度变形影响显著等，在大跨度屋盖结构隔震层设计时需关注以下问题。

7.4.1 隔震装置的选取

隔震层可由隔震支座、阻尼装置、抗拉装置和抗风装置组成。目前橡胶支座、摩擦摆隔震支座和弹性板支座相对比较成熟，应用广泛，在基底隔震或屋盖隔震时宜优先采用。当采用其他隔震支座时，应专门研究。

图 7-4　游泳馆屋盖组合隔震支座

隔震层也可以采用多种隔震支座组合形成，如日本京都某游泳馆的屋面与下部结构支承处采用了三种支座形式：(1) 隔震支座；(2) 滑动支座；(3) 隔震支座加钢阻尼器。如图 7-4所示为游泳馆采用的隔震支座与钢阻尼器的组合支座。

7.4.2 隔震层验算

历次震害现象已经表明，大跨空间结构的支座往往是体系抗震设计的薄弱环节，易率先破坏。为了保障大跨屋盖结构在强震下可靠传递荷载的要求，应对隔震支座进行罕遇地震组合下的强度和变形验算，对于特殊设防类大跨屋盖建筑，还应对隔震支座进行极罕遇地震组合下的强度和变形验算，贯彻“强节点、弱构件”的设计理念。

7.4.3 温度的影响

大跨屋盖建筑由于长度较大，在温度效应作用下可能会有较大的变形。设计中应对此进行专门的分析，控制隔震装置的变形。例如对于隔震橡胶支座，其温度作用变形量宜控制在支座直径的5%以内，并应在施工中采取有效措施消除混凝土干缩引起的变形。同时隔震支座在罕遇地震作用下进行变形验算时，应考虑结构温度作用引起的隔震支座变形的影响，考虑温度组合后的变形验算应符合《隔标》第 4.6.6 条的规定，这里的温度作用组合系数应取为 1。

7.4.4 隔震层抗风抗拉装置

大跨屋盖建筑往往受到向上的风荷载作用，易使隔震支座承受拉力，因此设计中应予以关注。在台风区的轻屋顶结构，宜优先选择抗拔承载力高的支座。当支座拉力超过规范限值时，可增设抗风装置或抗拉装置。抗风装置一般用于风荷载较大的地区，风荷载的频繁作用易造成装置失效，需重视其更换的方便性。

与隔震结构配合使用的抗风装置通常在较小变形时即失效，应使其在温度变化产生的位移作用下不致发生破坏，可采用在结构中心位置布置或在结构单侧布置的方案。

7.4.5　隔震支座的布置

由于大跨屋盖建筑的隔震层通常不能满足平面内刚性的要求，并且平面外变形相对较大，且当同一支承处采用多个支座时，各支座的尺寸、力学性能、耐久性能及极限性能的一致性难以保证，可能导致各个支座的受力不均匀，难以分析。隔震支座布置宜使结构体系的传力路径简洁明确。采用基底隔震时，建议隔震支座底面布置在相同标高位置上是为了使隔震层各部位的水平侧移大致相当，且此时隔震层上下部的结构体型也更规则。

对于大跨屋盖建筑屋盖隔震，隔震层的位置位于屋盖下方，支承结构上方，隔震支座的周边可能还会有屋盖结构的边梁和支承结构的边柱，当预留隔震缝不足够时容易发生碰撞，产生对结构内力的不利影响，设计时应特别关注，宜采用合适的限位措施防止隔震层变形超出设计范围。

7.5　大跨屋盖结构设计

采用隔震设计的大跨屋盖结构选型和截面验算，应符合现行行业标准《空间网格结构技术规程》JGJ 7—2010[34]的规定。空间网格形式的大跨屋盖结构在设防烈度地震下的最大挠度容许值取自《空间网格结构技术规程》JGJ 7—2010 中表 3.5.1 的相关规定[34]。对于罕遇地震作用组合下的屋盖结构容许挠度值，由于目前研究所限，本章未给出具体规定；工程设计中可对表 3.5.1 适当放大、参考相关技术标准或研究文献、开展专门的研究等方式综合确定。

对于以壳体薄膜受力为主的大跨屋盖建筑，需要比较刚的周边支承条件，在边界处对网壳结构提供水平约束，使大跨度结构形成壳体作用。由于隔震支座可能会削弱结构的侧向约束作用，需对网壳设置比较强的周边约束结构，形成自平衡的结构系统，自平衡系统支撑在隔震支座上。应根据《空间网格结构技术规程》JGJ 7—2010 的相关规定，进行屋盖整体的稳定性验算，并应在验算中考虑支承结构的影响[34]。

对于大跨度屋盖结构中的杆件，温度作用明显，且可认为是一种长期作用，因此在考虑地震作用的荷载组合中应考虑温度效应的影响，温度作用的荷载组合分项系数可取 0.4。

大跨度屋盖结构与支座连接的构造措施应符合《隔标》第 5.3 节的规定，对重要大跨屋盖结构的支座节点，还宜进行考虑地震组合的有限元分析验算。

7.6　支承结构设计

基底隔震结构应进行设防地震、罕遇地震作用下的层间位移角验算，对于特殊设防类建筑，增加对极罕遇地震作用下的层间位移角验算；在设防地震作用下弹性层间位移角限值、在罕遇和极罕遇地震作用下的弹塑性层间位移角限值，按照结构体系类别依据《隔标》第 4 章的规定进行。

对于基底隔震的大跨屋盖结构，隔震层顶部构件宜设置承受水平拉力的构件，可保证隔震层上部支承结构的变形协调，避免隔震支座出现过大侧向变形，导致提前破坏。隔震层装置的连接应符合《隔标》第 5.3 节的规定。

大跨屋盖建筑通常都比较重要，且倒塌破坏后果严重，同时考虑到大跨屋盖结构往往难以形成完整的隔震层，因此，对于隔震层以上结构的抗震构造措施不予降低。这样是偏于保证工程安全的。

屋盖隔震体系往往对竖向地震作用更为敏感，且支撑屋盖的结构处于隔震层下方，实际上是一种层间隔震结构形式，其对隔震层下部结构的隔震效果相比基底隔震和多高层隔震结构而言不明显。因此，可按参数 C 适当降低结构抗震设防目标。《隔标》在屋盖隔震的支承结构构件地震效应组合时，对水平地震作用标准值和竖向地震作用标准值采用了 1/3 的调整系数，这种折减对于该类结构体系的实施是适宜的。

7.7 大跨屋盖建筑隔震算例

前面已经介绍了大跨屋盖建筑常用的隔震方式有基底隔震和屋盖隔震两种。当大跨屋盖由多（高）层结构支承且能够行程完整的基底隔震层时，其设计计算方法与前面各章节相同，因此本节主要通过一个工程算例，介绍屋盖隔震方式的隔震设计和应用。

7.7.1 工程概况

某新建体育训练馆长 97m、宽 40m，结构最高点 20.7m，地上 2 层，地下 1 层。地下 1 层为机房和车库，1 层为训练场地和运动员休息室，2 层为多功能用房、办公及食堂。结构采用混凝土框架支承的大跨楼盖结构，下部结构采用混凝土框架；屋顶为大跨重载桁架，跨度 40m，高度 5m，桁架上下弦均布置压型钢板混凝土组合楼板，每平方米竖向荷载达 2t。扩建训练馆设计基准期为 50 年，设计使用年限为 50 年，结构安全等级为二级，抗震设防烈度为 8 度（0.2g），地震分组为第二组，场地类别为Ⅲ类，特征周期为 0.55s，建筑抗震设防类别为标准设防类。

近年来，大跨度重载结构不断涌现，但其结构设计过程中存在很多难点。新建体育训练馆结构设计主要有以下难点和重点：（1）由于建筑东西长约 100m，结构超长，且建筑四个角为核心筒，结构刚度大，温度效应显著；（2）结构跨度大、荷载重，桁架跨度为 40m，竖向荷载约为 $2t/m^2$，造成结构受力复杂、支座设计困难；（3）训练馆 10m 标高的大跨桁架层功能复杂、人员较多，抗震要求高。

采用隔震技术可解决以上问题。橡胶隔震支座因其良好的隔震效果，广泛应用于多高层建筑的基础隔震、层间隔震。但由于大跨结构在支座处转角较大，而橡胶隔震支座转动能力有限、防火构造复杂，以及长期面压的限制（甲类、乙类及丙类建筑分别控制在 10MPa，12MPa，15MPa），限制了橡胶隔震在大跨结构的应用。摩擦摆隔震系统因其采用抗压强度较高的摩擦材料（改性超高分子聚四氟乙烯正常使用抗压强度为 60MPa），所以支座竖向承载力高，可适应上部结构的转动且防火性能好，适用于大跨度重载结构的隔震。因此本工程桁架层支座采用摩擦摆支座，减小地震作用和温度效应，同时设置电涡流阻尼器，增加隔震层减震耗能。

7.7.2　隔震层方案比选

新建训练馆主桁架最大跨度达到 40m，要求支座具有转动功能；同时由于桁架上下弦均为混凝土楼面，为重载大跨度楼盖，支座竖向力大，因此桁架支座最初定为抗震球铰支座。但经过计算，由于桁架沿东西向长度达 100m，且建筑四个角为抗侧刚度大的电梯筒，在温度作用下桁架层两端钢梁与电梯筒连接支座的水平力较大，结构杆件沿东西向温度内力也较大，温度效应已成为结构设计的控制工况，如表 7-2 所示。因此必须选择水平刚度较小的支座类型，故又进行了多种水平刚度较小的支座方案选择：（1）弹簧支座采用板簧提供水平刚度和回复力，但由于板簧延性较差，当超过极限应变后容易脆断，难以满足抗震要求；（2）橡胶支座转动能力小，难以满足桁架层的较大转动需求，且由于面压限制，支座尺寸大；（3）摩擦摆支座具有竖向承载力高、可适应上部结构的转动、防火性能好等特点。因此最后确定支座采用摩擦摆支座。

固定铰支座下支座水平力及杆件内力　　**表 7-2**

工况	升温工况	风荷载工况	小震反应谱
支座水平力（kN）	2574	90	715
边桁架下弦杆件轴力（kN）	−2528	14	122

摩擦摆隔震支座（Friction Pendulum System，简称 FPS），是一种具有自复位能力的隔震支座。FPS 隔震消能的主要原理是将结构物本身与地面隔离，利用滑动面的隔离振动来延长结构的振动周期，以大幅度减少结构因受地震作用而引起的内力放大效应。此外，还可利用 FPS 滑动面与滑块之间的摩擦来达到大量消耗地震能量，减少地震力输入的目的（图 7-5）。除以上特点外，其特有的圆弧滑动面具有自动复位功能，可以有效地限制隔震支座的位移，使其震后恢复原位。摩擦摆支座造价低、施工简单、承载能力高，除有一般平面滑动隔震系统的特点外，还具有良好的稳定性、复位功能和抗平扭能力。摩擦摆支座主要包括不锈钢材料的球形滑面滑槽、涂有聚四氟乙烯材料的滑块、防脱落挡板以及用来与上部结构相连的盖板，其构造示意如图 7-6 所示。

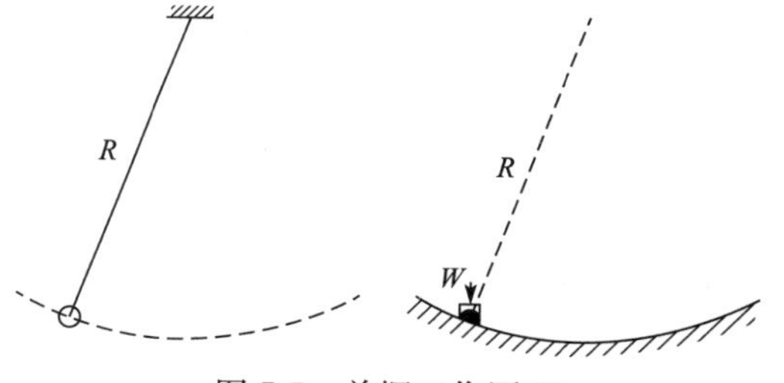

图 7-5　单摆工作原理

摩擦摆支座通过球形滑面使上部结构发生单摆运动，隔震系统的周期 T 如下：

$$T = 2\pi\sqrt{R/g} \tag{7-2}$$

式中，R 为曲率半径。

隔震系统的刚度包括初始刚度 K_i 和摆动刚度 K_{fps}，分别如下：

$$K_i = \mu W/D_y \tag{7-3}$$

$$K_{fps} = W/R \tag{7-4}$$

式中，μ 为动摩擦系数；W 为竖向荷载；D_y 为屈服位移。

由于在建筑功能和建筑做法确定后，竖向荷载基本为定值，因此对于隔震系统的周期和刚度可通过选取合适的滑动表面曲率半径 R 来控制。对于摩擦摆产生的有效阻尼如下：

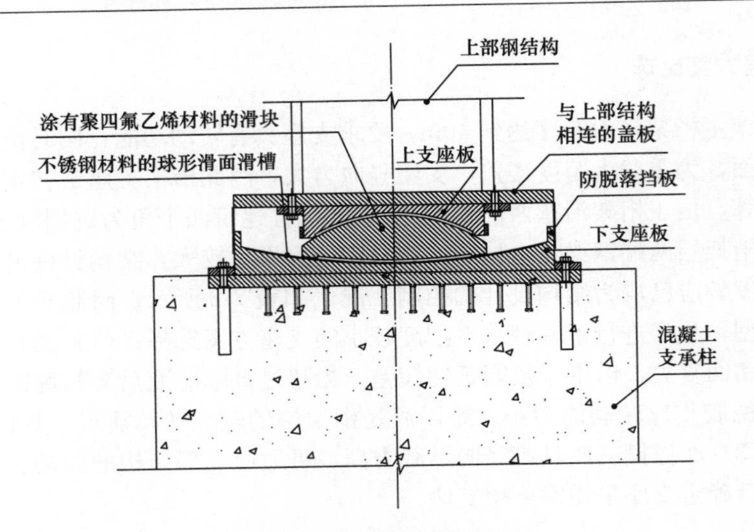

图 7-6　摩擦摆支座构造

$$B = \frac{2}{\pi}\sqrt{\frac{\mu}{\mu + D/R}} \tag{7-5}$$

式中，D 为隔震位移。

摩擦摆产生的有效阻尼由动摩擦系数来控制。由于防脱落挡板的存在，避免大震及极大震下隔震支座的滑块滑出滑动面，保证了结构的抗震安全。至此，地震中摩擦摆支座的恢复力模型可简化成图 7-7 所示的双线性滞回模型。

图 7-7 中，等效刚度 K_{eff}：

$$K_{\mathrm{eff}} = \mu W + [W/R]D \tag{7-6}$$

本工程在隔震层位置还增设了电涡流阻尼器，隔震系统的阻尼包括摩擦摆产生的阻尼和电涡流阻尼器产生的阻尼两个部分。电涡流阻尼技术根据电磁感定律把物体运动的机械能转化为导体板中的电能，然后通过导体板的电阻效应耗散系统的振动能量。由电磁感应定律知，当导体板和磁场发生相对运动，并导致导体板内的磁通量发生变化时，导体板内就会产生电涡流（图 7-8）。

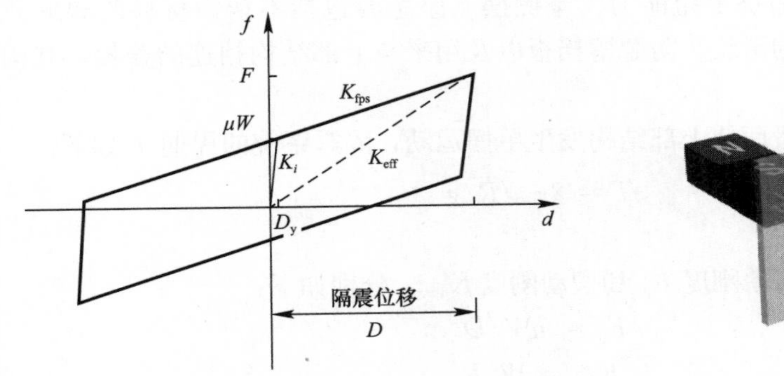

图 7-7　摩擦摆支座的滞回模型

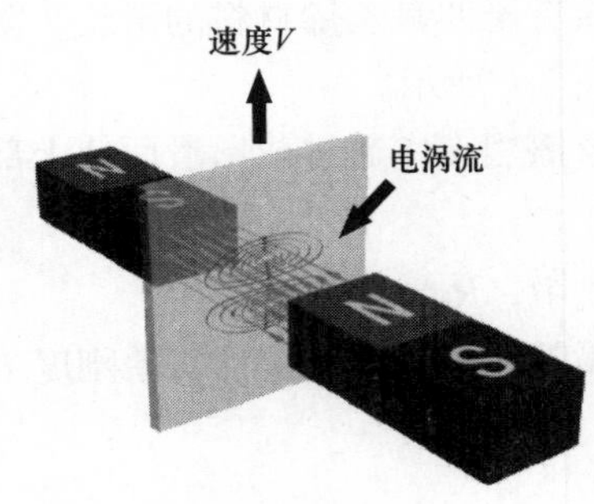

图 7-8　电涡流产生的原理示意

与摩擦阻尼器、黏滞阻尼器等常用的传统被动耗能减震装置相比，电涡流阻尼的产生不依赖于摩擦，也没有工作流体，避免了漏油，具有结构简单、可靠性高、耐久性好、阻尼系数易调节等优点。新建体育训练馆所采用的电涡流阻尼器进行了最大阻尼力、速度相关性、频率相关性、疲劳性能等测试（图 7-9），测试结果满足《建筑消能阻尼器》JG/T 209—2012 的要求。

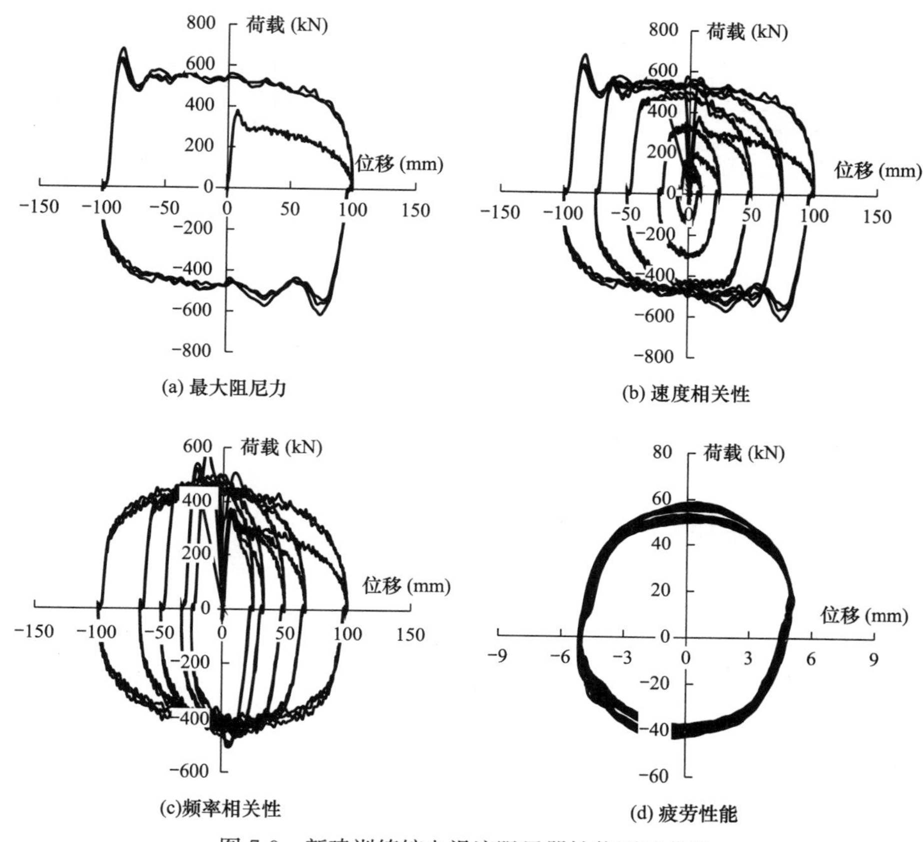

图 7-9　新建训练馆电涡流阻尼器性能测试曲线

7.7.3　隔震层布置与参数设计

在 2 层钢结构下部的混凝土柱上（沿跨度方向混凝土柱截面分别为 600mm×1200mm 和 600mm×1400mm），共布置有 16 套摩擦摆隔震支座（ZZ1），ZZ1 上为 8 榀 40m 跨平面桁架［图 7-10、图 7-11(a)］；在体育馆两端混凝土剪力墙的牛腿及柱顶设置了 25 套摩擦摆隔震支座（ZZ2），ZZ2 上支承着楼面梁（图 7-11）。对于本工程，隔震支座设置在顶部大跨度钢结构和下部支承混凝土柱之间。

摩擦摆计算模型为双折线模型，桁架端部摩擦摆支座参数如表 7-3 所示，8.58m 标高和 13.58m 标高摩擦摆支座布置如图 7-10 所示。由于上下两端靠电梯筒位置的摩擦摆支座 ZZ2 分别位于 2 个标高（8.58m 和 13.58m），且支座布置不对称，为减小 ZZ2 支座对隔震层扭转刚度的影响，提高隔震效率，对于 ZZ2 采用了摩擦系数较小的隔震支座，减小支座 ZZ2 的水平刚度。为减小摩擦摆支座在大震下变形，同时增加耗能，在主桁架两端的摩擦摆支座 ZZ1 位置增加 16 套阻尼器，阻尼器参数如表 7-4 所示。结构计算模型如图 7-12 所示。

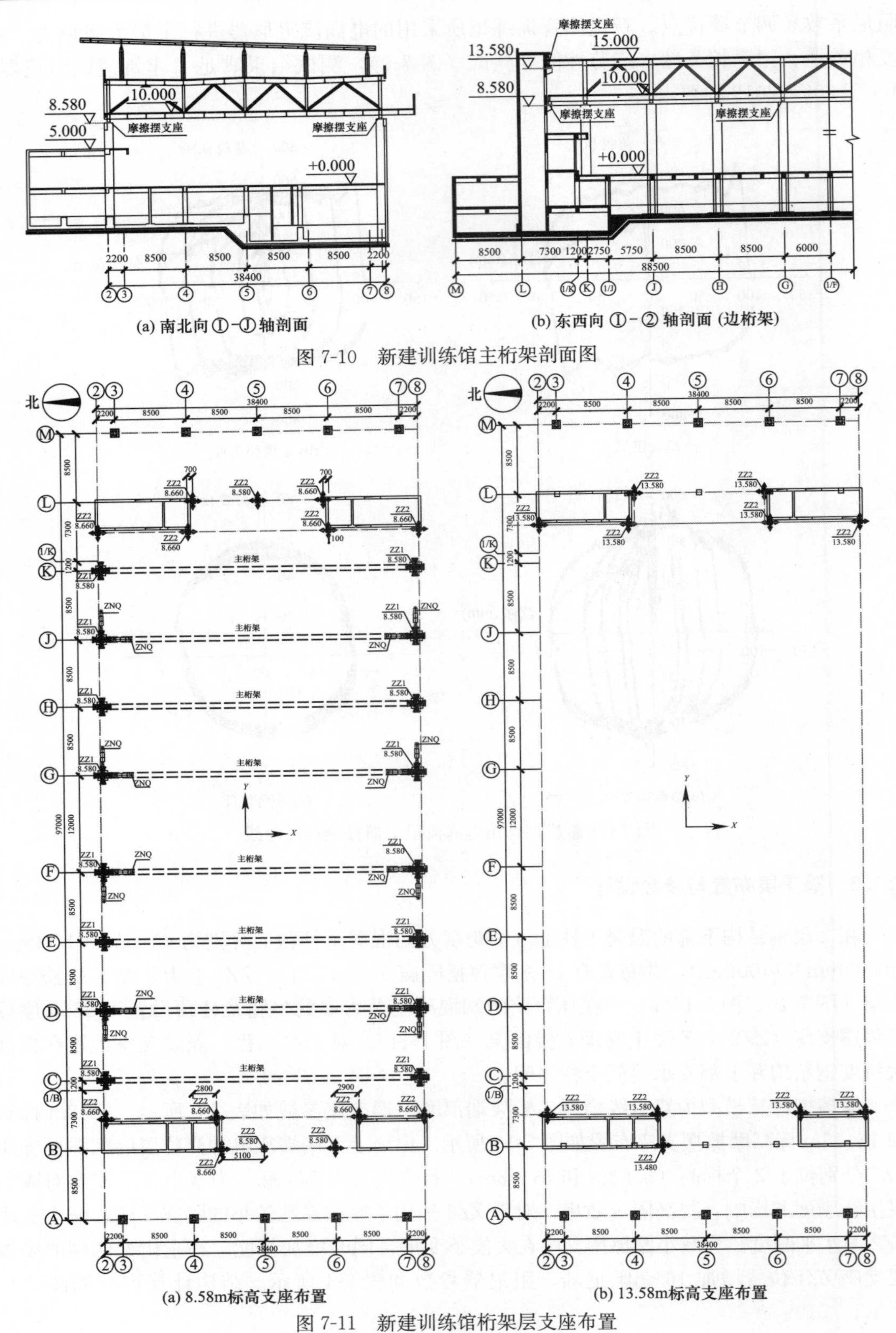

图 7-10　新建训练馆主桁架剖面图

图 7-11　新建训练馆桁架层支座布置

摩擦摆支座参数　表 7-3

支座编号	竖向承载力（kN）	摩擦系数	滑动面极限水平位移（mm）	滑动面有效半径（m）	转动面极限转角（rad）
ZZ1	9500	0.07	±150	1.6	0.03
ZZ2	2000	0.02	±150	1.6	0.03

电涡流阻尼器技术参数表　表 7-4

编号	阻尼指数 S	输出阻尼力（kN）	阻尼系数 C [$kN\cdot(s/m)^{0.3}$]	速度（m/s）	位移行程（mm）
ZNQ	0.3	500	1200	1.0	±150

7.7.4　隔震分析结果

（1）隔震结构的周期

隔震前，结构在 X、Y 两个方向的平动周期分别为 0.36s 和 0.29s；采用隔震结构后，小震下隔震层刚开始滑动，支座变形较小，中震下隔震支座发生较大的位移，隔震层刚度按中震时支座变形对应的等效刚度 K_{eff} 确定，结构在 X、Y 方向的平动周期分别为 1.35s 和 1.28s，基本周期得到了明显的延长。

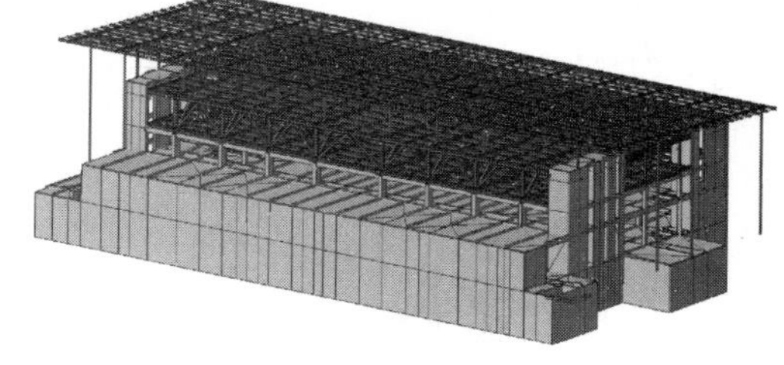

图 7-12　新建训练馆隔震计算模型

（2）桁架层隔震效果

在设防烈度地震作用下，桁架层传给隔震和非隔震结构的水平剪力见图 7-13、表 7-5 和表 7-6。从结果可以看出，采用隔震结构后，大跨桁架结构在 X、Y 两个方向的总地震剪力显著减小，平均值分别减小 79%和 82%，水平减震效果好，减震系数小于 0.38（设置阻尼器）。需要指出的是，虽然减震效果突出，但对于大跨屋盖结构由于地震破坏后果严重，隔震层以上结构的抗震构造措施不建议降低。

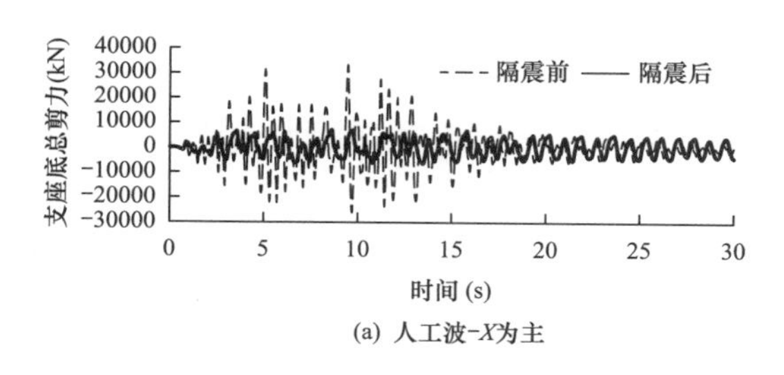

(a) 人工波-X为主

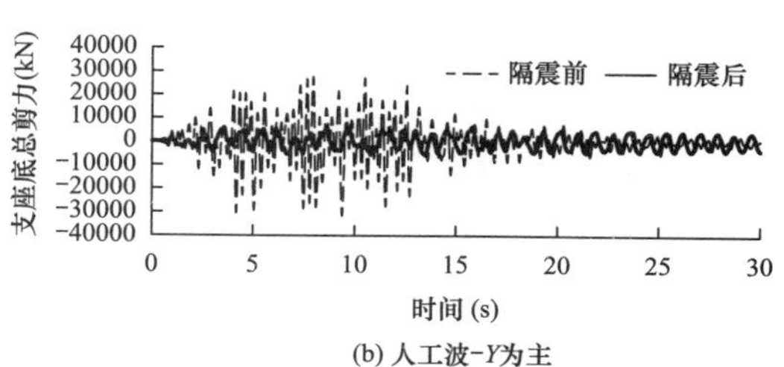

(b) 人工波-Y为主

图 7-13　隔震前后支座底总剪力比较

桁架层支承结构顶部剪力比（X 方向）　表 7-5

工况	人工波	天然波 1	天然波 2	平均值
非隔震（kN）	33365	22547	35391	30434.33
隔震（kN）	7063	5907	5844	6271.33
剪力比	0.21	0.26	0.17	0.21

注：剪力比为隔震/非隔震。

桁架层支承结构顶部剪力比（Y 方向） 表 7-6

工况	人工波	天然波 1	天然波 2	平均值
非隔震（kN）	31570	31533	34500	32534.33
隔震（kN）	6357	5319	5493	5723.00
剪力比	0.20	0.17	0.16	0.18

注：剪力比为隔震/非隔震。

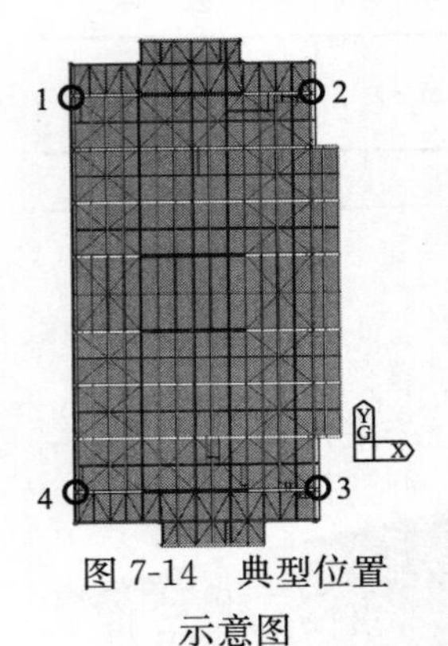

图 7-14 典型位置示意图

为考察隔震后隔震层的扭转效应，选取隔震层主桁架四个角点作为典型位置（图 7-14），在 X 向中震输入下，点 2 与点 3 在 X 向的水平位移差最大值为 7.18mm，最大扭转位移角为 1/8777；在 Y 向中震输入下，点 1 与点 2 在 Y 向的水平位移差最大值为 9.2mm，最大扭转位移角为 1/4122。如图 7-15 所示，隔震后扭转效应不明显，保证了隔震层的隔震效果。

（3）隔震后温度工况下桁架支座反力

桁架支座在隔震前后，在升温 30℃情况下的 X 向支座反力对比如图 7-16 所示。隔震前最大水平力为 1878kN，而隔震后仅为 121kN，为隔震前的 6.5%，说明隔震后，结构的温度效应大幅度减小。

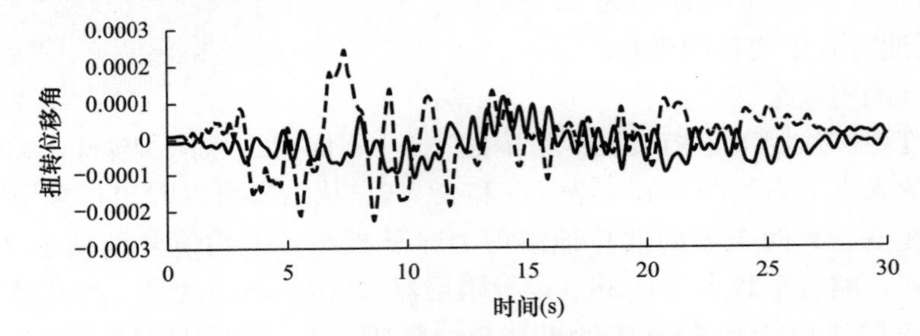

图 7-15 隔震后两个方向的扭转位移角

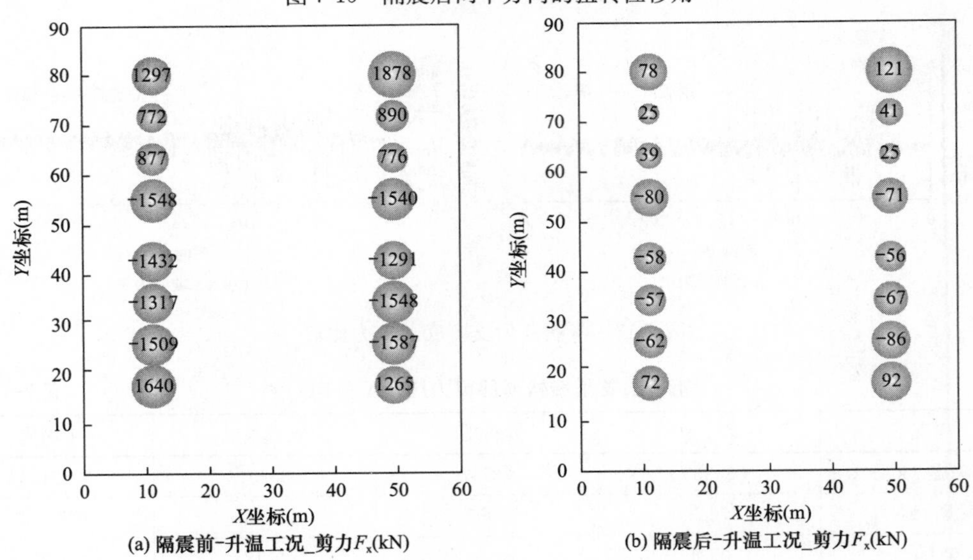

图 7-16 主桁架支座隔震前后 X 向水平力（kN）

（4）隔震层的性能

主桁架②轴与Ⓖ轴交点支座（8.58m 标高）在大震下水平位移轨迹如图 7-17 所示，图中给出了人工波和天然波 1 在 X 向输入为主时的摩擦摆支座水平位移轨迹，表 7-7 给出了该支座在不同工况下的总水平位移值，最大位移为 129mm。

大震作用下，8.58m 标高桁架端部支座最大总位移为 134mm，13.58m 标高摩擦摆支座最大总位移为 140mm，均小于支座位移限值 150mm；桁架上下弦间（8.58m 标高与 13.58m 标高）的层间位移角最大值为 1/639（人工波 X 向输入为主）；放置摩擦摆支座的核心筒，在 8.58m 标高与 13.58m 标高之间的层间位移角最大值为 1/993（人工波 X 向输入为主）；阻尼器最大阻尼力为 426kN。

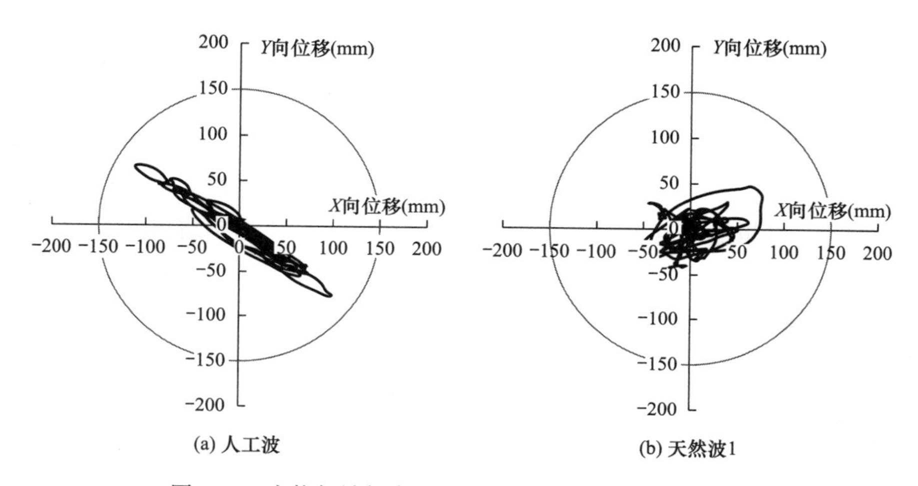

图 7-17　主桁架端部支座大震作用下 X 向水平位移轨迹

主桁架②轴与Ⓖ轴交点支座大震下总位移（mm）　　**表 7-7**

主输入方向	人工波	天然波 1	天然波 2	最大值
X 向为主输入	129	85	88	129
Y 向为主输入	128	81	67	128

7.8　结语

虽然到目前为止，隔震技术在大跨屋盖结构体系中已有不少的应用，但研究的程度还没有形成系统的理论。大跨空间结构隔震形式多样，不似多、高层房屋具有规整的结构体系；空间结构自由度数高，动力特性复杂，频率及振型密集，隔震后的第一阶振型质量参与系数通常无法达到 80%以上；结构振动具有三维特性，不能只局限于控制单一方向，而竖向隔震的技术还有很远的路需要走。这些难点都决定了隔震技术在大跨屋盖空间隔震体系中的应用还有很多研究工作需要完成。相信经过广大科技工作者和工程设计人员的共同努力，大跨屋盖隔震技术将会得到更好的发展。

第 8 章　多层砌体建筑和底部框架-抗震墙砌体建筑

8.1　概述

在我国，砌体结构是使用广泛的一种建筑结构形式。特别是新中国成立后，我国工程建设的需求量日益增长，砌体结构因其美观舒适、造价较低等优点在政府的支持下得到迅速发展，这也推动了我国砌体结构基础理论、设计理论及计算方法的进步。我国主要采用砌体结构建造多层建筑，近二十多年来扩展到高层建筑[35]。

由于砌体材料的脆性性质，较之其他结构体系，多层砌体建筑和底部框架抗震墙建筑的抗震性能较差。汶川地震震害调查发现，经抗震设计的砌体结构房屋的平均震害指数为 0.34，底部框架抗震墙建筑平均震害指数为 0.3，框架结构房屋的平均震害指数仅为 0.15，多层砌体建筑和底部框架抗震墙建筑震害远高于框架结构[36]，图 8-1 为抗震建筑汶川地震对比图。玉树地震震害调查发现，砌体结构毁坏（即倒塌或濒临倒塌）的比例约占 13％，但远大于框架结构约 6％的比例[37]。

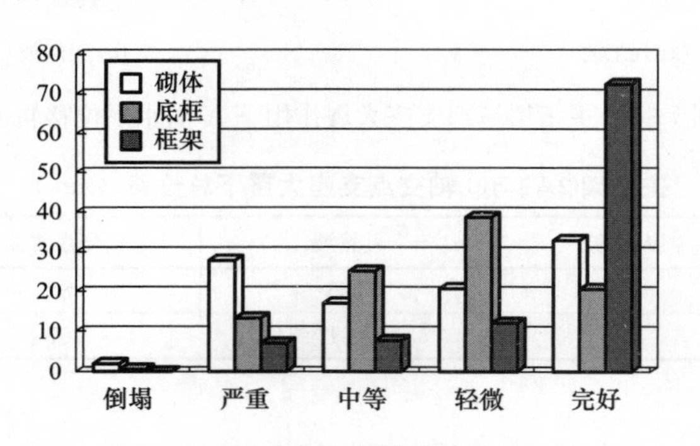

图 8-1　抗震建筑汶川地震中破坏比

由于多层砌体房屋和底部框架抗震墙房屋的自振周期较小，采用隔震后会有更好的减震效果。2008 年 5 月 12 日，发生在四川汶川的大地震波及甘肃省的陇南、天水、甘南等地，对上述地区的建筑工程造成了较大损害。陇南的武都区峰值加速度（PGA）为 0.17g，武都区许多同类型的非隔震建筑墙体多处出现裂纹，5 层砖混结构住宅大多都有不同程度的损坏，内部家具、电器设备、厨具等翻倒情况严重，村镇的房屋甚至有倒塌现象。武都区北山邮政职工住宅（6 层砖混结构，平面呈品字形）采用隔震设计，隔震房屋则与非隔震结构震害有很强烈的反差，该隔震建筑在地震中隔震性能表现良好，通过对该隔震房屋进行现场观察，隔震房屋上部主体结构没有任何损坏，墙体上无地震引发的裂缝。工程经验和震害调查表明，采用隔震技术，可使多层砌体房屋和底部框架-抗震墙房屋的水平地震作用降低 50％～80％，满足《隔标》的抗震设防目标。因此，砌体结构房屋在抗震设计时的适用范围，在隔震设计时也同样适用。

图 8-2　震后的武都区北山邮政职工住宅隔震建筑（里外均无损伤）

图 8-3　隔震节点小疏忽造成地下室非承重结构的损坏

8.2　构造措施及隔震层设计

8.2.1　构造措施

即使采用隔震技术，多层砌体建筑的建筑布置和结构体系也应符合抗震设计的基本原则。根据历次地震调查统计，纵墙承重的结构布置方案，因横向支承较少，纵墙较易受弯曲破坏而导致倒塌，为此，要优先采用横墙承重或纵横墙共同承重的结构布置方案。但考虑到上部结构的地震作用会明显减小，所以对于抗震墙最小厚度、层高、纵横墙的布置、横墙间距和墙段的局部尺寸限值等，较之抗震结构可适当放宽，但不超过抗震结构相应设防烈度降低一度的要求。

多层砌体建筑的抗震能力与房屋高度、层数有直接关系，采用隔震技术后，可大大降低上部结构的地震作用，因此，标准设防类建筑且隔震结构的底部剪力比不大于 0.5，可按抗震结构相应设防烈度降低一度的要求。但考虑到砌体材料的脆性性质，以及建筑使用功能的重要性，稳妥起见，重点设防类建筑对于房屋高度、层数的要求不降低。

多层砌体房屋限制高宽比，是为了保证房屋的稳定性，当采用隔震技术后，限制高宽比是保证隔震支座不受拉。由于多层砌体房屋的高宽比限值一般不超过 2.5，现有研究和工程经验，这样的高宽比通常不会引起隔震支座受拉，因此，对于标准设防类建筑，高宽比限值可按抗震结构相应设防烈度降低一度的要求，抗震结构多层砌体房屋总高度与总宽度的最大比值见表 8-1。重点设防类建筑为稳妥起见，与抗震结构的要求相同。

抗震房屋最大高宽比　　**表 8-1**

烈度	6	7	8	9
最大高宽比	2.5	2.5	2.0	1.5

底部框架-抗震墙砌体结构由于底部拥有较大的空间，可用于商业活动，上部砌体部分仍能满足住宅的功能需求。现有理论、试验研究和工程经验表明，基础隔震设计方案用于底部框架-抗震墙砌体结构具有较好的减震效果；采用层间隔震结构设计方案时，隔震

层设置位置对结构的减震效果有很大影响，随着隔震层高度的增加，层间隔震体系的减震机理由隔震耗能过渡为调谐质量阻尼器减震，减震效果会降低，隔震层位置越低，减震效果越明显。因此，对于底部框架-抗震墙砌体结构，可采用基底隔震，也可采用层间隔震，但隔震层不宜设置在过高的位置。

在地震作用下底部框架-抗震墙砌体结构的弹性位移反应均匀和减小在强烈地震作用下的弹塑性变形集中，能够提高房屋的整体抗震能力。控制第二层与底层的侧移刚度比，就是为了使底层框架-抗震墙房屋的弹性位移反应较为均匀。底层的纵、横向均应设置一定数量的抗震墙，同时底层的纵、横向抗震墙也不应设置过多，以避免底层过强使薄弱楼层转移到上部砌体结构部分[2,3]。因此，底层框架-抗震墙第二层与底层侧移刚度比的合理取值和控制范围，既应包括弹性层间位移反应的均匀又应包括不至于出现突出的薄弱楼层。工程实践发现，对于采用基底隔震的底部框架-抗震墙砌体隔震结构，上部结构的侧向刚度比较大时减震效果较差，故进行了对采用基底隔震的底部框架-抗震墙砌体隔震结构的侧向刚度，比抗震结构更严格的限值。底层框架-抗震墙砌体建筑采用基底隔震设计时，对于底层框架-抗震墙砌体结构，第二层计入构造柱影响的侧向刚度与底层侧向刚度的比值，6、7 度时不应大于 2.0，8 度时不应大于 1.5，且均不应小于 1.0；对于底部两层框架-抗震墙砌体结构，底层与底部第二层侧向刚度应接近，其第三层计入构造柱影响的侧向刚度与底部第二层侧向刚度的比值，6、7、8 度时不应大于 1.5，且均不应小于 1.0。

8.2.2 隔震层设计

多层砌体建筑和底层框架-抗震墙砌体建筑的隔震层设计，除应符合《隔标》第 4.6 节的相关规定，考虑多层砌体和底层框架-抗震墙砌体隔震建筑的特点，尚有特殊之处。多层砌体建筑的隔震层相当于转换层，上部墙体荷载通过隔震层梁板传递给各隔震支座，隔震支座的布置应结合隔震层顶部梁受力和隔震支座受力的情况来确定。在结构房屋四角和对应转角部位处，应布置隔震支座。当隔震层位于地下室顶部时，考虑到砌体墙抗震性能相对较差，因此隔震支座不宜直接放置在砌体墙上，当隔震支座直接放置在砌体墙上，设置隔震支座的位置，砌体墙局部压力较大，应验算墙体的局部承压。

隔震支座为上部结构的支撑，隔震层纵、横梁的受力与底部框架-抗震墙建筑的钢筋混凝土托墙梁的受力特征类似，因此，隔震层梁的构造应符合底部框架-抗震墙建筑的钢筋混凝土托墙梁的规定。

底部框架-抗震墙建筑的隔震层可放置在基础顶，也可放置在底部框架-抗震墙与上部砌体结构之间，因此，对于采用基础隔震的底部框架-抗震墙结构，隔震支座以上为底部框架-抗震墙结构，隔震支座宜设置在框架柱、抗震墙端和抗震墙交叉点处，以直接传力；对于采用层间隔震的底部框架-抗震墙结构，隔震支座以上为多层砌体，故隔震支座的平面布置要求与多层砌体建筑相同。

8.3 结构设计

由于特殊设防类建筑不应采用多层砌体结构和底层框架-抗震墙结构，因此，对于多层砌体结构和底层框架抗震墙结构，基本设防目标：当遭受相当于本地区基本烈度的设防地震时，主体结构基本不受损坏或不需修理即可继续使用，当遭受罕遇地震时，结构可能发生损坏，经修复后可继续使用。

因此，多层砌体建筑应按设防烈度地震作用进行结构的承载力计算。考虑到多层砌体结构，变形比较均匀，当符合本地区基本烈度的设防地震、结构的承载力满足时，以及采用可靠的抗震措施，即可保证结构在罕遇地震作用时的抗震设防目标，故对多层砌体结构，不进行罕遇地震下的验算。

对于底部框架-抗震墙建筑应按设防烈度地震作用进行结构的承载力计算。此外，由于底部框架-抗震墙结构竖向刚度不均匀，在地震作用下底部会有较大的水平位移，因此，还应分别验算底部框架-抗震墙在设防地震作用下和罕遇烈度地震下的变形。若底部框架-抗震墙结构采用基础隔震，则底部框架抗震墙部分在设防地震下的弹性层间位移角按《隔标》第 4.5.1 条要求取值，为 1/500，在罕遇地震下的弹塑性层间位移角限值按《隔标》第 4.5.2 条要求取值，为 1/200。若底部框架-抗震墙结构采用层间隔震，则底部框架-抗震墙部分在设防地震下的弹性层间位移角按《隔标》第 4.7.3 条要求取值，为 1/600，在罕遇地震下的弹塑性层间位移角限值按第 4.7.3 条要求取值，为 1/200。

对于基底隔震、体型规则的多层砌体建筑和底部框架-抗震墙砌体建筑，结构变形以剪切为主，用底部剪力法尚能满足工程要求，为工程设计方便，可采用底部剪力法分析。但对于层间隔震的建筑、上部结构不规则的建筑，或隔震层楼板相连，上部结构首层以上设置防震缝的建筑，即类似于大底盘多塔楼的隔震建筑，底部剪力法计算时可能存在较大误差，应采用振型分解反应谱法或时程分析方法作补充计算。而重点设防类建筑有较高要求，也应采用振型分解反应谱法或时程分析方法作补充计算。

即使采用隔震，底部框架-抗震墙建筑设计时仍需持谨慎态度，因此，对于采用基底隔震设计的底部框架-抗震墙建筑，为减小底层的薄弱程度，底部框架-抗震墙砌体建筑的地震作用效应，仍应按抗震结构的相关规定，即《建筑抗震设计规范》[2]第 7.2.4、7.2.5 条的相关要求进行调整。

但对于采用层间隔震设计的底部框架-抗震墙结构时，由于隔震层设置在上部砌体与底部框架-抗震墙之间，因此底部框架抗震墙是作为隔震建筑的下部结构，而且它与上部砌体的侧向刚度之比无需满足底部框架-抗震墙结构各层与底层的侧向刚度比的要求，因此，当采用层间隔震设计时，下部结构形式较为灵活，可采用抗震墙、框架抗震墙，也可采用框架，但无论哪种结构形式，均需要满足隔震下部结构的承载力和变形。

隔震层梁是支撑上部结构的重要构件，而隔震层以上的首层墙体承担较大剪力，因此将隔震层梁及首层墙体作为关键构件来设计，其余构件为普通构件。对于采用基底隔震的底部框架-抗震墙结构，底部框架-抗震墙及其上部首层墙体都是易发生破坏的构件，因此也作为关键构件来设计。

隔震层顶部梁要转换上部结构墙体荷载，类似于底部框架-抗震墙房屋的钢筋混凝土托墙梁，因此要按底部框架砌体建筑的钢筋混凝土托墙梁的规定确定竖向荷载，同时考虑设防烈度地震的水平作用。当上部结构需要考虑竖向地震作用时，尚应计入竖向地震作用。理论与工程实践显示，隔震对竖向地震作用没有减震效果，当采用隔震后，水平地震作用大幅度减小，竖向地震可能起控制作用，因此，当需要进行竖向地震作用下的抗震验算时，其竖向抗震验算可简化为墙体抗震承载力，砌体抗震抗剪强度的正应力影响系数，宜按减去竖向地震作用效应后的平均压应力取值。

8.4 多层砌体建筑隔震设计算例

8.4.1 工程概况

兰州市西固区某中学教学楼，设防烈度 8 度，设计基本加速度 0.20g，设计地震分组第三组。场地类别为Ⅱ类，场地特征周期 T_g＝0.45s。不考虑近场影响。依据《建筑工程抗震设防分类标准》GB 50223—2008，该教学楼为乙类建筑。

建筑平面为矩形，地上 4 层，无地下室，上部结构采用砌体结构，基础为条形基础。建筑平、立面尺寸见表 8-2。

建筑平立面尺寸及相关建筑参数 **表 8-2**

层数	总高度（m）	层高（m）	平面尺寸（m）	高宽比
地上 4 层	14.4	第 1～4 层 3.6	67.9×17.2	0.84

依据《隔标》第 8.1.2 条的要求，该建筑设防烈度 8 度，乙类，层数 4＜6，高度 14.4m＜18m，高宽比 0.84＜2.0，满足要求。

采用普通砖砌体，第 1～4 层砖 MU15，第 1～4 层砂浆 M7.5。楼、屋盖为预制板。外墙厚 370mm，内墙厚 240mm。各层楼板厚度为 100mm。

各层结构布置如图 8-4 所示。图中标注的为梁的截面尺寸。构造柱为 240mm × 240mm。

结构荷载取值如表 8-3 所示。

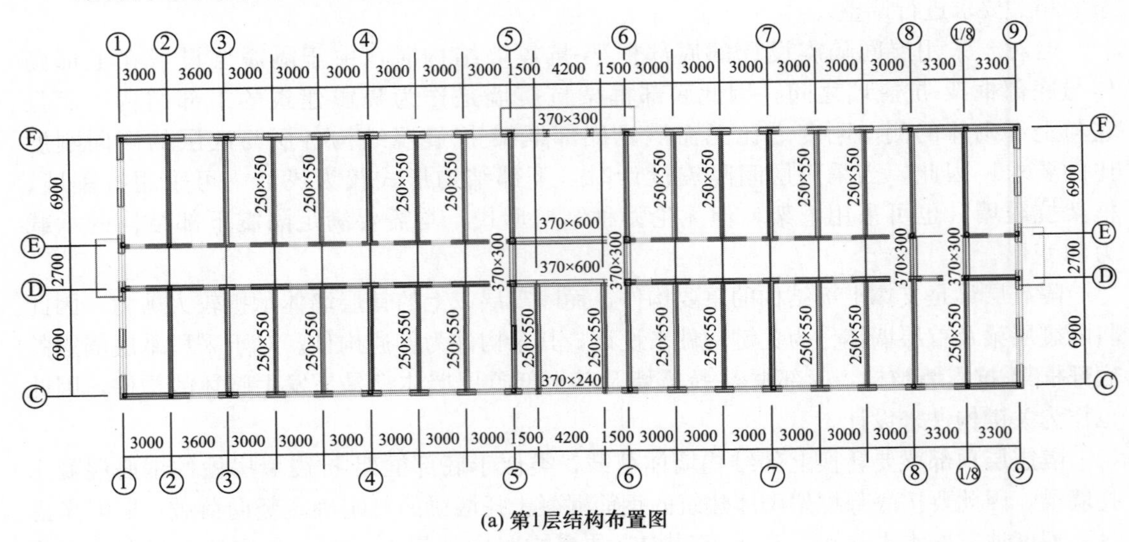

(a) 第1层结构布置图

图 8-4 砌体结构平面布置（一）

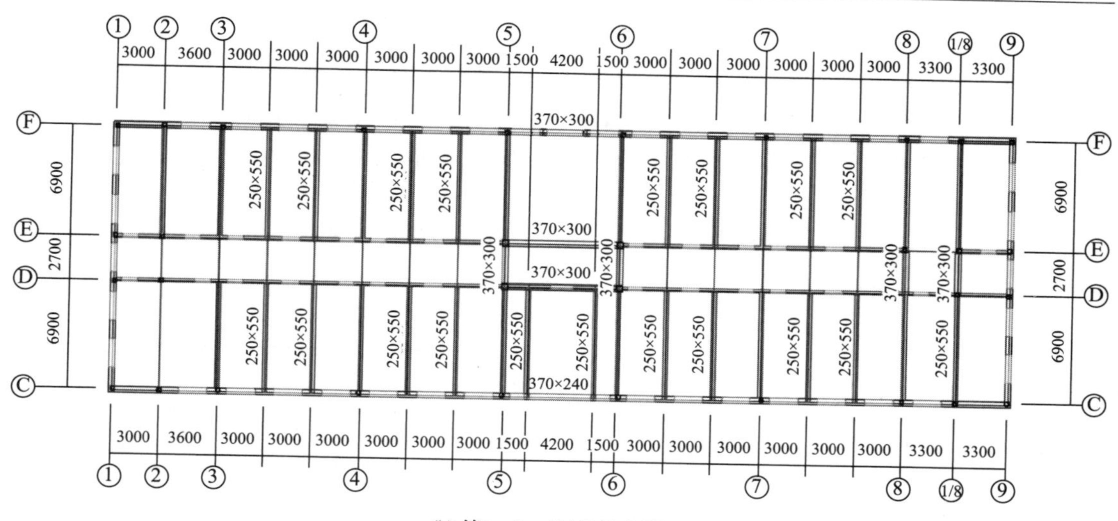

(b) 第2、3、4层结构布置图

图 8-4　砌体结构平面布置（二）

荷载取值　　表 8-3

楼面活载标准值	办公室、教室 2.0kN/m²，楼梯间 3.5kN/m²，走道 2.5kN/m²，不上人屋面 0.5kN/m²
基本风压、雪压	基本风压 0.30kN/m²，基本雪压 0.15kN/m²

8.4.2　隔震支座布置与选型

（1）隔震层布置

本工程的隔震支座设置在基础顶。各隔震支座顶标高相同，底标高依据隔震支座高度而定。

依据《隔标》第 8.2.2 条 1 款的要求，本工程在纵横墙交接处布置隔震支座，最终隔震支座布置如图 8-5 所示。

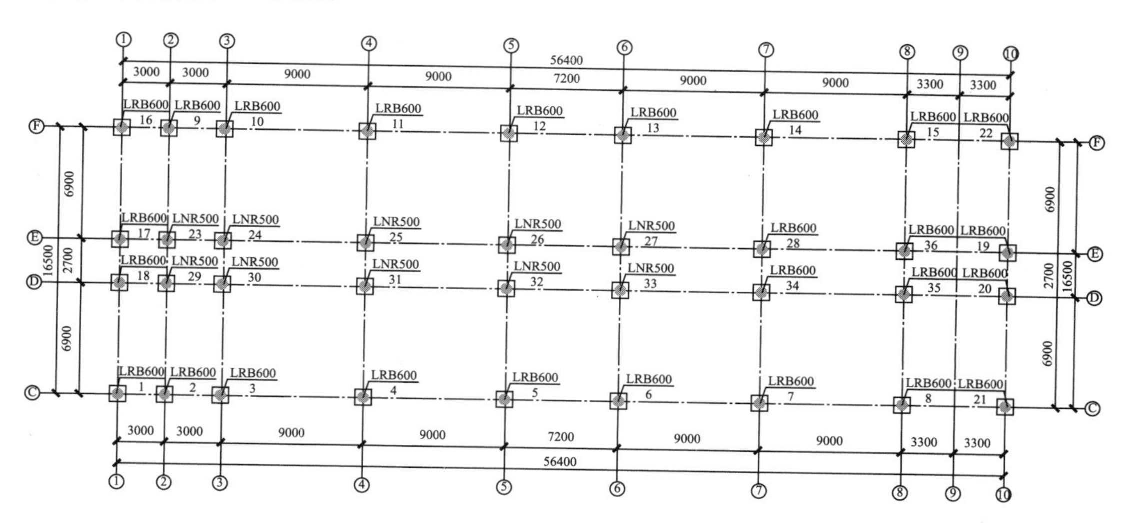

图 8-5　隔震支座平面布置

(2) 隔震支座型号及参数

其中选用的隔震支座为橡胶隔震支座，按照《隔标》第 4.6.3 条的要求，并根据该结构的计算模型及典型的国内隔震产品规格表，经过反复计算优选，本工程共采用 36 个支座，各类型支座的型号、数量、尺寸和力学性能参数分别见表 8-4～表 8-7。

隔震支座型号与数量　　表 8-4

支座型号	数量	总计
LNR500	10	36
LRB600	26	

隔震支座型号及尺寸　　表 8-5

型号	外观直径（mm）	有效直径（mm）	高度（mm）	铅芯（中孔）直径（mm）	橡胶层总厚度（mm）	第一形状系数 S_1	第二形状系数 S_2
LNR500	520	500	182.1	25	100	26.1	5.0
LRB600	620	600	217.5	120	120	30	5.0

隔震支座性能参数　　表 8-6

型号	竖向刚度（kN/mm）	屈服力（kN）	屈服前刚度（kN/m）	屈服后刚度（kN/m）		等效水平刚度（kN/m）		等效阻尼比 ζ_{eq}	
				$\gamma=100\%$	$\gamma=250\%$	$\gamma=100\%$	$\gamma=250\%$	$\gamma=100\%$	$\gamma=250\%$
LNR500	1576	—	—	—	—	757	757	0.05	0.05
LRB600	2445	90.2	9290	929	739	1683	1040	0.27	0.178

据此，验算各隔震支座的竖向压应力。根据《隔标》第 4.6.3 条规定，该工程为乙类建筑，隔震支座在重力荷载代表值下的竖向压应力不应超过 12MPa。由表 8-7 可知，各支座压应力均小于 12MPa，有足够的安全储备。表中 P 负值为压力。

各支座压应力　　表 8-7

支座编号	支座型号	P(kN)	压应力（MPa）
1	LRB600	−871.77	3.08
2	LRB600	−800.67	2.83
3	LRB600	−1756.04	6.21
4	LRB600	−2380.65	8.42
5	LRB600	−2092.02	7.40
6	LRB600	−2102.23	7.44
7	LRB600	−2223.02	7.87
8	LRB600	−1872.19	6.62
9	LRB600	−1055.28	3.73
10	LRB600	−1703.84	6.03
11	LRB600	−2377.38	8.41
12	LRB600	−2125.74	7.52
13	LRB600	−2132.45	7.55
14	LRB600	−2292.47	8.11
15	LRB600	−2077.26	7.35

续表

支座编号	支座型号	P(kN)	压应力（MPa）
16	LRB600	−970.5	3.43
17	LRB600	−893.72	3.16
18	LRB600	−873.86	3.09
19	LRB600	−1274.69	4.51
20	LRB600	−1385.12	4.90
21	LRB600	−1263.27	4.47
22	LRB600	−1482.48	5.25
23	LNR500	−848.27	4.32
24	LNR500	−1345.18	6.85
25	LNR500	−1853.42	9.44
26	LNR500	−1927.08	9.82
27	LNR500	−1925.9	9.81
28	LRB600	−1933.64	6.84
29	LNR500	−689.81	3.51
30	LNR500	−1359.13	6.93
31	LNR500	−1897.04	9.67
32	LNR500	−1972.07	10.05
33	LNR500	−1971.67	10.05
34	LRB600	−2029.32	7.18
35	LRB600	−1744.83	6.17
36	LRB600	−1818.51	6.43

8.4.3　隔震设计分析与计算

依据《隔标》第 8.3.2 条的要求，多层砌体建筑可采用底部剪力法进行计算分析，当为乙类建筑时，还应采用时程分析法作补充计算。所以，以下分别采用两种计算方法对该结构进行隔震分析。

1. 底部剪力法

1）结构模型及参数

将隔震结构简化为多质点体系，如图 8-6 所示。依据结构布置和隔震层布置，可得结构质量、刚度如表 8-9 所示。依据《隔标》第 4.2.2 条 2 款和第 4.6.4 条 1 款，设防地震时隔震层参数取水平剪切位移为 100%对应的数值，罕遇地震时取水平剪切位移为 250%对应数值，则隔震层的等效刚度和等效阻尼比如表 8-8 所示。

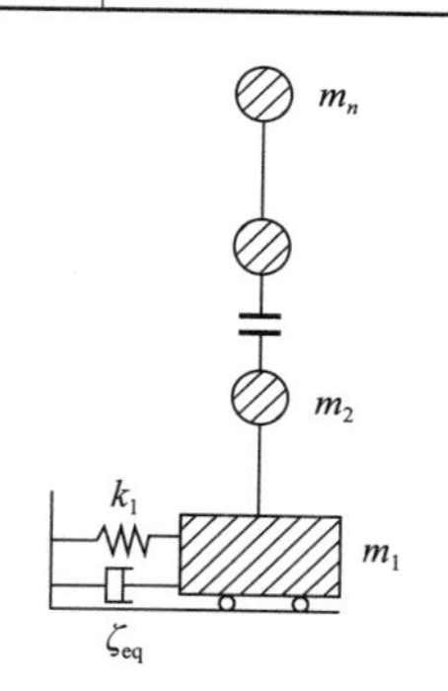

图 8-6　隔震结构的计算简图

m_1—隔震层重力荷载代表值；k_1—隔震层水平刚度；ζ_{eq}—隔震层等效阻尼比；m_2，m_3，…，m_n—上部各楼层重力荷载代表值；k_2，k_3，…，k_n—上部各楼层水平刚度；ζ—上部结构的阻尼比，取 0.05

结构参数如表 8-8 和表 8-9 所示。

隔震层计算参数　　**表 8-8**

隔震层质量 m_1(kg)	隔震层水平刚度（kN/m）		隔震层等效阻尼比 ζ_{eq}	
	设防地震	罕遇地震	设防地震	罕遇地震
1183072	51328	34610	0.238	0.150

上部结构计算参数 表 8-9

层号	对应的模型参数	质量（kg）	侧移刚度（kN/m）	
			X	Y
1	m_2	1186900	4904900	5688800
2	m_3	1224800	3371100	3745800
3	m_4	1224800	2937800	2915600
4	m_5	1236000	2224300	1991200

2）设防地震作用下的分析及结果

（1）层剪力

依据《隔标》第 4.3.1 条，结构总水平地震作用标准值为：

$$F_{\mathrm{Ek}}=\alpha_1 G_{\mathrm{eq}} \tag{8-1}$$

其中：

$$\gamma=0.9+\frac{0.05-\zeta}{0.3+6\zeta}=0.9+\frac{0.05-0.238}{0.3+6\times0.238}=0.791$$

$$\eta=1+\frac{0.05-\zeta}{0.08+1.6\zeta}=1+\frac{0.05-0.238}{0.08+1.6\times0.238}=0.592$$

$$m=\sum m_i=1183072+1186900+1224800+1224800+1236000=6055572\mathrm{kg}$$

$$T_1=2\pi\sqrt{m/K_{\mathrm{eq}}}=2\pi\sqrt{6055572/51328000}=2.157\mathrm{s}$$

$$\alpha_1=\left(\frac{T_{\mathrm{g}}}{T}\right)^{\gamma}\eta\alpha_{\max}=\left(\frac{0.45}{2.157}\right)^{0.791}\times0.592\times0.45=0.077$$

$$G_{\mathrm{eq}}=0.85m=0.85\times6055572=5147236\mathrm{kg}$$

将以上数值代入式（8-1），得：

$$F_{\mathrm{Ek}}=0.077\times51472.36=3969.3\mathrm{kN}$$

则隔震层的水平地震作用标准值为：

$$F_{\mathrm{b}}=\frac{G_1}{\sum G}F_{\mathrm{ek}}=1183072/6055572\times3969.3=775.5\mathrm{kN}$$

上部结构各层的水平地震作用标准值为：

$$F_1=1186900/6055572\times3969.3=778.0\mathrm{kN}$$

$$F_2=F_3=1224800/6055572\times3969.3=802.8\mathrm{kN}$$

$$F_4=1236000/6055572\times3969.3=810.2\mathrm{kN}$$

由此可得到上部结构各层的地震剪力：

$$V_1=3193.8\mathrm{kN}>0.032\times48725=1559.2\mathrm{kN}$$

$$V_2=2415.8\mathrm{kN}>0.032\times36856=1179.39\mathrm{kN}$$

$$V_3=1613.0\mathrm{kN}>0.032\times24608=787.46\mathrm{kN}$$

$$V_4=810.2\mathrm{kN}>0.032\times12360=395.52\mathrm{kN}$$

且按《隔标》第 4.4.7 条的要求，各楼层剪力均大于最小楼层剪力。

（2）隔震层偏心率

按《隔标》第 4.6.2 条 4 款的要求，在设防地震下，隔震层偏心率不宜大于 3%。

隔震层偏心率可参考以下公式计算：

$$R_x = \frac{e_y}{r}, R_y = \frac{e_x}{r} \tag{8-2}$$

式中，R_x，R_y 分别为隔震层 x，y 向的偏心率；e_x，e_y 分别为隔震层 x，y 向的质量中心与刚度中心的偏心距；r 为隔震层的弹力半径，

$$r = \sqrt{\frac{K_R}{K_{eq}}} = \sqrt{\frac{\sum k_i\ (y_i - y_c)^2 + \sum k_i\ (x_i - x_c)^2}{K_{eq}}} \tag{8-3}$$

取 1、c 轴线的交点为坐标原点，结构质量中心的坐标（x_m，y_m）为（27.184，8.480）设防地震下，隔震层的刚度中心坐标（x_c，y_c）为：

$$x_c = \frac{\sum x_i k_i}{K_{eq}} = [1683 \times (3 \times 2 + 6.6 \times 2 + 15.6 \times 2 + 24.6 \times 2 + 31.8 \times 2 + 40.8 \times 4 + 49.8 \times 4 + 56.4 \times 4) + 757 \times (3 \times 2 + 6.6 \times 2 + 15.6 \times 2 + 24.6 \times 2 + 31.8 \times 2)]/51328 = 1387812/51328 = 27.04\text{m}$$

$$y_c = \frac{\sum y_i k_i}{K_{eq}} = 423456/51328 = 8.25\text{m}$$

则 e_x=27.184−27.04=0.144m，e_y=8.48−8.25=0.23m

$$K_R = 1683 \times [(0-27.04)^2 \times 4 + (3-27.04)^2 \times 2 + (6.6-27.04)^2 \times 2 + (15.6-27.04)^2 \times 2 + (24.6-27.04)^2 \times 2 + (31.8-27.04)^2 \times 2 + (40.8-27.04)^2 \times 4 + (49.8-27.04)^2 \times 4 + (56.4-27.04)^2 \times 4)] + 757 \times [(3-27.04)^2 \times 2 + (6.6-27.04)^2 \times 2 + (15.6-27.04)^2 \times 2 + (24.6-27.04)^2 \times 2 + (31.8-27.04)^2 \times 2)] + 1683 \times [(0-8.25)^2 \times 9 + (6.9-8.25)^2 \times 4 + (9.6-8.25)^2 \times 4 + (16.5-8.25)^2 \times 9] + 757 \times [(6.9-8.25)^2 \times 5 + (9.6-8.25)^2 \times 5] = 23223222$$

$$r = \sqrt{23223222/51328} = 21.27\text{m}$$

$$R_y = 0.144/21.27 = 0.67\%, R_x = 0.23/21.27 = 1.08\%$$

设防地震下，隔震层偏心率小于 3%，满足要求。

3）罕遇地震作用下的分析及结果

依据《隔标》第 4.6.5 条 2 款，该结构在罕遇地震下隔震层的水平位移为：

$$u_h = F_h/K_{eq} \tag{8-4}$$

式中，F_h 为罕遇地震下隔震层的剪力，计算方法与式（8-1）相同，仅将隔震层相关参数换为罕遇地震时的数值，

$$\gamma = 0.9 + \frac{0.05-\zeta}{0.3+6\zeta} = 0.9 + \frac{0.05-0.15}{0.3+6 \times 0.15} = 0.817$$

$$\eta = 1 + \frac{0.05-\zeta}{0.08+1.6\zeta} = 1 + \frac{0.05-0.15}{0.08+1.6 \times 0.15} = 0.688$$

$$T_1 = 2\pi\sqrt{m/K_{eq}} = 2\pi\sqrt{6055572/34610000} = 2.627\text{s}$$

$$\alpha_1 = \left(\frac{T_g}{T}\right)^{\gamma} \eta\alpha_{max} = \left(\frac{0.45+0.05}{2.627}\right)^{0.817} \times 0.688 \times 0.9 = 0.160$$

$$F_h = 0.160 \times 51472.36 = 8241\text{kN}$$

$$u_h = 8241/34610 = 0.238\text{m}$$

按照《隔标》第 4.6.6 条，

其中，各隔震支座在罕遇地震下的位移可按《建筑抗震设计规范》GB 50011—2010 附录第 L. 1. 4 条，

$$u_i = \eta_i u_{\mathrm{h}} \tag{8-5}$$

$$\eta = 1 + 12 e y_i / (B^2 + L^2) \tag{8-6}$$

其中，η_i 为隔震支座的扭转影响系数，边支座扭转影响系数不小于 1. 15。

罕遇地震下，隔震层的刚度中心坐标（x_{c}，y_{c}）为：

$$x_{\mathrm{c}} = \frac{\sum x_i k_i}{K_{\mathrm{eq}}} = [1040 \times (3 \times 2 + 6.6 \times 2 + 15.6 \times 2 + 24.6 \times 2 + 31.8 \times 2 + 40.8 \times 4 +$$

$$49.8 \times 4 + 56.4 \times 4) + 757 \times (3 \times 2 + 6.6 \times 2 + 15.6 \times 2 + 24.6 \times 2 + 31.8 \times 2)]/34610$$

$$= 904790.4/34610 = 26.14\mathrm{m}$$

$$y_{\mathrm{c}} = \frac{\sum y_i k_i}{K_{\mathrm{eq}}} = 285532.5/34610 = 8.25\mathrm{m}$$

则 $e_x = 27.184 - 26.14 = 1.044\mathrm{m}$，$e_y = 8.48 - 8.25 = 0.23\mathrm{m}$

取 LRB600 中的最不利的支座 1，36

$$\eta_{1y} = 1 + 12 \times 1.044 \times 26.14/(56.4 \times 56.4 + 16.5 \times 16.5) = 1.095 < 1.15$$

$$\eta_{1x} = 1 + 12 \times 0.23 \times 8.25/(56.4 \times 56.4 + 16.5 \times 16.5) = 1.007 < 1.15$$

$$\eta_{36y} = 1 + 12 \times 1.044 \times (56.4 - 26.14)/(56.4 \times 56.4 + 16.5 \times 16.5) = 1.11 < 1.15$$

$$\eta_{36x} = 1 + 12 \times 0.23 \times (16.5 - 8.25)/(56.4 \times 56.4 + 16.5 \times 16.5) = 1.007 < 1.15$$

$$u_{1y} = 1.15 \times 238 = 274\mathrm{mm}, u_{1x} = 1.15 \times 238 = 274\mathrm{mm}$$

$$u_{36y} = u_{36x} = 274\mathrm{mm}$$

取 LNR500 中的最不利的支座 11，20

$$\eta_{11y} = 1 + 12 \times 1.044 \times (26.14 - 3)/(56.4 \times 56.4 + 16.5 \times 16.5) = 1.014$$

$$\eta_{11x} = 1 + 12 \times 0.23 \times (9.6 - 8.25)/(56.4 \times 56.4 + 16.5 \times 16.5) = 1.001$$

$$\eta_{20y} = \eta_{11y}$$

$$\eta_{20x} = 1 + 12 \times 0.56 \times (8.25 - 6.9)/(56.4 \times 56.4 + 16.5 \times 16.5) = 1.003$$

$$u_{11y} = 1.014 \times 238 = 241\mathrm{mm}, u_{1x} = 1.001 \times 238 = 238\mathrm{mm}$$

$$u_{20y} = 241\mathrm{mm}, u_{20x} = 1.003 \times 238 = 239\mathrm{mm}$$

依据《隔标》第 4. 6. 6 条 1 款的要求，LNR500 的支座极限位移为 min(275，300)＝275mm，LRB600 的支座极限位移为 min(330，360)＝330mm。因此，整个隔震层的支座均满足罕遇地震下的位移要求。

2. 时程分析法

1）结构模型及参数

为了准确分析该工程，对该结构进行了时程分析。采用有限元软件 SAP2000 对该结构进行时程分析。建立该工程隔震时的有限元模型，如图 8-7 所示。

其中上部结构均为线性，砌体墙用厚壳单元模拟，材料属性为砖材料性质，按照设计的砌体材料，选取相应的弹性模量，抗压强度和泊松比，本工程中定义 $E \leqslant 1000f$，f 为砖砌体结构平均抗压强度；泊松比取 0. 15。圈梁、构造柱及隔震层梁柱分别是采用梁柱单元模拟。隔震支座采用非线性连接单元模拟。对于本工程所选的天然橡胶支座和铅芯橡胶支座，选用 isoltor1 单元进行模拟。

图 8-7　砌体结构的有限元隔震模型

隔震层梁板为钢筋混凝土楼板，板厚 160mm，梁高取 900mm，梁宽取 370mm，隔震支墩采用 1.5m 高的钢筋混凝土柱，柱截面尺寸为 800mm ×800mm。隔震层顶部梁板作为上部结构的一部分进行计算。

2）地震动选取

按照《隔标》第 4.2.4、4.3.4 条的规定：采用时程分析时，应按建筑场地类别和设计地震分组选用实际强震记录和人工模拟的加速度时程，其中实际强震记录的数量不应少于 5 组，人工地震动不少于 2 组。《隔标》第 4.2.1 条规定：根据场地类别和设计地震分组按表 4.2.1 确定场地特征周期，计算罕遇地震作用时，特征周期应增加 0.05s。

因此，本工程按罕遇地震作用和设防地震作用，分别选取了两组 5 条实际强震记录和 2 条人工模拟加速度时程，其中设防地震下选择的地震动的特征周期接近 0.45s，罕遇地震下选择的地震动的特征周期接近 0.50s。总共选择了 10 条实际强震记录和 4 条人工模拟加速度时程，如表 8-10 所示，且每条地震动的有效持续时间都超过隔震结构基本周期的 5～10倍。设防地震和罕遇地震各条波的加速度时程曲线分别如图 8-8、图 8-9 所示。

选择的地震动记录　　**表 8-10**

地震水准	序号	地震波名	对应地震波文件	特征周期（s）	有效持时（s）
设防地震	1	Wave1-1	RSN1066 _ NORTHR _ RMA090. AT2	0.50	29.71
	2	Wave1-2	RSN1115 _ KOBE _ SKI090. AT2	0.44	64.91
	3	Wave1-3	RSN1184 _ CHICHI _ CHY010 _ N. AT2	0.50	49.96
	4	Wave1-4	RSN1184 _ CHICHI _ CHY010 _ W. AT2	0.40	40.13
	5	Wave1-5	RSN1191 _ CHICHI _ CHY022 _ N. AT2	0.44	78.51
	6	Wave1-6	. \ tg0.45 \ Tg0.45 _ 1. AT2	0.45	29.72
	7	Wave1-7	. \ tg0.45 \ Tg0.45 _ 2. AT2	0.45	17.97

续表

地震水准	序号	地震波名	对应地震波文件	特征周期（s）	有效持时（s）
罕遇地震	1	Wave2-1	RSN1094 _ NORTHR _ SOR225. AT2	0.55	30.87
	2	Wave2-2	RSN1094 _ NORTHR _ SOR315. AT2	0.51	31.02
	3	Wave2-3	RSN1141 _ DINAR _ DIN180. AT2	0.50	25.69
	4	Wave2-4	RSN1177 _ KOCAELI _ ZYT090. AT2	0.51	63.12
	5	Wave2-5	RSN163 _ IMPVALL. H _ H _ CAL315. AT2	0.54	31.97
	6	Wave2-6	. \ tg0. 50 \ Tg0. 50 _ 1. AT2	0.50	29.72
	7	Wave2-7	. \ tg0. 50 \ Tg0. 50 _ 2. AT2	0.50	30.87

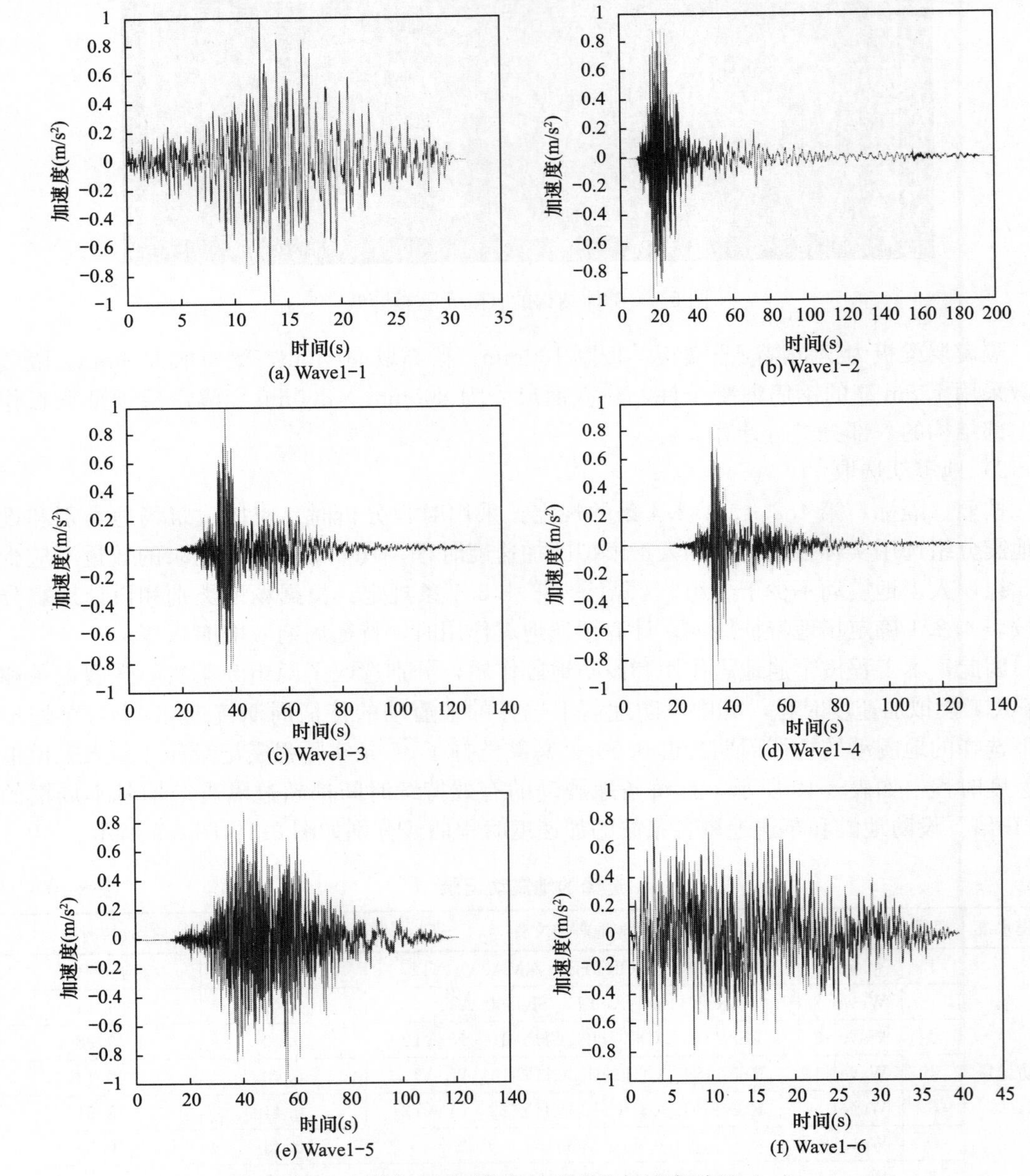

图 8-8　设防地震下各条地震动的加速度时程（一）

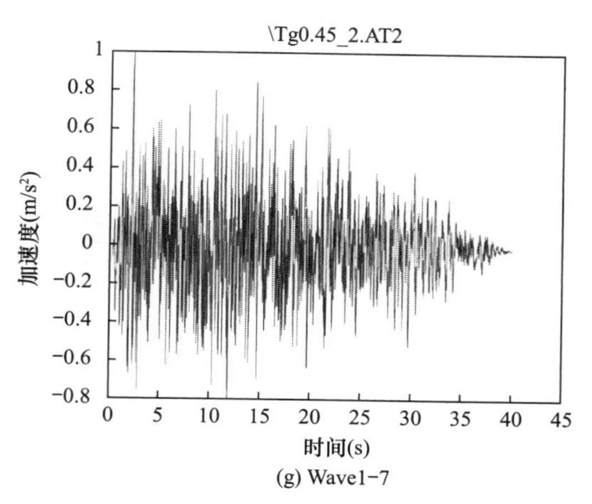

(g) Wave1-7

图 8-8　设防地震下各条地震动的加速度时程（二）

《隔标》第 4.2.4 条 2 款规定：多组时程的平均地震影响系数曲线应与振型分解反应谱法所采用的地震影响系数曲线在统计意义上相符，对应于隔震结构主要振型的周期点，所选取的多组地震动加速度时程曲线的平均地震影响系数曲线与设计反应谱的谱值不大于20%。

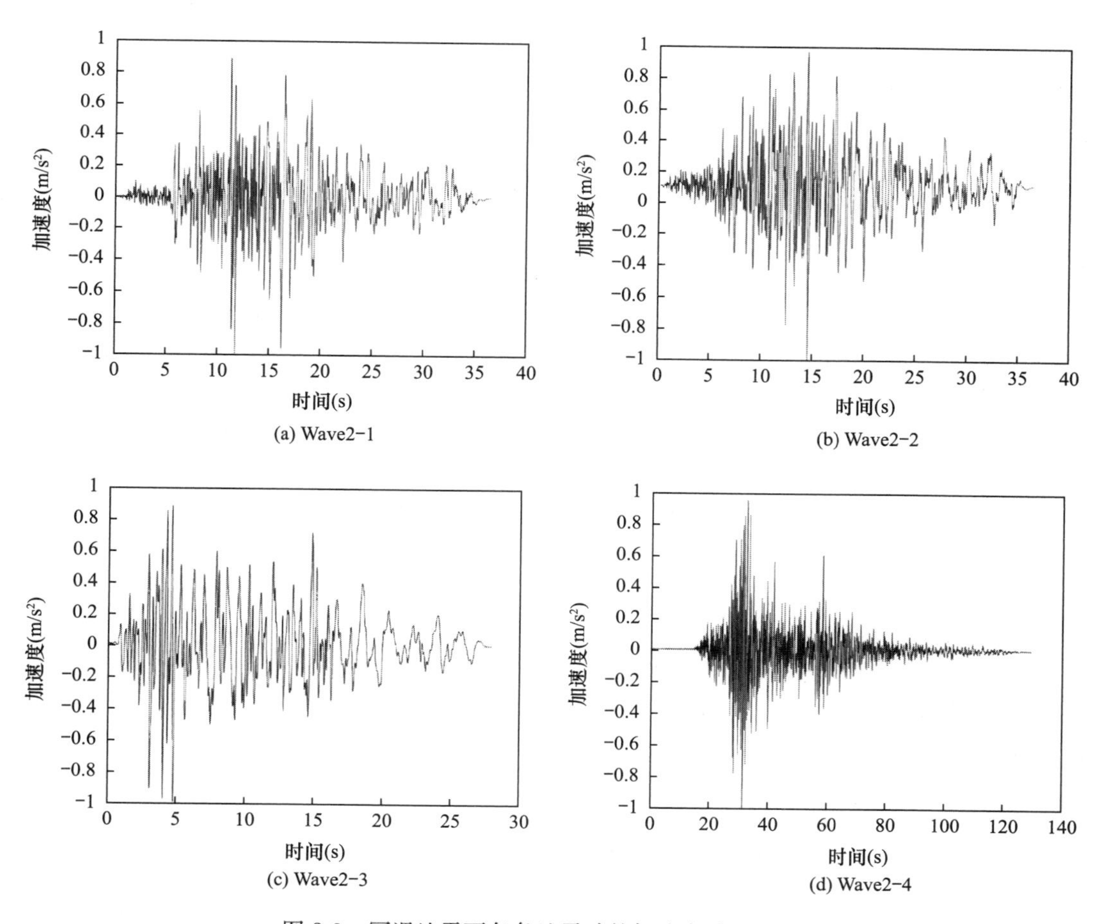

图 8-9　罕遇地震下各条地震动的加速度时程（一）

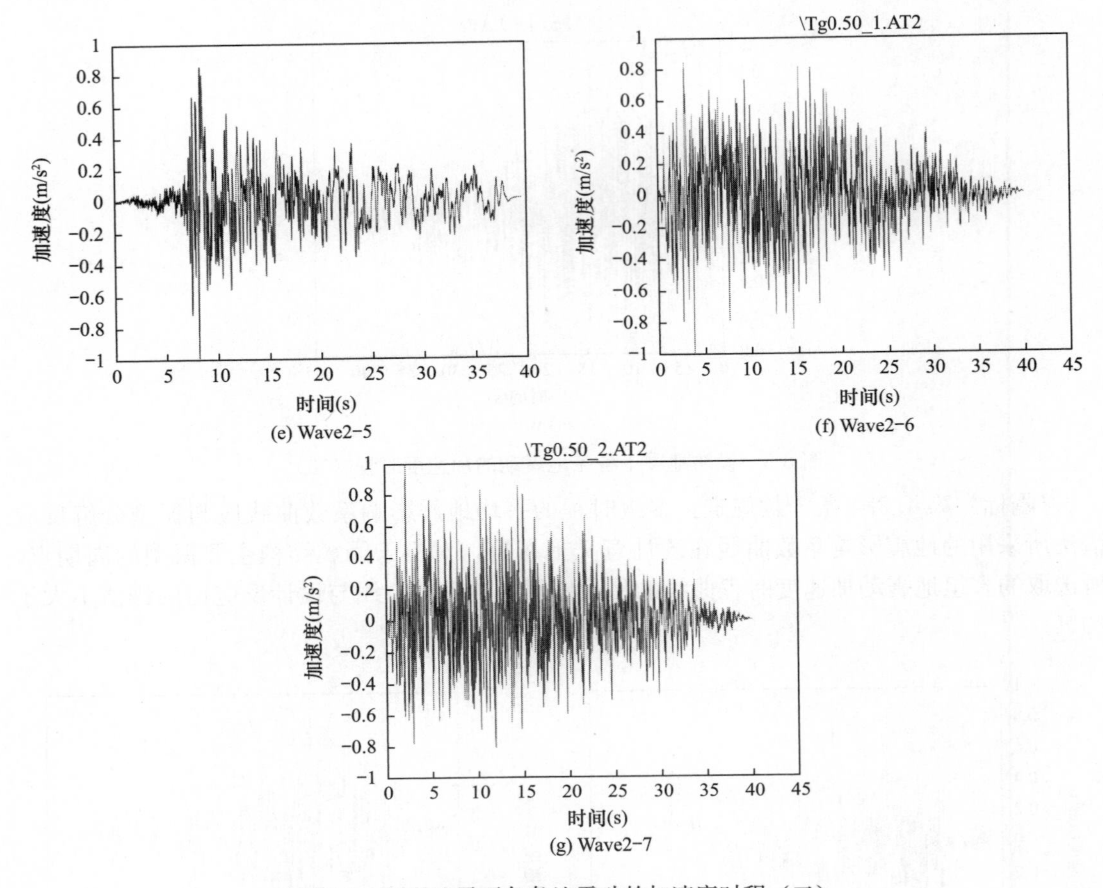

(e) Wave2-5

(f) Wave2-6

(g) Wave2-7

图 8-9　罕遇地震下各条地震动的加速度时程（二）

以上选定的地震动的反应谱与设计反应谱的对比如图 8-10、图 8-11 所示。其中图 8-10 为设防地震的 7 条波，图 8-11 为罕遇地震的 7 条波。各条波在结构主要周期点的谱值与设计反应谱的差值如表 8-11 所示。

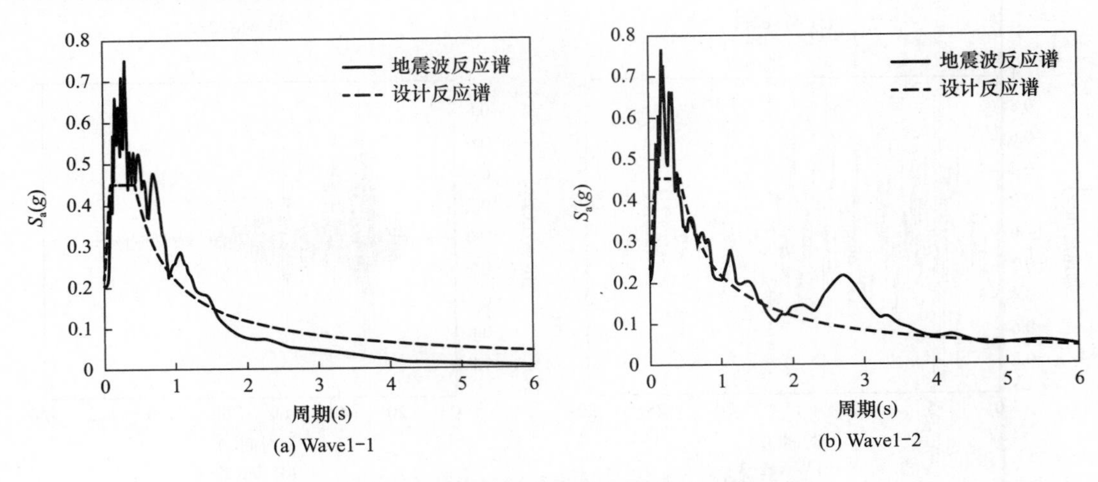

(a) Wave1-1

(b) Wave1-2

图 8-10　设防地震的 7 条波反应谱与设计反应谱的对比（一）

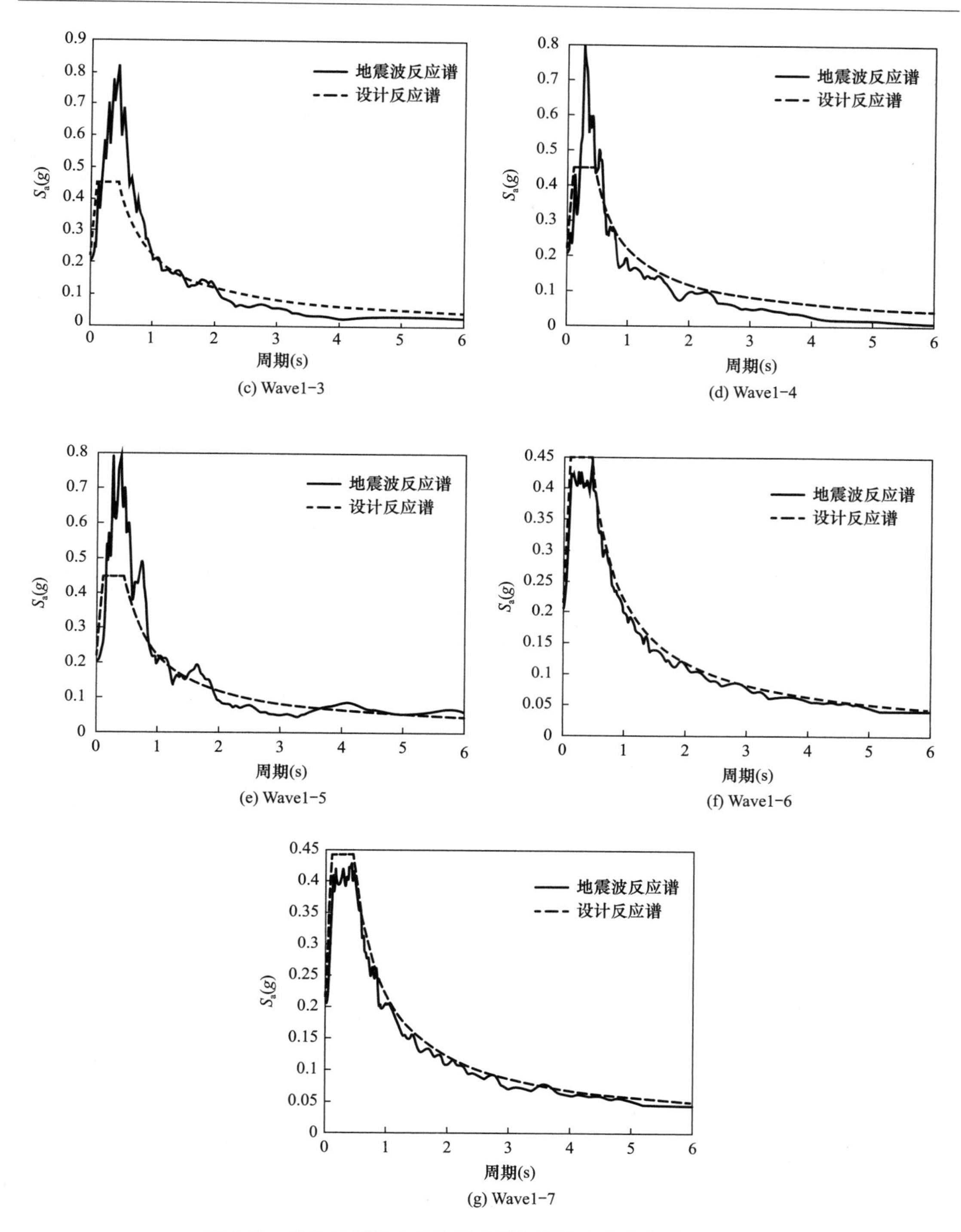

(c) Wave1-3
(d) Wave1-4
(e) Wave1-5
(f) Wave1-6
(g) Wave1-7

图 8-10　设防地震的 7 条波反应谱与设计反应谱的对比（二）

该结构前 3 周期对应的 7 条波的平均反应谱值与规范反应谱值如表 8-11 所示。

3）设防地震作用的分析及结果

用时程分析法，分别进行设防地震下和罕遇地震下隔震结构的计算。在设防地震和罕遇地震下，各条地震波的加速度峰值分别取为 200.0cm/s²、400.0cm/s²。且 X、Y 向地震同时输入，X、Y 向地震动峰值的比值为 1∶0.85。时程分析的计算结果如下。

在设防地震下，求得砌体结构在各条波作用下的层间剪力，见表 8-12。

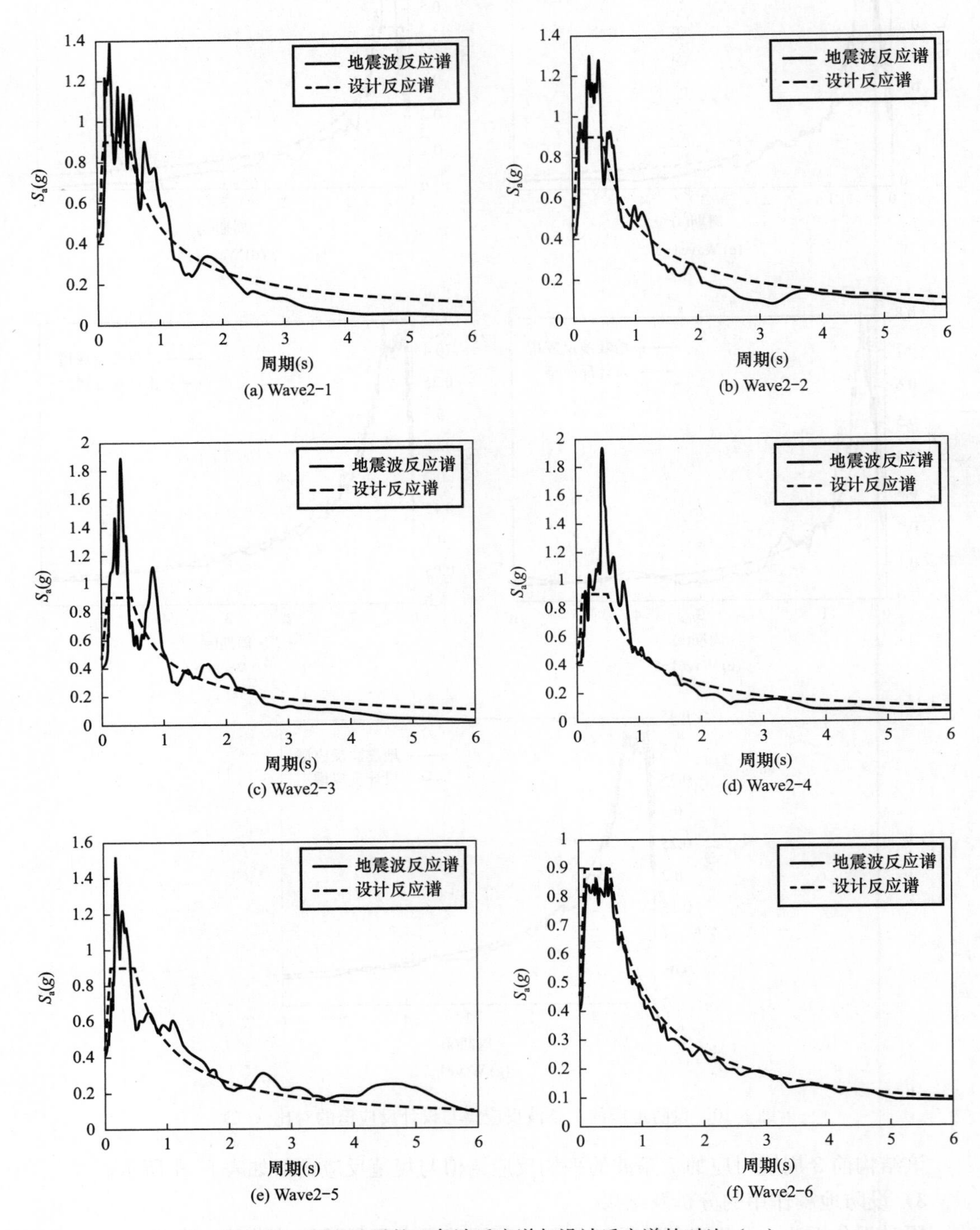

图 8-11　罕遇地震的 7 条波反应谱与设计反应谱的对比（一）

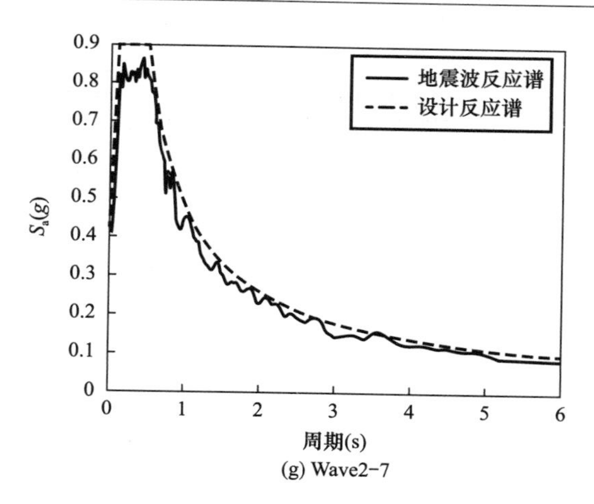

(g) Wave2-7

图 8-11 罕遇地震的 7 条波反应谱与设计反应谱的对比（二）

主要周期点处水平地震影响系数 α 对比 **表 8-11**

	主要周期	T_1(s)	与设计反应谱的差值	T_2(s)	与设计反应谱的差值	T_3(s)	与设计反应谱的差值
		2.3020		2.0997		1.3751	
设防地震	设计反应谱	0.1036	—	0.1125	—	0.1647	—
	Wave1-1	0.0706	−31.8%	0.0740	−34.2%	0.1834	11.4%
	Wave1-2	0.1299	25.4%	0.1429	27.0%	0.2022	22.7%
	Wave1-3	0.0674	−35.0%	0.0961	−14.6%	0.1713	4.0%
	Wave1-4	0.0970	−6.3%	0.0947	−15.8%	0.1355	−17.8%
	Wave1-5	0.0734	−29.1%	0.0794	−29.4%	0.1605	−2.6%
	Wave1-6	0.0961	−7.2%	0.1035	−8.0%	0.1550	−5.9%
	Wave1-7	0.0946	−8.6%	0.1107	−1.6%	0.1471	−10.7%
	7 条波平均值	0.0899	15.2%	0.1002	12.3%	0.1650	−0.2%
罕遇地震	规范反应谱	0.2277	—	0.2474	—	0.3622	—
	Wave2-1	0.1773	−22.1%	0.2432	−1.7%	0.2548	−29.7%
	Wave2-2	0.1577	−30.8%	0.1791	−27.6%	0.2906	−19.8%
	Wave2-3	0.2469	8.4%	0.3199	29.3%	0.3822	5.5%
	Wave2-4	0.1718	−24.5%	0.1869	−24.4%	0.3676	1.5%
	Wave2-5	0.2306	1.2%	0.2183	−11.7%	0.4240	17.1%
	Wave2-6	0.2119	−6.9%	0.2240	−9.5%	0.3384	−6.6%
	Wave2-7	0.2097	−7.9%	0.2417	−2.3%	0.3165	−12.6%
	7 条波平均值	0.2008	13.4%	0.2304	7.4%	0.3392	6.8%

各条地震波下结构各层间剪力 **表 8-12**

序号	地震波名	层号	X 向层间剪力（kN）	Y 向层间剪力（kN）
1	Wave1	1	1670.11	1692.42
		2	1331.79	1356.86
		3	1046.95	1026.59
		4	630.96	563.58

续表

序号	地震波名	层号	X 向层间剪力（kN）	Y 向层间剪力（kN）
2	Wave2	1	3025.92	2862.54
		2	2521.19	2065.40
		3	1809.51	1422.13
		4	1026.70	695.18
3	Wave3	1	2933.08	2645.87
		2	2504.72	2063.32
		3	1911.15	1563.60
		4	1108.94	831.20
4	Wave4	1	2613.63	2562.68
		2	2249.17	1978.73
		3	1717.43	1476.53
		4	1026.73	816.01
5	Wave5	1	3062.96	2830.39
		2	2426.45	2047.28
		3	1757.24	1535.79
		4	1035.83	873.32
6	Wave6	1	2737.28	2582.09
		2	2239.67	1931.40
		3	1607.45	1394.70
		4	904.08	717.91
7	Wave7	1	2659.81	2535.97
		2	2119.95	1800.14
		3	1530.48	1227.95
		4	868.83	672.46
平均值		1	2671.54	2530.28
		2	2198.99	1891.87
		3	1625.74	1378.13
		4	943.15	738.52

4）罕遇地震作用下的分析及结果

（1）隔震支座最大水平位移

7 条地震波平均后的隔震支座最大水平位移见表 8-13。

罕遇地震下各橡胶支座最大位移 **表 8-13**

支座编号	支座型号	X 向最大位移（mm）	Y 向最大位移（mm）	容许位移（mm）
1	LRB600	156.85	170.94	330
2	LRB600	156.89	171.64	330
3	LRB600	156.96	172.46	330
4	LRB600	156.90	174.56	330
5	LRB600	156.91	176.69	330
6	LRB600	156.88	178.42	330

续表

支座编号	支座型号	X 向最大位移（mm）	Y 向最大位移（mm）	容许位移（mm）
7	LRB600	156.91	180.59	330
8	LRB600	156.94	182.80	330
9	LRB600	154.04	171.63	330
10	LRB600	154.07	172.46	330
11	LRB600	154.07	174.56	330
12	LRB600	154.05	176.72	330
13	LRB600	154.06	178.41	330
14	LRB600	154.07	180.59	330
15	LRB600	154.03	182.80	330
16	LRB600	154.00	170.93	330
17	LRB600	155.25	171.04	330
18	LRB600	155.68	171.01	330
19	LRB600	155.10	184.46	330
20	LRB600	155.67	184.50	330
21	LRB600	156.79	184.34	330
22	LRB600	154.06	184.35	330
23	LNR500	155.34	171.83	275
24	LNR500	155.39	172.66	275
25	LNR500	155.42	174.79	275
26	LNR500	155.35	176.89	275
27	LNR500	155.39	178.64	275
28	LRB600	155.29	180.71	330
29	LNR500	155.80	171.82	275
30	LNR500	155.85	172.68	275
31	LNR500	155.89	174.79	275
32	LNR500	155.86	176.89	275
33	LNR500	155.82	178.63	275
34	LRB600	155.78	180.70	330
35	LRB600	155.82	182.91	330
36	LRB600	155.30	182.91	330

从表 8-13 可看出，各支座均满足要求。

（2）隔震支座拉、压应力验算

依据《隔标》第 4.6.9 条 3 款和第 6.2.1 条的规定：隔震支座验算罕遇地震作用下最大拉压应力时，应考虑三向地震作用产生的不利轴力，X、Y、Z 向地震动峰值的比值为 1∶0.85∶0.65。其中水平和竖向地震作用产生的应力取标准值，求得的应力受压为正。

由表 8-14 可知，在罕遇地震下各隔震支座未受拉，且压应力均小于 25MPa，满足要求。

罕遇地震下隔震支座的拉应力与压应力　　表 8-14

支座编号	支座型号	拉应力（MPa）	压应力（MPa）
1	LRB600	0.67	5.27
2	LRB600	2.00	3.49

续表

支座编号	支座型号	拉应力（MPa）	压应力（MPa）
3	LRB600	4.24	7.73
4	LRB600	5.60	10.58
5	LRB600	4.63	9.60
6	LRB600	4.18	10.08
7	LRB600	5.01	10.11
8	LRB600	3.37	9.32
9	LRB600	2.11	5.18
10	LRB600	3.25	8.46
11	LRB600	8.14	10.64
12	LRB600	4.29	10.12
13	LRB600	4.39	10.04
14	LRB600	5.41	10.28
15	LRB600	4.80	9.37
16	LRB600	2.09	4.66
17	LRB600	1.63	4.50
18	LRB600	1.86	4.13
19	LRB600	3.37	5.29
20	LRB600	2.97	6.52
21	LRB600	3.40	5.28
22	LRB600	1.75	8.56
23	LNR500	2.56	5.79
24	LNR500	4.51	8.65
25	LNR500	9.98	11.66
26	LNR500	6.89	11.76
27	LNR500	5.70	12.80
28	LRB600	4.69	8.38
29	LNR500	2.27	4.52
30	LNR500	4.68	8.65
31	LNR500	6.66	11.96
32	LNR500	6.70	12.69
33	LNR500	6.96	12.38
34	LRB600	4.89	8.93
35	LRB600	4.24	7.64
36	LRB600	4.09	8.17

3. 采用不同计算方法的结果对比

采用《隔标》时，对砌体结构不同计算方法求得的结果进行对比。

1）结构周期

表中差值为（时程分析-底部剪力法）/时程分析。从表 8-15 可知，底部剪力法与时程分析求得的结构周期基本接近，误差小于 10％。

底部剪力法与时程分析求得的结构周期对比　　表 8-15

结构周期	底部剪力法（s）	时程分析（s）	差值（%）
T_1	2.157	2.3020	6.2

2）楼层剪力

从表 8-16 可知，底部剪力法与时程分析求得的楼层剪力相比，各层剪力均大于时程分析结果，差值大致为 10%～30%。

底部剪力法与时程分析求得的楼层剪力对比　　表 8-16

层号	底部剪力法（kN）	时程分析（kN）		差值（%）	
		X 向	Y 向	X 向	Y 向
1	3193	2671.54	2530.28	19.5	26.1
2	2415	2198.99	1891.87	9.8	27.6
3	1613	1625.74	1378.13	0.8	17
4	810.2	943.15	738.52	14	9.7

3）罕遇地震下隔震支座的最大位移对比

从表 8-17 可知，底部剪力法与时程分析求得的支座位移相比，各支座位移均大于时程分析结果，大致为时程分析结果的 1.35～1.75 倍。底部剪力法过于高估支座位移，原因是底部剪力法将隔震支座等效为线性，当罕遇地震时，与实际的非线性模型有较大差别，此外，对于规则的隔震结构，隔震层偏心率按规范要求控制，结构的扭转效应较小，以本工程为例，边支座最大的扭转放大系数大致为 1.07，小于简化计算公式给出的 1.15 和 1.2 的放大系数。

底部剪力法与时程分析求得的支座最大位移　　表 8-17

支座型号	对应编号		最大位移（mm）		
			底部剪力法	时程分析	差值（%）
LRB600	21	X 向	274	156.96	74.5
		Y 向	274	184.50	48.5
LNR500	33	X 向	238	155.89	52.6
		Y 向	259	178.64	44.7

总之，对于规则的多层砌体结构，用底部剪力法进行隔震结构分析，层剪力是时程分析结果的 1.1～1.3 倍，隔震支座位移是时程分析结果的 1.35～1.75 倍，计算结果偏于安全。

8.4.4　上部结构设计

1. 墙体的承载力验算

按《隔标》第 8.3.4 条及第 4.4 节，墙体应进行设防地震作用下的承载力验算。

其中，第 1 层墙体为关键构件，按式（4.4.6-1），取内力和材料强度均为设计值进行墙体的抗震受剪承载力验算，即：

$$1.2V_{GE}+1.3V_{ij}\leqslant\frac{R_{ij}}{\gamma_{RE}}\tag{8-7}$$

取底部剪力法求得的上部结构一层地震剪力，其中 $V_1=3193.8\text{kN}$，通过调整水平地震影响系数的值，将一层剪力调整至 3193.8kN，则一层墙体验算与普通砌体结构的墙体验算相同，以此验算该层墙体的抗剪承载力，抗压承载力和高厚比结果见图 8-12。

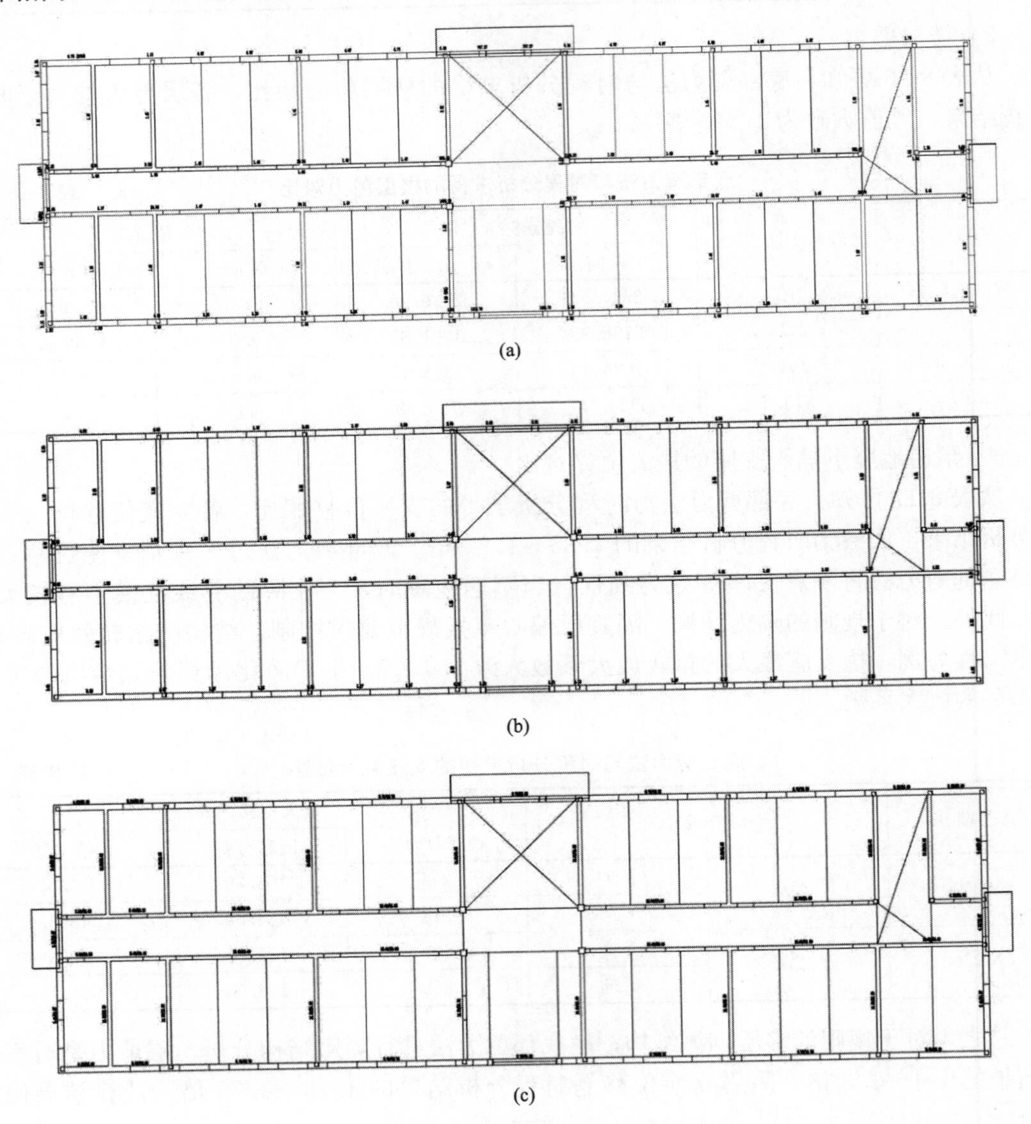

(a)

(b)

(c)

图 8-12　第一层墙体承载力及高厚比验算

由图 8-12 可看出，第 1 层的墙体抗压、高厚比均满足要求。抗剪验算时，仅 2 个小墙肢不满足要求，可通过局部增加构造柱、局部墙体配筋等措施，使之满足要求。

对于第 2 层及以上墙体，仍用以上方法，通过调整水平地震影响系数的值，使各层地震剪力与底部剪力法求得的值相同。但第 2 层及以上墙体均为普通构件，按标准值取值进行验算，即：

$$S_{GE}+S_{Ek}\leqslant R_K \tag{8-8}$$

但对于砌体结构，无法在 PKPM 等软件中直接实现以上验算。因为 PKPM 软件中的墙体验算是按设计值即式（8-7）进行的。所以，可对第2层及以上墙体，先用PKPM软件进行验算，对验算不满足的墙体，再按式（8-8）手算核对。

或者依据式（8-9），

$$\gamma_{RE}(1.2S_{GE}+1.3S_{Ek})\leqslant R \tag{8-9}$$

其中砌体结构的构件承载力调整系数0.9或1.0，式（8-9）左侧可近似取为$1.1(S_{GE}+S_{Ek})$，式（8-9）右侧，按施工质量为B级考虑，砌体的材料性能分项系数为1.6，则$R=\frac{R_k}{1.6}$，由此可得：$S_{GE}+S_{Ek}\leqslant\frac{R_k}{1.6\times1.1}=\frac{R_k}{1.8}$

也就说，用式（8-9）来进行验算，大致相当于用式（8-8）进行验算时，将构件的承载力标准值R_k乘以1.8倍。这样，可将第2层及以上墙体的材料强度乘以1.8倍后，本工程中砌体材料分别为MU15和M7.5，抗压强度设计值为2.07MPa，$2.07\times1.8=3.726$MPa，略大于MU25和M15的抗压强度设计值3.6MPa，因此可调整第2层及以上墙体的砌体材料分别为MU25和M15，再用PKPM软件进行墙体验算。

2. 托梁的承载力验算

砌体结构进行隔震时，隔震层梁需要承担上部墙体荷载，相当于托梁，按《隔标》第8.3.4条的要求，作为关键构件，按《隔标》式（4.4.6-1）的要求进行承载力验算，即不考虑构件内力调整的抗震验算，内力和材料强度均为设计值。

隔震层梁可按《隔标》第8.3.5条，按单跨简支梁或多跨连续梁计算，并按底部框架砌体建筑的钢筋混凝土托墙梁确定竖向荷载，即考虑墙梁效应，参考《砌体结构设计规范》GB 50003—2011第7.3.4条和第7.3.6条的相关规定[38]，

托梁弯矩为：

$$M_b=M_1+\alpha_M M_2 \tag{8-10}$$

其中，M_1为托梁及本层楼盖的恒载和活载；M_2为托梁以上墙体自重及各层楼盖的恒载和活载。

α_M是考虑墙梁效应的系数，相当于将托梁以上墙体及各层楼盖的恒载和活载进行了折减。该数值与梁的高跨比和开洞位置有关，隔震层梁的高跨比大致为1/10，因此，代入α_M的公式可知，跨中处，对于简支梁，$\alpha_M=0.14\sim0.63$；对于连续梁及框支梁，$\alpha_M=0.19\sim0.72$；支座处，$\alpha_M=0.4\sim0.75$。如果考虑最不利值，$\alpha_M=0.75$，对各层墙体及第1～4层楼板的恒载和活载折减为75%。

高小旺等[39]建议对抗震设防区的底部框架-抗震墙房屋的托墙梁，考虑墙梁效应后，墙体荷载折减为60%。

梁兴文等[40]还对连续墙梁的内力计算公式进行了简化，不再区分Q_1，Q_2，直接将所有荷载加载在梁上，考虑墙梁效应后进行折减，计算公式为：

$$M_b=\alpha_M M_0 \tag{8-11}$$

$$N_{bt}=\eta_N\frac{M_0}{H_0} \tag{8-12}$$

$$V_b=\beta_v V_0 \tag{8-13}$$

其中，跨中　$\alpha_M=\psi_M(1.91h_b/l_0+0.38)$，$\psi_M=1.29-0.73a/l_0$

支座　$\alpha_M=\psi_M(0.8h_b/l_0+0.47)$，$\psi_M=1.13-0.44a/l_0$

$$\eta_N = 0.58 + 2.91h_w/l_0, \beta_V = 0.75 \sim 0.85$$

取本工程墙体最大跨度 9m，层高 3.6m，则上述折减系数为：跨中弯矩 0.59～0.71，支座弯矩 0.54～0.61；轴力 0.84；剪力 0.75～0.85。因此，如果考虑最不利值，$\alpha_M =0.71$，对墙体及楼板的恒载和活载折减为 70%。

所以，本工程直接将托梁的竖向荷载折减 70%，作为隔震层梁的竖向荷载。同时考虑该梁的地震作用，通过调整地震影响系数使该层的地震剪力达到底部剪力法求得的 3969.3kN，按以上内力进行隔震层梁的设计。

3. 抗震措施

对于多层砌体结构，底部剪力比$=\dfrac{\alpha_1}{\alpha_{max}}=\dfrac{0.077}{0.45}=0.171<0.5$

故依据《隔标》第 8.1.2 条 2 款，上部结构其余抗震措施均可按《建筑抗震设计规范》GB 50011—2010 中多层砌体结构，设防烈度为 7 度的要求进行设置。

第9章　核电厂建筑

9.1　核电厂简介与抗震需求

随着社会的不断进步，人类对电力的需求量不断增加，传统的能源发电已经远远满足不了人类对电力的需求。核电作为一种清洁、稳定、高效的能源已成为我国能源结构的重要组成部分，其技术日益成熟、安全性不断提高，已被越来越多的国家或地区接受和采用。发展核电可降低污染和气体排放量，符合我国可持续发展的低碳经济模式，是我国能源长期可持续发展的重大战略选择，也是我国清洁能源的重要支柱。根据中国核能行业协会《中国核能发展报告（2019）》，截至2018年底，中国拥有在运核电反应堆44座，总装机容量达44645MW，核电装机容量占全球核电装机容量的9%。

地震的发生具有很强的随机性和不确定性，核电厂建筑在不可预估的灾难性大地震面前，面临亟待解决的地震安全隐患。隔震技术被誉为“40年来世界地震工程最重要的成果之一”，在民用建筑上的应用已经比较成熟。核电厂建筑不但要保证结构自身的安全性和核电厂内部设备精密仪器的功能性，而且还要防止放射性物质发生泄漏，减隔震控制技术为这种需求提供了新的有效途径，是解决核电结构地震安全的有效措施。

迄今为止，在全世界所有已经商业运行的核电厂中，采用基底隔震技术的核电厂比较少。分析其原因主要有如下几点：（1）世界上目前存在的核电厂大多数建于20世纪70～80年代，当时的隔震技术还远不如现在成熟；（2）早期反应堆结构多数兴建在地震活动很低的非地震区，隔震技术难以发挥优越性；（3）早期的厂址选择余地多，但是随着核电需求的大幅增加，可选的厂址逐渐减少，可能需要在高烈度地震区建造核电厂建筑；（4）核电厂建筑隔震技术规范标准缺失，使核电厂建筑隔震设计无据可依；（5）防止放射性物质泄漏是核电厂建筑的基本要求，目前核电厂建筑及上部设施标准化水平很高且已成熟，相关部门对于采用新技术带来的改变及安全性有顾虑。隔震技术使得在高烈度地区建造核电厂成为可能，也为核电厂的厂址选择提供更多的可能，同时为具有我国自主知识产权的核电结构抗震设计标准化提供重要支撑。

考虑到基底隔震技术的成熟性较高，本章限定适用于采用基底隔震的核电厂建筑。

9.1.1　核电厂组成与设防要求

常见的核电厂依据反应堆原理不同可分为压水堆核电厂、重水堆核电厂、沸水堆核电厂、快中子堆核电厂。目前我国核电厂主要为压水堆核电厂和重水堆核电厂。以常见的压水堆核电厂为例，如图9-1所示，核电厂主要土建设施包括安全壳、燃料厂房、发电机厂房和辅助设备厂房等。

根据《建筑抗震设计规范》GB 50011—2010[2]，民用建筑的抗震通常采用三级设防目标，即“小震不坏、中震可修、大震不倒”，这样设计的建筑可以保证人员安全，但无法保护建筑内部设施安全。《隔标》规定民用建筑的设防目标为“中震不坏，大震可修，极罕遇不倒”，说明隔震建筑的设防目标大大提高，既保护人员安全，又保护内部设施安全。核电设施由于其特殊性，国际上通常设置两个设防目标。如美国分为安全停堆地震动（SSE）和运行基准地震动（OBE）。根据我国新颁布的《核电厂抗震设计标准》GB 50267—2019[41]，核电厂抗震设计水准包含两个水准，即极限安全地震动（SL2）和运行安全地震动（SL1）。极限安全地震动是核电厂设计基准地震动的较高水准，对应极限安全要求，通常为预估场地可能遭遇的最大潜在地震动，年超越概率为 10^{-4}，即万年一遇的地震动。运行安全地震动则是相对较低的水准，主要用于对核电厂运行安全控制、设计中的荷载组合与应力分析等。核电厂两水准地震对应的抗震设防目标为：当核电厂遭受极限安全地震动时，应能确保反应堆冷却剂压力边界完整、反应堆安全停堆并维持安全停堆；当遭受运行安全地震动影响时，需停堆进行安全检查，在确认核电厂相关物项保持安全功能的前提下可恢复正常运行。《隔标》提出的核电厂隔震建筑的基本设防目标为：当遭受运行安全地震动影响时，需停堆进行安全检查，在确认核电厂保持安全功能的前提下可恢复正常运行。当遭受极限安全地震动影响时，应能确保反应堆安全停堆并维持安全停堆状态，且放射性物质外逸不应超过国家限值。此隔震目标基本与抗震设防目标一致。

图 9-1　压水堆核电厂土建设施组成

核电厂建筑物根据其重要程度和破坏后果严重性进行安全分级和抗震分类。根据《核电厂抗震设计标准》GB 50267—2019，核电厂建筑分为抗震Ⅰ类、抗震Ⅱ类和抗震Ⅲ类。对于压水堆核电厂来说，抗震Ⅰ类物项是指在极限安全地震动 SL-2 下仍需保持安全功能的物项，包括所有与安全有关的重要物项。抗震Ⅱ类物项是指容纳放射性物质和防止放射性物质外逸，但其破坏不会使厂外剂量超过正常运行限值、不会对公众健康和安全造成过量风险，例如蒸残液贮罐、浓缩液贮罐以及与其相连的管道，放射性废弃贮存箱、衰变箱等。抗震Ⅲ类物项是非核抗震类物项，与核安全无关。其中抗震Ⅰ类物项应满足极限安全地震动和运行安全地震动，而抗震Ⅱ类需满足在极限安全地震动下不会发生倒塌或者变形过大，影响抗震Ⅱ类物项周围布置的核安全相关物项，抗震Ⅲ类非核抗震类物项则只需按照非核类结构的相关抗震标准设计即可。

由于核电工程安全性要求更高，因此大大地增加了抗震设计、施工和运行的难度。核电厂极限安全地震动的年超越概率达到 10^{-4}，相当于民用建筑的极罕遇地震动，因此其设计输入地震动可能十分巨大，而在核电厂中使用隔震技术是解决高地震风险厂址这一棘手问题的有效途径。

9.1.2　核电厂震害

目前，世界上发生的核安全事故主要由人为操作错误或地震灾害引起，如三里岛和切尔诺贝利核事故均由人为因素引起。而自然灾害中，地震灾害对核电厂的威胁最大，目前已有 2007 年柏崎刈羽核电厂和 2011 年福岛核电厂两起较大的地震安全事故。

2007 年 7 月 16 日，日本新潟地区发生 6.8 级强震，震中距距离柏崎刈羽核电厂 16km，震源深度 17km。地震发生时，核电厂内 7 个反应堆中有 3 个处于工作状态，在地震来袭时反应堆及时停堆，但仍发生了多个装有放射性废料的罐子倾倒、含放射性物质的水泄漏、3 号机组室内变压器起火、变压器套管破裂及散热片漏油、消防管道破裂等事故，导致厂内所有机组一度全面停止运转。在地震之后，该工厂完全关闭了 21 个月。核电厂内多处地面出现土体永久变形，路面出现起伏。根据现场记录，核电厂内最大水平加速度达到 680gal，竖向最大加速度达到 488gal，远超反应堆设备的设计值 273gal。经提升抗震能力后，7 号机组于 2009 年 5 月 9 日被重新启动，以后依次为机组 1 号、5 号和 6 号（2～4 号机组未被重新启动）[42]。

2011 年 3 月 11 日，日本宫城县外海发生 9.0 级大地震并引起了巨大海啸。在地震和海啸的双重冲击下，位于福岛的福岛第一核电厂遭受了巨大的损坏，造成堆芯熔化、放射性物质大量泄漏的事故，并影响至今。根据国际核事件分级，福岛核电厂事故已达到核安全事件最高级 7 级。根据震后分析，福岛核电厂虽然进行了抗震设计，但是一方面实际地震强度达到了 0.6g，已经超过了 0.18g 的设计地震，在抗震设计时没有对远超设计地震的强震事先采取应对措施；另一方面此次地震中海啸造成的破坏更大，福岛核电厂在设计时仅考虑了数十千米断层导致的数米高海啸，而实际地震中产生了长达 400km 断层和巨大的海啸，远远超过了设计时的预期输入。

在其他地震事件中，部分核电厂也受到了影响，但及时进行了安全停堆，没有产生严重的核泄漏事故。如 1994 年和 2003 年洛杉矶的核电厂均受到地震影响。1999 年我国台湾集集 7.6 级地震中，核电厂实现了安全停堆，核电厂未受到严重影响，但相关配电站遭到了严重破坏。2003 年美国弗吉尼亚 5.8 级地震中，核电厂受到了超过设计值的地震动影响，核电机组及时停堆但厂外电源中断，核电机组依赖应急柴油机供电，厂房出现裂缝，核废水储存罐也出现了滑移。

我国现有核电厂主要位于东部和南部，远离我国西部的主要地震带。但是，从以往震害中仍要吸取经验教训，即核电厂可能会遭受远超自身设计水平的强震作用，因此，考虑到核电厂的极端重要性，在设计时应充分考虑核电厂的抗震需求。

9.1.3　核电厂隔震工程案例简介

隔震技术在建筑中已有较为广泛的应用，但在核电设施中的应用还不多见。迄今为止世界上已经完全建成并正式投入商业运行的核电厂中有两个电厂共计 6 个压水反应堆（PWR）采用了隔震技术，即法国的 Cruas 核电厂和南非的 Koeberg 核电厂。

法国的 Cruas 核电厂始建于 1978 年，先后在 2003 年和 2011 年与我国秦山核电厂建立姐妹厂关系，是世界上第一个使用基底隔震技术的核电厂。Cruas 核电厂于 1983—1984 年间建成并交付使用，为整个法国提供约 4%～5%的电力，采用罗纳河中的水进行冷却，全厂有 1200 个工人，占地 $148hm^2$。该厂设有 4 座 900MW 总共 3600MW 的压水反应堆，每个反应堆都安放在 1800 个氯丁橡胶隔震垫上，每个橡胶支座的尺寸为 500mm×500mm×65mm，其中第 4 号反应堆已于 2009 年 12 月 1 日停止运行。该核电厂采用隔震技术的初衷是因为负责该电厂设计的法国电力公司（Electricité de France，EdF）为了将已经用在另一个地震活动性较低地区（设计地震动 SSE 为 0.2g）的反应堆结构设计直接应用到地震活动性较高的 Cruas 地区（设计地震动 SSE 为 0.3g）所采用的应对措施。

在南非的 Koeberg 核电厂是非洲大陆唯一一座核电厂，2010 年与我国大亚湾核电厂建立姐妹厂关系，该厂和法国 Cruas 核电厂的情况基本相似，也是出于相同的原因才采用基底隔震技术，厂址的设计地震动 SSE 也为 0.30g。它们将两个反应堆体安放在 2000 个氯丁橡胶支座上，每个橡胶支座的尺寸为 700mm×700mm×100mm，不过在 Koeberg 核电厂采用的隔震垫块的上下侧都安装了一个滑动面，下表面由铅-铜合金板组成，上表面由抛光的不锈钢板做成。当上下层发生滑动时，耗散地震能量，减小地震作用，从而使传递到反应堆压力容器上的侧向力大大减小。

法国 Cruas 核电厂的隔震垫是合成氯丁橡胶制成的，容易发生老化现象，随着使用年限的增加，橡胶会硬化从而改变隔震垫的性能。而南非 Koeberg 使用的具有双金属界面的隔震垫也因为它们的机械性能不理想，现在也已经被禁止使用。

继法国 Cruas 核电厂和南非 Koeberg 核电厂之后，在法国的卡达拉其地区（Cadarache，France）还有两个核电设施也使用了隔震技术，其中之一为遽尔思·呼拉威兹反应堆（Jules Horowitz Reactor，JHR），它采用了 195 个氯丁橡胶隔震垫，每个橡胶支座的尺寸为 900mm×900mm×181mm；另一个是国际热核实验堆（International Thermonuclear Experimental Reactor）也采用了类似的隔震技术。

压水堆核电厂由于其特殊的电厂布置和设计要求，往往导致电厂规模体量巨大，厂房质量和刚度也普遍较大，对隔震支座产品的承载力和变形能力提出了新的、更高的要求。且随着隔震技术的日益成熟，新的反应堆结构，如 4S 超级安全小型反应堆（Super Safe，Small and Simple）和 IRIS 国际新型安全反应堆（International Reactor Innovative and Secure），也都无一例外地采用了基底隔震技术。这些堆型具有体量小、质量和刚度相对较小的特点，可方便采用现有成熟高质量隔震支座产品，有利于发挥基底隔震技术降低地震反应的优势，减少地震作用，确保核电厂地震安全。

4S 超级安全小型反应堆是一个千兆瓦级的反应堆，由日本的东芝电气公司和美国的西屋电气公司共同研制开发，专门为美国阿拉斯加高地震活动性地区噶乐纳（Galena，Alaska，设计地震加速度峰值 SSE 为 0.3g）建设核电厂量身设计的，它所采用的隔震系统由 20 个铅芯橡胶支座构成，系统水平方向的自振频率为 0.5Hz。整个系统是按照日本电力协会导则 JAEG 4614—2000 设计的，不过这个装置迄今尚未获得美国核管会的批准[43,44]。

IRIS 国际新型安全反应堆（International Reactor Innovative and Secure）是由日本东芝电气与美国西屋电气共同牵头的一个多国合作项目。反应堆的隔震系统由意大利电气公司、意大利米兰理工学院以及比萨大学联合建议并共同设计。在 2006—2010 年的 5 年中，他们针对这种新型核反应堆研制出由99个高阻尼橡胶支座构成的基底隔震系统，每个支座的直径为1～1.2m，橡胶的剪切弹性模量为1.4MPa，整个隔震系统的横向自振频率为0.7Hz，橡胶支座在极限地震SSE=0.3g作用下的侧向变形为10cm[45]。

9.2　核电厂建筑隔震设计与计算

9.2.1　核电厂建筑建模方法

在为核电厂建筑设计隔震层时，需要根据《隔标》相关条款进行设计，保证隔震层正确发挥隔震效果。隔震设计计算过程中的重要步骤之一就是建立核电厂有限元分析模型。根据分析目的的不同，核电厂厂房结构计算模型一般可采用三维壳单元模型或者质点-杆系模型，对于安全壳等特殊复杂结构，需要引入三维实体模型进行计算分析。地基条件对核电厂的动力响应有较大影响，除地基刚度比较大的情况外，一般需要考虑地基土-结构相互作用，地基对核电厂结构的影响将在第9.2.4节中讨论。

1. 三维模型

核电厂建筑三维模型一般采用板壳单元模拟或者采用三维实体单元模拟。核电厂厂房由于受到工艺布置和内外部灾害防护的影响，厂房结构通常为厚墙厚板体系。计算模型可以简化为壳单元模型，如果存在梁柱结构，则采用对应的梁单元模拟。反应堆安全壳一般为预应力圆形筒体结构，顶部带有穹顶，属于复杂的空间结构，因此适合采用三维实体建模。三维模型需要真实模拟结构的质量信息和刚度信息，厂房内水池中水的质量在整体地震分析中可以按照附加质量的方式考虑，由于核电厂内活荷载取值较大，计算重力荷载代表值时，各层均布活荷载取0.2的折减系数。

2. 质点-杆系模型

采用三维实体模型虽然精确度较高，但计算成本较大，在部分情况下可以采用质点-杆系模型进行计算。如图9-2所示，安全壳通常采用混凝土圆柱，其力学特性类似悬臂梁，因此可以近似等效为带有集中质量的悬臂梁模型。此外，安全壳内的设备也可以被等效为质点-杆系模型。高度简化的质点-杆系模型可以较为快速地计算出地震反应结果，在部分分析中较为适用，例如隔震层的初步设计、结构-土相互作用分析等。因此，《隔标》中保留了核电厂结构质点-杆系模型的建模计算方法。

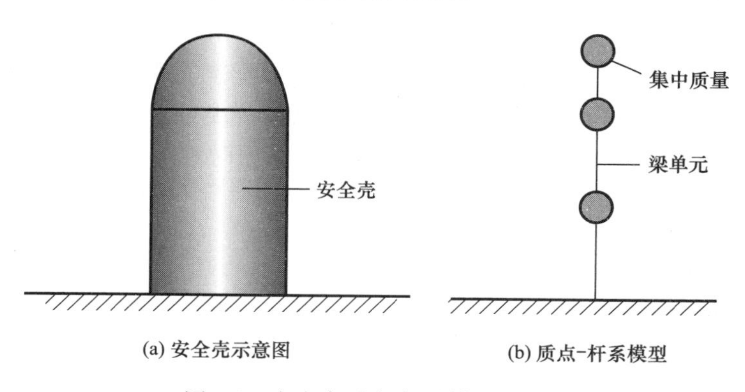

图9-2　安全壳质点-杆系模型示意图

9.2.2 地震响应计算方法

核电厂隔震建筑抗震设计可采用时程分析法或反应谱分析法，应根据实际工程特点选择合适的计算方法。与《核电厂抗震设计标准》GB 50267—2019 相比，由于隔震层存在较为明显的非线性，核电厂隔震建筑的计算方法不再包括频域传递函数法和等效静力法。

1. 反应谱法

反应谱法根据结构的模态参数和地震反应谱曲线确定结构的地震作用，仅用于线性结构。但是，隔震支座通常具有明显的非线性特点，因此上部结构在地震作用计算时，应将隔震层进行等效线性化处理后，再采用反应谱法进行计算。

我国《建筑抗震设计规范》GB 50011—2010 第 12.2.5 条规定，对采用隔震支座结构的最大水平地震影响系数 α_{max} 进行调整，降低后的地震影响系数曲线形状不变：

$$\alpha_{max1} = \beta\alpha_{max}/\psi \tag{9-1}$$

式中，α_{max1} 为调整后的最大水平地震影响系数；β 为水平向减震系数，根据隔震与非隔震结构的层间剪力最大比值确定；α_{max} 为原非隔震结构的最大水平地震影响系数；ψ 为调整系数，根据支座性能取值。根据《建筑抗震设计规范》GB 50011—2010，隔震结构的地震作用经过调整后施加在上部结构上，以考虑隔震层的影响，即所谓的分部设计法。日本、美国等国规范也采用此种方法。

欧洲规范中要求，采用隔震方案的厂房，上部结构地震作用计算可以采用反应谱法，但无需对反应谱进行降低，而是将隔震层等效线性化处理，采用迭代计算，迭代至等效线性模型计算得到的最大位移与通过试验所得的滞回曲线直接得到的位移差值不超过 5%为止，进而确定隔震橡胶支座的等效刚度和等效阻尼比，用于计算上部结构的地震作用。

《隔标》在使用反应谱法计算隔震结构的地震作用时，采用了与《建筑抗震设计规范》GB 50011—2010 同样的振型分解反应谱法计算公式，但考虑了隔震层的影响，将隔震层等效为弹簧和阻尼。由于隔震层有较大的集中阻尼，不宜使用比例阻尼假定，采用振型分解反应谱法时无法对阻尼矩阵进行强制解耦，因此《隔标》中隔震结构的振型、振型参与系数等参数采用基于复阻尼的计算方法。有关隔震结构的反应谱法用法详见第 4 章。

由于《隔标》中反应谱法采用的是上部结构和隔震层的耦联计算，因此基底隔震核电厂建筑的地震动设计输入应与原抗震核电厂建筑的设计标准相同。

2. 时程分析法

时程分析法对计算模型直接输入地震动时程，计算结构的多个地震响应，计算精度高，但每次仅能计算一个工况或样本。与反应谱法可以直接使用设计反应谱不同，时程分析法需要输入地震动时程进行计算，地震动时程的要求详见第 9.2.3 节。

核电结构的三维实体模型和质点-杆系模型均可采用时程分析法进行计算，在时程分析法中可以考虑隔震层的非线性行为。

9.2.3 地震动时程输入要求

由于《核电厂抗震设计标准》GB 50267—2019 和《建筑抗震设计规范》GB 50011—2010 对于输入地震动的规定有所不同，尤其是设计反应谱差别较大，因此《隔标》第 9 章的地震动输入特指根据《核电厂抗震设计标准》GB 50267—2019 确定。《隔标》规定，设计地震动加速度时程宜从与厂址地震背景和场地条件相近的实测强震加速度时程调整得出，或采用其他合适的实测记录时程，并需符合国家标准《核电厂抗震设计标准》GB 50267—2019 的规定。

应注意，本章采用的适用于核电厂建筑的地震动时程与民用建筑有较大差异，表现在：

（1）核电设施对竖向地震更敏感。根据民用建筑抗规，三向地震动峰值比值 $X:Y:Z$ 为 1∶0.85∶0.65。而核电抗规中，竖向地震动峰值为水平峰值的 2/3～1 之间，对于近场地震则建议取 1。在许多强震中，竖向地震峰值都超过了 0.65 倍水平地震，如 2007 年日本新潟地震中竖向地震动峰值超过水平峰值的 70%，部分地震中竖向地震动可以超过水平地震动。

（2）反应谱不同。核电抗规采用美国核管会导则 RG1.60 中提供的水平和竖向反应谱，采用的地震记录主要来自美国西部地震的土层场地，由美国原子能委员会于 1973 年在管理导则中提出。应注意核电采用的反应谱与建筑中采用的反应谱存在差异，有关控制点、平台段等参数在核电抗规和建筑抗规中取值不同。

（3）核电抗规要求地震动时程输入拟合需求反应谱。在建筑抗规中，通常选择 3 组及以上地震动输入，实际强震记录不少于 2/3。其中选择 3 组地震输入时取包络值，7 组及以上地震输入则取平均值。同时多组时程曲线的平均地震影响系数曲线应与振型分解反应谱法所采用的地震影响系数曲线在统计意义上相符，对应于结构主要振型的周期点上相差不大于 20%。通常来说，实际强震记录很难包络需求谱，因此建筑抗震计算中通常采用多组地震的平均谱包络需求谱。在核电抗规中，则采用三角级数生成或通过天然强震调整的方式生成可拟合规范需求谱的地震动，要求谱值低于规范需求谱的控制点不超过 5 个（控制点总数不少于 75 个），相对误差不超过 10%。如图 9-3 所示，经过时域或频域调整，地震波的反应谱可以十分接近需求反应谱。

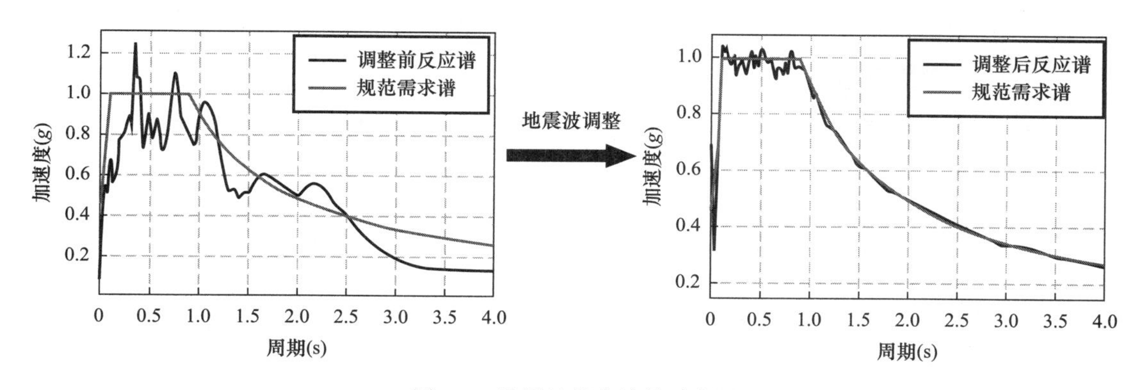

图 9-3　地震波拟合效果示意图

9.2.4　场地类别与地基的考虑

核电厂所在场地对于隔震效果有较大影响，因此在隔震设计时应考虑场地的影响。根据隔震原理，隔震层通过延长总体结构的周期以减小上部结构的地震作用。根据规范中的需求反应谱，延长周期不会导致结构的地震作用增大，当隔震结构周期延长至 0.9s 以上时，隔震层足以减小整体结构的地震响应。

但是，实际地震的反应谱与规范需求谱存在差异，特别是软土和硬土场地的反应谱差异较大。如图 9-4 所示，对于硬土场地上的结构，通过隔震层延长周期后，结构的地震作用可以显著下降。但是对于软土场地上的结构而言，如果不加计算便直接设置隔震层，则可能增大结构的地震作用。典型的软土场地地震动包括 1985 年墨西哥城地震、1999 年中国台湾集集地震、2002 年阿拉斯加地震等。因此，《隔标》第 9.1.5 条规定了核电厂基底隔震工程主要适用于岩石和硬土场地。对于软土场地，应做专门研究，确认隔震层的作用为减小结构地震效应。

根据建筑抗规，土的类别根据剪切波速划定，土体剪切波速大于 250m/s 时为中硬土及以上级别。

场地土类别除了影响隔震层的效果外，也影响核电厂结构的抗震计算模型。根据核电抗规，当土体剪切波速低于 2400m/s 时，或地基刚度小于上部结构刚度的 2 倍时，需要考虑结构-地基相互作用。由此可见，要防止地基放大上部结构的地震输入，不仅要求核电厂位于坚硬岩石上，还要求地基具有足够的刚度。因此，《隔标》中也规定了核电厂隔震建筑隔震层下部结构基础宜选用筏板基础。

设置隔震层后，地基土对结构的竖向作用效应影响显著，因此需要考虑结构-土相互作用。分析中，可采用如图 9-5 所示的质点-杆系模型，将土体简化为土弹簧和阻尼。土弹簧可采用基于边界元原理的 CLASSI 程序计算，或其他经过充分论证的方法。土体的阻尼比可以由土体动力特性试验测得，在常见的动剪应变下，其数值较小，一般不超过 5%。

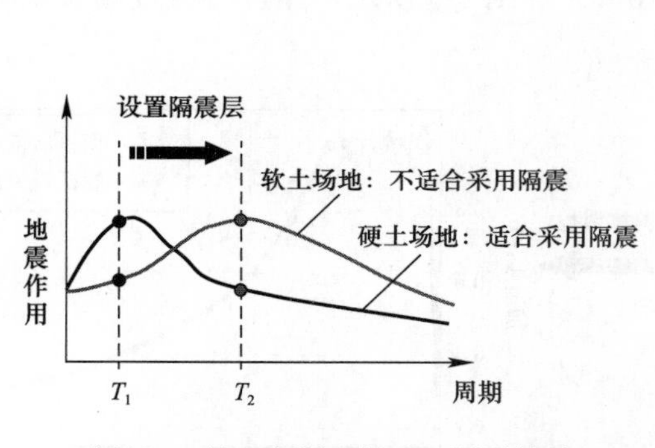

图 9-4 软土和硬土场地上隔震效果

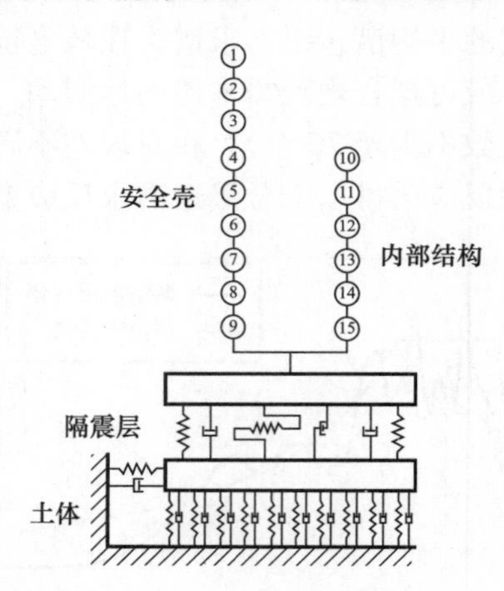

图 9-5 考虑土-结构相互作用的隔震安全壳结构质点-杆系模型

此外，为防止隔震后地基出现局部破坏，确保隔震层正常发挥功能，《隔标》第 9.2.8 条额外规定了隔震层的构造措施：

（1）隔震层下基础板及支承隔震支座的支墩、支柱应具有足够的强度和刚度，保证整个地基的水平和竖向刚度。

（2）支承隔震支座的支墩、支柱高度的设置应便于支座的更换。考虑到支座的老化和腐蚀、震后修复等要求，支墩、支柱应留有足够的检修和替换预留空间。

（3）隔震层支墩、支柱及相连构件，应采用隔震建筑在极限安全地震动作用下隔震支座底部的竖向力、水平力和力矩进行承载能力验算。支墩、支柱设计应计入隔震层 P-Δ 效应产生的附加弯矩。

（4）隔震支座上、下部柱头应设置防止局部受压的钢筋网片；隔震支座和隔震层上、下部之间的连接件，应能传递极限安全地震动下支座的最大水平剪力和弯矩，外露预埋件应有可靠的防锈措施，预埋件的锚固钢筋应与钢板牢固连接。

9.2.5 地震响应验算要求

1. 核电厂建筑

核电厂建筑设置隔震层后，隔震层以上结构的水平地震作用可根据施加隔震单元的整体结构体系计算确定，但为保证上部结构的总水平地震作用不至于下降过多，使设计具有足够的安全裕度，《隔标》第9.2.7条规定隔震后的地震作用仍应符合国家标准《核电厂抗震设计标准》GB 50267—2019第4.2.3条的要求，即隔震后的上部结构仍应满足水平向极限安全地震动加速峰值不小于0.15g时的承载力要求。

《隔标》仅提供了隔震层的计算和设计方法，在根据《隔标》计算出隔震后的核电厂建筑上部地震作用后，需要根据《核电厂抗震设计标准》GB 50267—2019中的相关条款校核结构是否满足抗震要求。由于核电厂建筑要求在极限安全地震下，结构保持弹性状态，因此参考剪力墙弹性层间位移角概念及限值，取核电厂建筑层间位移角限值为1/1000。

2. 隔震层

隔震层应根据预期竖向承载力和地震响应控制要求，选择适当的隔震支座、阻尼装置、抗风装置及其他装置。此处表明隔震层除了隔震支座外，还可以加装阻尼器、抗风装置等，提高隔震层的总阻尼和抗风荷载能力。此外，在隔震计算设计和正常使用过程中，需要考虑使用环境对其性能的影响，包括腐蚀、老化导致的性能劣化等。隔震支座产品性能参数应由试验确定，以此为依据进行计算。

《隔标》规定隔震层中隔震支座应进行竖向承载力验算和极限安全地震动、运行安全地震动作用下水平位移的验算。在重力荷载和地震作用下，橡胶隔震支座中将产生应力。为了保证在支座大变形条件下核电厂建筑的应力安全裕度，在重力荷载作用下支座压应力设计值不应过大，《隔标》第9.2.2条规定了橡胶隔震支座在重力荷载代表值下竖向压应力设计值的上限，与民用建筑特殊设防类一致。

此外，要尽量保证各个支座的压应力均匀分布，参考欧洲核电厂隔震设计经验反馈，橡胶隔震支座在重力荷载代表值作用下，支座应力与平均应力差值在±20%以内，且超过该限值的支座个数小于总个数的10%。

常用的隔震支座（包括橡胶隔震支座和摩擦摆支座）抗拉能力较低。其中，与民用建筑允许出现最大1MPa的拉应力相比，考虑到核电厂对安全性和可靠性的更高要求，在极限安全地震作用下，核电厂建筑在隔震设计时橡胶隔震支座不允许出现拉应力，主要考虑：（1）橡胶受拉后内部有损伤，降低支座弹性性能；（2）隔震橡胶支座出现拉应力，意味着上部结构存在倾覆危险；（3）尽可能多地增加安全冗余度。欧洲试验堆JHR和ITER采用了隔震技术处理，对橡胶隔震支座在地震下的极限应力有更加严格的要求，为保证核电厂在地震作用下的稳定性，最小压应力不应小于1.0MPa。此外，为了确保支座大变形下的结构安全性，《隔标》规定最大压应力不应超过20MPa。

隔震支座验算地震作用下最大压应力和最小压应力时，应考虑三向地震作用产生的最不利轴力，按下列荷载效应组合计算：

$$最大压应力 = 1.4(D + 0.2L) + 1.0E \tag{9-2}$$

$$最小压应力 = 1.0(D + 0.2L) - 1.0E \tag{9-3}$$

式中，D 为永久荷载；L 为活荷载；E 为极限安全地震下的地震作用，单位均为 MPa。

设置隔震层后隔震结构的水平刚度下降，且隔震支座达到屈服强度后刚度会急剧下降。核电厂建筑大多位于沿海地区，为了保证建筑在正常使用状态下设备的功能需求和人员舒适性需求，防止结构在水平风荷载下产生显著变形和加速度，隔震层应有充分的抗风承载力。《隔标》第 9.2.4 条规定隔震支座、阻尼装置和抗风装置的总水平屈服荷载设计值，应大于风荷载作用下隔震层总水平剪力标准值的 1.7 倍。

日本《核电厂防震结构设计指南》JEAG 4616—2000 第 7.1.3 条规定，橡胶隔震支座线性极限应变在 200%～250%之间，容许极限应变考虑 1.5 的安全系数，即在 130%～160%之间。采用隔震结构的核电厂，隔震层是重要的抗震防线，是联系上下部结构的纽带，考虑到核电厂对厂房结构地震下完整性、安全性的高要求，同时考虑应对超设计基准地震作用，保证隔震橡胶支座在极限安全地震作用下基本处于弹性应变是非常必要的。欧洲 JHR 和 ITER 试验反应堆，采用了隔震技术处理，极限安全地震动下最大水平位移控制在橡胶隔震支座橡胶层总厚度的 1.4 倍以内。《隔标》参考日本相关规定，在极限安全地震作用下的最大水平位移应小于橡胶隔震支座橡胶层总厚度的 1.30 倍，且小于 300mm，这项规定与民用建筑有差别，主要是考虑核电厂建筑更高的安全裕度需求，隔震支座设计位移不宜过大。

为了确保地震时隔震效果能正常发挥，隔震结构应与周边固定物（其他房屋或结构、挡土墙等）完全脱开，设置隔离缝，因此需要计算极限安全地震作用下的支座水平位移以校核隔离缝宽是否满足《隔标》第 9.2.6 条的要求。缝宽不宜小于隔震层极限安全地震下最大水平位移计算值的 2.0 倍。该条对于隔离缝的要求属于最低要求。考虑施工空间、人员进出等条件，实际隔离缝宽度远大于本条规定的最小值。欧洲采用隔震技术的核电厂，隔离缝宽度一般在 2.0m 左右。对于两相邻隔震结构，其缝宽不应小于其最大水平位移计算值的两倍，且不应小于 600mm，以防止结构因碰撞导致破坏。

隔震支座的力学特性将随着隔震装置老化和使用环境条件（火灾、腐蚀）等而发生变化。其中水平刚度变化对最大加速度响应的影响较大。一般而言，隔震支座刚度被过高估计时，响应加速度将变大，但隔震层的响应位移却变小。因此，由于隔震支座老化或者使用环境条件等原因造成隔震支座的力学特性有不能忽略的变化时，应针对这些潜在灾害对橡胶隔震支座进行防护，最好进行考虑隔震支座特性变化的多因素地震响应分析和设计。

9.2.6 隔震层构造要求

核电厂中有较多管线通过地下廊道与电厂内其他部分管线相连，因此管道不可避免地需要跨越隔震层。同时也有管线连接隔震结构与非隔震结构。在地震作用下，隔震层可能发生较大位移和变形，如果管线不设置足够的变形裕度和柔性接头，将导致隔震层位置处管线的损伤破坏。如果管线连接刚度过大，还可能降低隔震层的隔震效果。在 2007 年日本新潟地震期间，由于地面出现大变形，核电厂埋地管线发生破坏，当管线接头变形能力不足时，则可能导致排气管发生泄漏。以此为鉴，在带有隔震层的核电厂中，尤其需要做好跨越隔震层的管线柔性接头措施，这也是隔震设计是否有效的决定因素之一。因此《隔标》第 9.1.8 条规定，穿越隔震层的连接管线，应采用柔性连接或其他有效措施，其预留的水平变形量不应小于隔震层在极限安全地震震动下的水平位移。

9.3　隔震支座要求

9.3.1　隔震支座性能要求

上一节阐述了隔震设计的一些要求和规定，隔震设计是否成功，隔震支座产品的质量尤为重要。由于核电厂对安全性的要求更为严格，因此核电站建筑用橡胶隔震支座除了满足《隔标》第 5 章要求外，本章对支座的性能提出了更高要求。具体如下：

（1）单个支座压缩性能测试值与设计值的误差不得超过±20%；一批隔震支座试件压缩性能量测试值的平均值与设计值的误差不得超过±10%。

（2）单个支座水平性能测试值与设计值的误差不得超过±10%。

（3）使用外观变形：竖向压缩变形不应大于 2.0mm；直径 600mm 及以下支座的侧向不均匀变形不应大于 3.0mm；直径 600mm 以上支座侧向不均匀变形不应大于 5.0mm；卸载 12h 后的残余变形不应大于上述数值 50%。

（4）极限剪切性能：压应力 15MPa 时水平极限变形不应小于 400%。

其中，压缩性能测试包括竖向压缩刚度和压缩位移，压缩性能测试内容和测试方式详见《橡胶支座 第 1 部分：隔震橡胶支座试验方法》GB/T 20688.1—2007 第 6.3.1 条。根据《橡胶支座 第 3 部分：建筑隔震橡胶支座》GB/T 20688.3—2006 第 6.3.2 条要求，建筑用橡胶隔震支座应进行型式试验和出厂试验，其竖向刚度与设计值偏差应在 30%以内。应用于核电厂的橡胶支座要求在此基础上进一步提高，故《隔标》要求单个支座压缩性能测试值与设计值的误差不得超过±20%，同时一批隔震支座试件压缩能量测试值的平均值与设计值的误差不得超过±10%，这个规定在《橡胶支座 第 3 部分：建筑隔震橡胶支座》GB/T 20688.3—2006 中则没有具体给出。

水平性能包括水平等效刚度、等效阻尼比、屈服后刚度和屈服力，测试内容和测试方式详见《橡胶支座 第 1 部分：隔震橡胶支座试验方法》GB/T 20688.1—2007 第 6.3.2 条。在《橡胶支座 第 3 部分：建筑隔震橡胶支座》GB/T 20688.3—2006 中，按剪切性能允许偏差的分类方法，S-B 类产品的剪切性能的离散性较高，S-A 类较低；从目前的行业技术水平、简化设计和应用及核电行业的高标准要求等角度考虑，《隔标》规定支座剪切性能的允许偏差均应达到 S-A，但对偏差值提出更为严格要求，即单个试件测试值偏差允许值为±10%，一批试件平均测试值为±10%。

此处限制竖向压缩变形是为了避免因其过大变形而导致隔震层竖向刚度减小，引起建筑物附加内力，因核电厂建筑尺寸较大，底部橡胶支座数量较多，如支座竖向变形过大且分布不均匀，将导致建筑物的附加内力。

侧向均匀变形指隔震支座在竖向压力作用下，支座的侧面均匀对称向外鼓出，剖面呈灯笼状或葫芦串状。除均匀变形以外的其他变形均是不均匀变形，见图 9-6。标准所规定的变形值为直径（对称轴）的两端点同向侧移时的单侧位移限值或直径（对称轴）的两端点反向侧移时的位移差异限值。侧向不均匀变形可能是支座内部缺陷（如橡胶层厚度不均匀）所致，严重者也可能由橡胶硫化不足或与钢板粘结不良所致。根据感官不明显的原则制定不均匀变形限值。

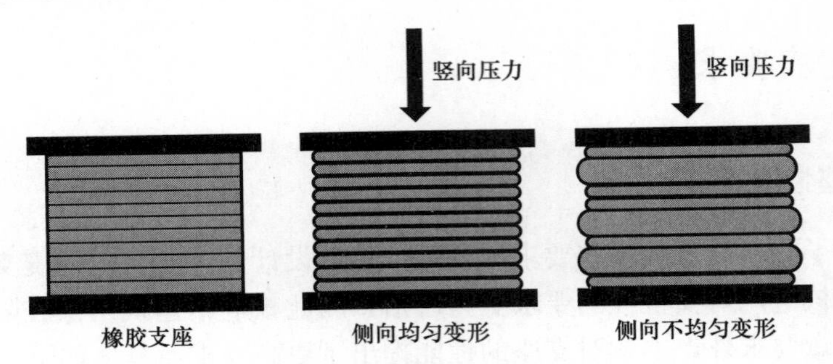

图 9-6　橡胶支座侧向不均匀变形示意图

关于极限剪切性能：《橡胶支座 第 3 部分：建筑隔震橡胶支座》GB/T 20688.3—2006 中，按照破坏剪应变从 350%～150%，将支座分为 A～F 六类，但《建筑隔震橡胶支座》JG/T 118—2018 规定该值不应小于 350%，日本规定不应小于 400%。目前，我国有一定规模、技术水平较高的制造厂已经能够做到 400%，并且该项指标的提高可以直接提高隔震建筑在大地震下的安全储备，具有重要意义。所以，《隔标》规定压应力 15MPa 时水平极限变形不应小于 400%。

9.3.2　隔震支座耐寒耐热要求

橡胶对温度十分敏感，在高温和低温下力学性能可能发生变化，因此对于核电站建筑所用的橡胶支座，要求对于高温、高寒地区或使用环境温度过低的橡胶隔震支座，应根据需要补充相应的耐火性能试验和低温试验。

对于普通橡胶支座，《橡胶支座 第 1 部分：隔震橡胶支座试验方法》GB/T 20688.1—2007 中推荐的试验温度为－20～40℃。在我国北方地区，冬季室外温度较低，如黑龙江等地冬天气温可达－40℃。因此，还应关注橡胶隔震支座在北方的低温力学性能。李慧等对－50℃环境中隔震橡胶支座的力学性能进行试验研究，并分析了环境温度变化对隔震结构地震响应的影响，发现环境低温会使隔震支座水平刚度增大、隔震层的水平位移减少，总剪力略有增加。此后，李慧、杜永峰等在－50～－20℃寒冷环境下对橡胶隔震支座进行 50%～250%剪应变等情况下的动力压剪组合往复试验。结果表明随着温度的降低，等效黏滞阻尼比减小，水平刚度增加，低温对水平刚度具有较大影响。因此，对于高寒地区或使用环境温度过低的橡胶隔震支座，应根据需要补充相应的低温试验或冻融循环试验。

目前，橡胶支座耐火试验还未有公认成熟的试验标准，因此在《橡胶支座 第 1 部分：隔震橡胶支座试验方法》GB/T 20688.1—2007 中未给出，可参考钢筋混凝土构件耐火试验及目前相关研究文献进行专项研究。橡胶的热稳定性与常规建筑材料相比较差，火灾造成的高温对橡胶隔震支座造成的影响主要体现在三个方面，包括：（1）高温对橡胶力学性能的影响；（2）高温造成支座老化；（3）橡胶支座的耐火能力。高温对橡胶材料的力学性能有较大影响，随着温度升高，橡胶的力学性能下降，且温度的影响与橡胶材料的成分、硫化温度等相关。例如根据试验，随着硫化温度的升高，各测试温度下硫化橡胶拉伸强度、撕裂强度有下降趋势。由于橡胶支座的高温力学性能受到多种因素影响，应通过试验确认高温下的力学性能。高温环境可以加速橡胶的热氧化，降低橡胶的力学性能，同时还会缩短橡胶的使用寿命。火灾的高温将大大加速橡胶的老化进程，因此除了在设计阶段需要考虑高温的影响，在火灾中未失效的橡胶支座的寿命可能大大缩短，在火灾后需要进行检测。火灾高温对支座最直接的影响是导致支座失效，这方面最直接的试验方法为耐火试验。但是由于耐火设备的差异，目前还没有对各类型支座耐火能力的通用判断方法，需要对每种支座进行试验才可得出耐火能力。以直径 500mm 左右的叠层橡胶隔震支座为例，根据试验和数值模拟结果，在没有任何防火构造措施的情况下，其耐火极限在 1～1.5h，厚型涂料保护的建筑隔震橡胶支座耐火可达 3h。而核电厂其他部分的耐火要求与隔震支座处可能存在较大差异，因此在设计时应注意不同部分结构的耐火要求，若没有防火措施的隔震支座的耐火极限没有达到核电厂要求，应增设防火构造措施或厚涂防火涂料等。

9.3.3　形状系数取值规定

形状系数的计算公式参照《橡胶支座 第 3 部分：建筑隔震橡胶支座》GB 20688.3—2006，但该国标中未涉及第一形状系数的取值范围，仅在表 11 中对不同尺寸的支座第二形状系数进行限制，《隔标》参照《叠层橡胶支座隔震技术规程》CECS 126：2001 第 6.2.3 条的规定及民用建筑中成熟的设计经验，对 S_1、S_2 的范围及设计压应力作了限制。

隔震支座的第一形状系数 S_1，应按下式计算：

$$\text{圆形截面}\quad S_1=\frac{d-d_0}{4t_r}\tag{9-4}$$

$$\text{方形截面}\quad S_1=\frac{4a^2-\pi d_0^2}{2(4a+\pi d_0)t_r}\tag{9-5}$$

隔震支座的第二形状系数 S_2，应按下式计算：

$$\text{圆形截面}\quad S_2=\frac{d}{T_r}\tag{9-6}$$

$$\text{方形截面}\quad S_2=\frac{a}{T_r}\tag{9-7}$$

式中，S_1 为隔震支座第一形状系数；S_2 为隔震支座第二形状系数；d 为橡胶支座的有效直径（mm）；a 为方形截面隔震支座的边长（mm）；d_0 为隔震支座中间开孔的直径（mm）；t_r 为单层内部橡胶的厚度（mm）；T_r 为内部橡胶层的总厚度（mm）。

隔震支座是多层钢板和橡胶片叠合而成的，其整体力学性能由单层橡胶片集合而成。橡胶材料在受拉时会开裂，因此需要用钢板与橡胶胶合，通过钢板的约束作用防止橡胶在受压时出现中部拉应力，如图 9-7 所示。而第一形状系数是控制每层橡胶厚度的形状系数，为单层橡胶的约束面积与自由表面积之比。

由图 9-7 可见，S_1 越大，每层橡胶片的厚度就越薄，受到钢板约束的橡胶片占比就越多。隔震支座在受压时，橡胶中心部分为三轴受压状态的占比更多。S_1 越大，隔震支座的受压承载力越大，竖向刚度也就越大，以保证隔震支座竖向承载力的稳定性。考虑到核电厂建筑自重大、安全性要求高，因此《隔标》中规定核电厂建筑用橡胶支座的 S_1 不宜小于 30，保证支座的竖向性能，但《隔标》第 4 章对于民用建筑的 S_1 没有作具体要求。

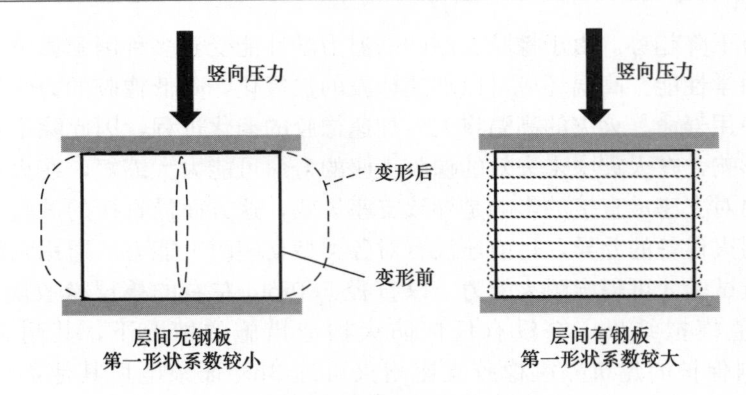

图 9-7　第一形状系数 S_1 对支座的影响

隔震层在地震作用下产生大变形以延长隔震结构的周期，但在竖向荷载作用下，如果隔震支座的水平剪切变形过大，可能导致支座本身不稳定，发生侧翻。第二形状系数 S_2 是控制橡胶支座稳定性的形状系数，为多层橡胶有效直径与橡胶层总厚度之比，即在支座发生大变形的情况下，在压力下不会发生侧翻，如图 9-8 所示。

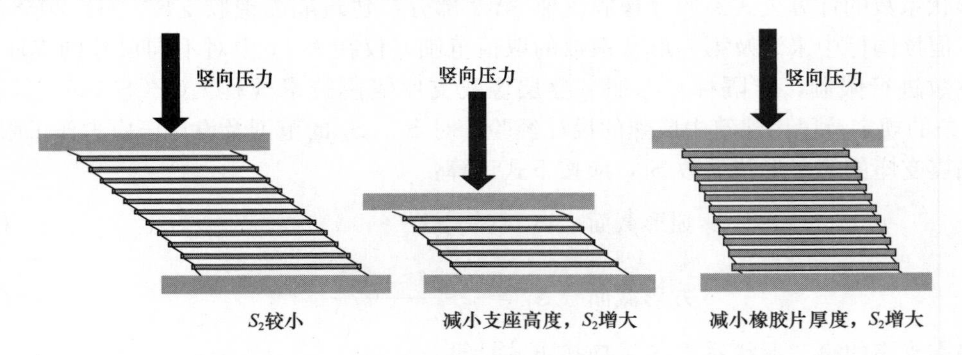

图 9-8　第二形状系数 S_2 对支座的影响

S_2 越大，单层橡胶片就越扁平，整个隔震支座越矮粗，弯曲变形占总变形的比例就越小，隔震支座越不容易出现侧翻。反之，S_2 越小，隔震支座越细高，水平变形较大时稳定性变差。同时，多层橡胶受水平力时，中间钢板不能约束剪切变形，隔震支座的剪切变形为橡胶的剪切变形之和。因此，S_2 越大，隔震支座的水平刚度就越大，太大的水平刚度会限制隔震支座的水平变形能力，从而影响隔震层的耗能能力。因此，在 S_2 较小的情况下，其压应力应受到限制，否则支座整体容易发生侧翻。增大 S_2 可选择高度较小的支座，或减小橡胶层总厚度。

对于 S_2 的要求，《隔标》第 9.2.2 条与第 4.6.3 条 2 款是一致的。第 4.6.3 条 2 款中规定，对于隔震橡胶支座，当第二形状系数（有效直径与橡胶层总厚度之比）小于 5.0 时，应降低平均压应力限值：小于 5.0、不小于 4.0 时降低 20%，小于 4.0、不小于 3.0 时降低 40%；标准设防类建筑外径小于 300mm 的支座，其压应力限值为 10MPa。而第 9.2.2 条中给出表 9-1，表中≤8.0 对应降低 20%，≤6.0 对应降低 40%。应注意的是《隔标》的核电章节中规定，S_2 不宜小于 5.0，未针对外径小于 300mm 的支座，与建筑橡胶支座相比提高了要求。

橡胶隔震支座竖向压应力设计值限值（MPa）　　表 9-1

支座第二形状系数 S_2	$S_2 \geqslant 5.0$	$4.0 \leqslant S_2 < 5.0$	$3.0 \leqslant S_2 < 4.0$
压应力限值	≤10.0	≤8.0	≤6.0

9.3.4　隔震支座检测要求

橡胶隔震支座的检验分为型式检验、出厂检验和进场验收。型式检验和出厂检验应符合《隔标》第 5 章的规定。此外，由于核电厂使用的橡胶隔震支座要求较高，本章对其进行了额外要求。

应用于民用建筑中的隔震支座，当采用新产品或已有产品的规格型号、结构、材料、工艺方法有较大改变时才进行型式检验。鉴于核电厂的安全重要性及敏感性，应用于核电工程的隔震支座无论是新产品还是现有产品都应进行型式检验。其中为了考验支座在超设计基准工况下支座的拉伸性能，宜进行支座的拉伸性能试验。因此《隔标》规定了用于核电厂建筑的各种规格、类型的隔震支座均应专门进行型式检验，并应符合《隔标》第 9.4.1 条的相关规定。

应用于民用建筑中的隔震支座的出厂检验采用随机抽样方式。鉴于核电厂的安全重要性及敏感性，应用于核电工程的隔震支座应全部进行出厂检验，且需要进行第三方出厂检验。检验时应考虑地震荷载组合最大计算压应力下的水平极限应变试验，抽样数量应为每种类型支座不少于 1 个，进行过极限性能检验的样本支座不得在工程中使用。当设计有其他要求时，尚应进行相应的检验。

类似地，当支座在运输、贮存过程中遭遇可能影响支座性能的事件时，应再次进行出厂检验，检测的抽样数量可由设计方确定。

最后，用于核电厂建筑的支座应全部进行进场验收，验收应包括出厂合格证明文件检查、外观质量和尺寸偏差检查。当设计有其他要求时，尚应进行相应的检验。

9.4　楼层反应谱

9.4.1　楼层反应谱规定

核电厂内有多种设备和管道等装置，这些装置通常安装在核电厂建筑结构的不同楼层上，如图 9-9 所示，而建筑结构对地震波输入有放大作用。核电厂内绝大部分设备满足抗震分析解耦准则，可以不与土建结构一起建模计算，因此设备、管道进行抗震设计时，不同楼层上的反应谱就是该楼层设备的振动输入，采用楼层反应谱来考虑建筑对地震波的放大作用。

在核电厂设备的抗震分析中，核电厂建筑通过地震响应分析，计算得到楼层反应谱，或地震动时程曲线，作为核电厂房内安全级设备与管道抗震分析的抗震计算输入数据。此外，不同位置的楼层反应谱不同。楼层反应谱的形状与抗震规范中的场地反应谱有着巨大的差异，其特征一般表现为峰多谷深，如图 9-10 所示。

设备、管道抗震计算也可以采用与楼层反应谱拟合的时程曲线，时程拟合时需满足《核电厂抗震设计标准》GB 50267—2019 的相关要求。

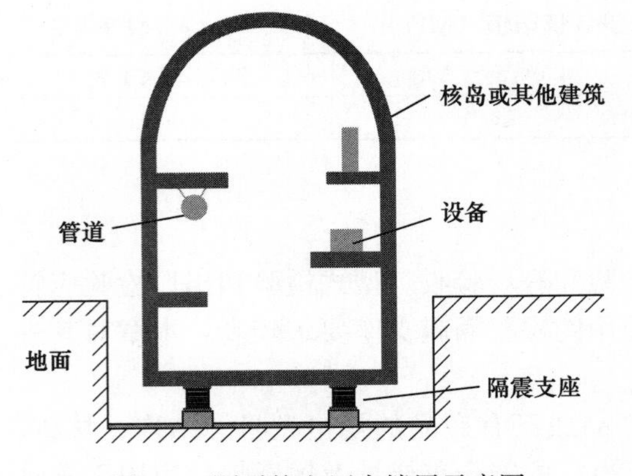

图 9-9　隔震核电厂内楼层示意图

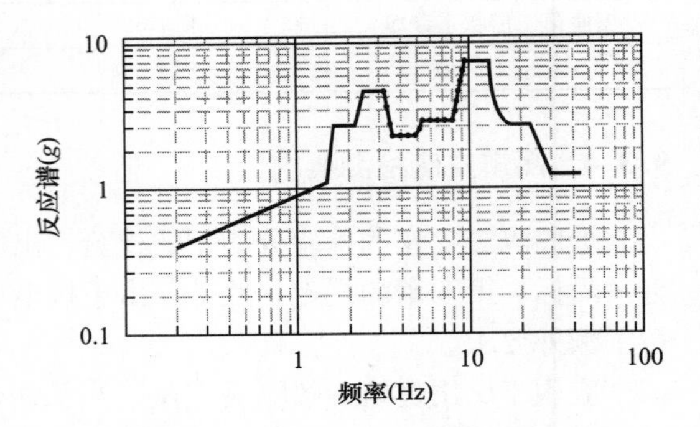

图 9-10　核电厂楼层反应谱和控制点示意图

《隔标》中对楼层反应谱取点位置进行了规定，如表 9-2 所示。此表与《核电厂抗震设计标准》GB 50267—2019 中第 3.4.1 条的楼层反应谱一致。根据表中规定的频率增量 Δf，总点数为 74 个。

反应谱的频率增量（Hz）　　**表 9-2**

频率范围	0.2～3.0	3.0～3.6	3.6～5.0	5.0～8.0	8.0～15.0	15.0～18.0	18.0～22.0	22.0～33.0
频率增量 Δf	0.1	0.15	0.20	0.25	0.50	1.00	2.00	3.00

楼层反应谱可由主结构相应楼层或标高的地震加速度反应时程计算得出。对于如图 9-9 所示的隔震核电厂，不同楼层的放大作用不同，其不同楼层处的楼层反应谱也不相同，因此楼层反应谱需要通过对核电厂结构进行地震反应时程计算，得出各处的楼层反应谱，用于设备和管道的抗震计算。

此外，楼层反应谱应包括两个正交水平方向的谱和一个竖向谱。在抗震计算时，通常需要考虑多向地震动，尤其是具有空间结构、两个水平正交向结构特性不一致的设备和管道系统。在各楼层，由于楼板刚度远达不到真正的刚性要求，且部分设备（如悬吊管道）对竖向震动敏感，因此楼层反应谱应包括两个正交水平方向谱和一个竖向谱。

在生成楼层反应谱时，如果主结构（如反应堆安全壳或厂房）的质量与刚度是对称的，可以采用该方向单独地震输入求楼层反应谱。如果主结构的质量与刚度不是对称的，可以三个方向同时输入，得到楼层反应谱，或者每个方向的楼层反应谱由三个方向地震输入分别计算，然后求在该方向的代数和。

9.4.2　楼层反应谱的调整

楼层反应谱是根据核电厂建筑的有限元计算模型确定的，但计算模型中的许多参数取值与实际可能存在较大误差。例如混凝土的实际刚度、结构的实际质量分布等都具有一定的随机性。如果完全按照计算模型所得的楼层反应谱计算，可能导致楼层谱峰值位置偏离实际值，高估在特定频率处的反应，而低估了其他频率点处的响应。此外，地震动对计算所得的楼层反应谱也有较大影响，可导致楼层谱峰值点偏移。因此，楼层谱的实际峰值点范围可能较广。《隔标》考虑地震动和结构参数的不确定性，对计算楼层反应谱在每个频率点处的加速度值进行拓宽，拓宽范围应按该频率点的±15%考虑。

楼层反应谱根据图 9-11 进行扩宽后，设备或子结构可能有多个特征频率落在楼层反应谱的峰值范围内。当采用 RSS 或 CQC 法考虑多个振型计算时，可能导致结果过大，计算整体过于偏保守。根据工程实践，设备或子结构不太可能有多个特征频率同时在楼层谱峰值范围内，由于考虑不确定性影响扩宽楼层反应谱人为导致设备或子结构反应过大。因此，为了不使计算结果过分保守，设计楼层反应谱可通过平移或延长谱线进行调整，如图 9-12 所示。分别对多个特征频率修正楼层反应谱并进行计算，在不同调整方案中取对子结构综合影响最不利者。

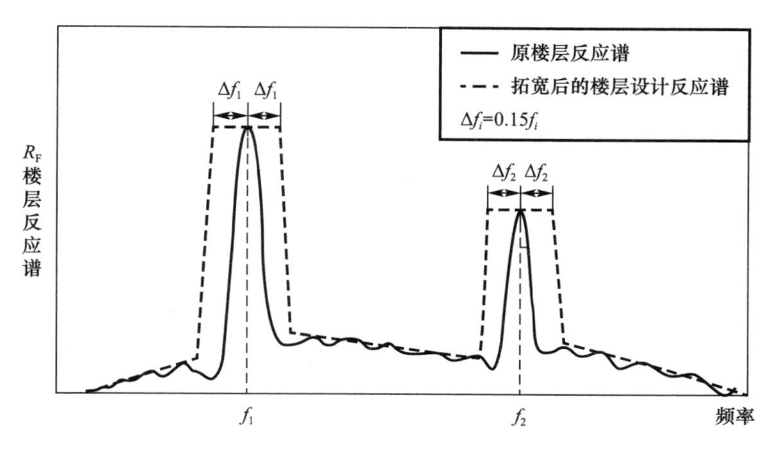

图 9-11　楼层反应谱的拓宽（Δf_i 为峰值拓宽范围）

图 9-12 中，楼层反应谱峰值段共 3 个特征频率点（f_1、f_2 和 f_3），分别进行操作。由于 f_4 位于楼层反应谱峰值段以外，不需要进行此项操作。对 f_1 进行修正时，由于 f_1 在左上升段，修正后的峰值点取平台段最靠近 f_1 处，同时将右上升段平行左移，修正后的峰值段两侧与左右上升段分别平行。对 f_2 和 f_3 进行修正时，修正后的峰值点取 f_2 和 f_3 对应的平台断点，并将左右上升段分别平移至峰值点，修正后的峰值段两侧与左右上升段平行。对 3 种修正后的反应谱计算后，取对设备或子结构最不利的情况作为结果。

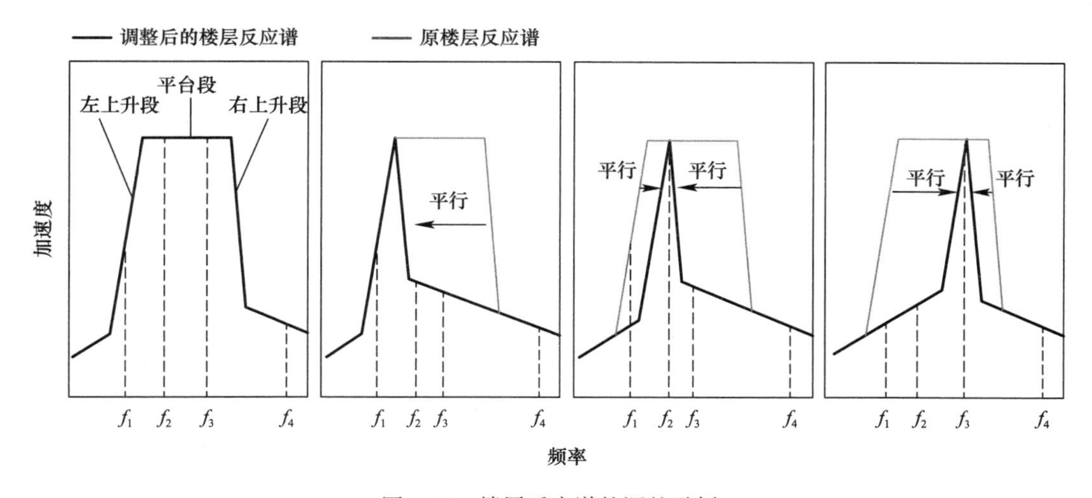

图 9-12　楼层反应谱的调整示例

9.5 核电厂地震监测与报警

9.5.1 地震监测系统布设

由于核电厂对安全性的重大需求，根据《核电厂抗震设计标准》GB 50267—2019，核电厂必须设置地震监测与报警系统，此条为规范强制性条文，必须遵守。且由于地震可能对监测系统造成损伤，地震监测与报警系统在日常使用和遭遇设计基准地震动时应运行可靠，地震报警指标应经充分论证。

地震监测系统的主要目的包括：

（1）记录地震发生时核电厂自由场地面、反应堆、隔震层和上部结构等位置处的实际加速度时程，用于震后检查；

（2）用于震后检查核电厂各项抗震和隔震措施有效性，优化抗震和隔震措施；

（3）根据地震监测数据及时发布预警信息，报告设备的可能故障；

（4）对于隔震核电厂，还需要根据位移计等传感器了解隔震层位移，以及判断是否发生碰撞等情况。

基于以上目的，核电厂的地震监测系统布设传感器和数据采集处理系统，其基本组成部分如图 9-13 所示，包括三轴加速度传感器、位移传感器、记录器、中央处理系统和报警单元。

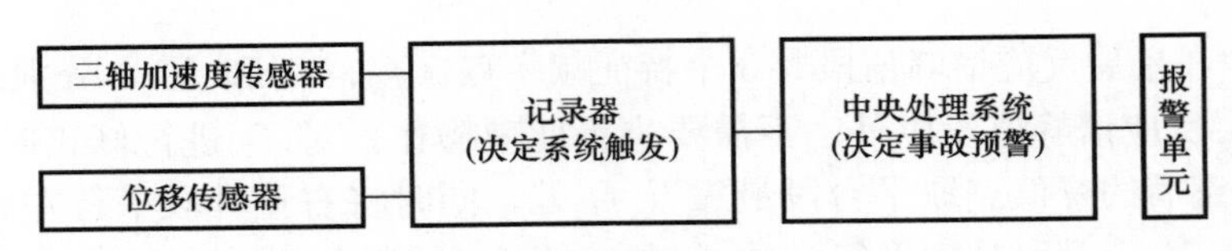

图 9-13　核电厂地震检测系统组成

《核电厂抗震设计标准》GB 50267—2019 中对核电厂结构的传感器布设进行了规定，根据隔震核电厂房的结构特点，《隔标》增加了隔震层处的传感器布设要求。

隔震核电厂的传感器布设要求如表 9-3 和图 9-14 所示。其中，自由地面上需设置一套三轴加速度计系统用于监测地面的加速度，如图 9-14 中①处所示。每个反应堆基础底板需设置一套三轴加速度计系统，用于监测单个反应堆厂房实际受到的地震输入。反应堆停堆即根据基础底板的加速度相应确定，但需要考虑地震动的不确定性，降低误报概率。当涉及多个反应堆时，每个反应堆基础处均设置加速度计，如图 9-14 中②处所示。

隔震核电厂地震监测系统传感器布置最低要求表　　表 9-3

设置位置	传感器类型及数量	备注
① 自由场地面	三轴加速度计 1 个	供系统触发和地震报警使用
⑦ 反应堆基础底板	三轴加速度计 2 个	供系统触发和地震报警使用 用于检测隔震效果
② 厂房基础底板*	三轴加速度计 2 个*	用于检测隔震效果
⑦ 反应堆及厂房地面*	三轴加速度计 2 个*	用于检测隔震效果

续表

设置位置		传感器类型及数量	备注
⑧ 隔震层*		三向位移计 2 对*	监测隔震层位移是否超过限值
反应堆厂房内	③ 设备（或管道）支承处	三轴加速度计 1 个	传感器布设在同一设备的支承处和设备处
	④ 设备（或管道）	三轴加速度计 1 个	
反应堆厂房外	⑤ 抗震Ⅰ类设备设备（或管道）支承处	三轴加速度计 1 个	传感器布设在同一设备的支承处和设备处
	⑥ 抗震Ⅰ类设备（或管道）	三轴加速度计 1 个	

注：* 为《隔标》新添加的要求，其他为《核电厂抗震设计标准》GB 50267—2019 已有要求。

当采用隔震系统时，还要在反应堆及厂房内部地面设置加速度计，如图 9-14 中⑦所示，以监测厂房实际受到的地震输入，并分别与基础底板处的地震输入进行对比（图中②处），可监测隔震层的实际隔震效果。当厂房也进行隔震时，厂房基础底板也需要设置加速度计，此条为《隔标》新加要求。此外，隔震层处需要设置位移计，如图 9-14 中⑧所示监测隔震层变形是否超过防震沟宽度，防止隔震层的上部结构与周边发生碰撞，并监测支座的竖向位移。三向位移传感器可由 3 个单向位移计组成，同时测量双向水平和竖向位移。为了有效对比评价实际地震下的隔震效果，《隔标》额外规定了基础、隔震层、上部结构布置的传感器在水平定位宜一致，且至少应有两组相对应的测点，图 9-14 中②、⑦和⑧组成一组测点，每个反应堆和厂房隔震层应包含以上测点 2 组，进而保证监测数据的可靠度。

核电厂的地震监测系统还需要监测设备和管道处的加速度输入。反应堆内的设备和其他厂房内的抗震Ⅰ类设备（或管道）需要设置加速度计，如图 9-14 中④和⑥所示。如设备（或管道）有支承结构（如支架、吊架等），在支承结构上也要设置加速度计，测量支承结构的加速度放大效应，如图 9-14 中③和⑤所示。应注意的是，传感器也需要监测楼层对地震波的放大作用。如图 9-14 所示，反应堆中放置在地面的设备仅需布设自身的加速度计④，但带有抗震Ⅰ类设备的厂房中二层楼面的设备则需要同时布置⑤和⑥。

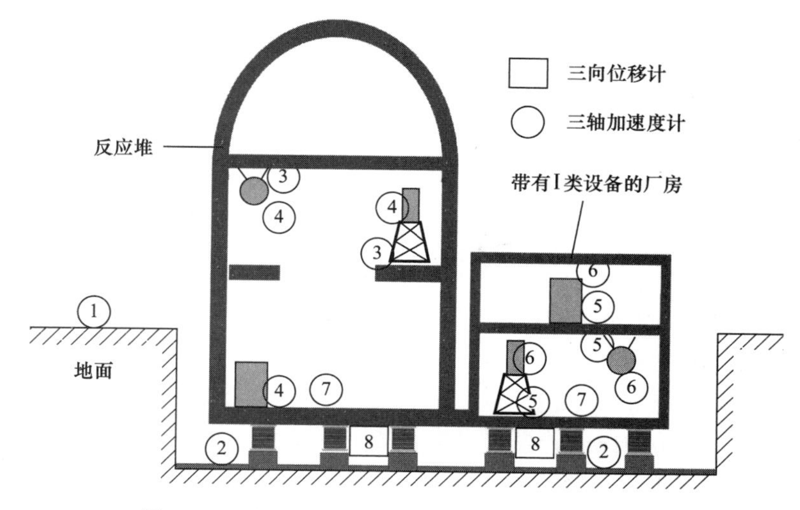

图 9-14　隔震核电厂地震监测系统传感器布设要求

9.5.2 传感器要求

除了布设要求外，对传感器的安装和技术参数也有一些要求，《隔标》中参考《核电厂抗震设计标准》GB 50267—2019 中传感器的要求。加速度和位移传感器应设置在能确保自身正常工作、便于安装和检修的位置，且不影响核电厂运行。由于地震监测系统和隔震装置需要日常检修，因此需要布置足够的检修空间。此外，加速度传感器要满足系统促发和地震报警功能，同时应远离建筑内运行的机械设备、使用频繁的通道等振源。

加速度传感器应锚固于设置点，防止松动。并设防护罩，应避免周边结构的破坏危及传感器的完整性和技术性。设置在自由场的加速度传感器应有锚固墩，且有防雷、防雨、防潮、防电磁干扰等措施。位移传感器通常由两部分组成，如激光位移计由激光发射装置和反射装置组成，分别设置在隔震层的上下板处，因此应设置尺寸更大的保护装置。

《隔标》要求整个核电厂内不同建筑和位置的监测传感器及数据采集系统采用同一套系统，以排除系统不同造成的干扰。

三轴加速度传感器的具体参数要求根据《核电厂抗震设计标准》GB 50267—2019 为：

（1）动态范围不低于 100dB；

（2）在 DC 至 80.0Hz 频段有平直的响应曲线且具有线性相移特性，或通过校正计算得到的加速度记录具有上述特性；

（3）黏滞阻尼常数在 55%～70%范围内；

（4）在 DC 至 80.0Hz 频段内无伪共振现象；

（5）竖向加速度传感器的横向灵敏度不超过 1%；

（6）最大量程不低于 2g；

（7）在相应工作环境（包括温度、湿度、压力、振动和放射性等）下，传感器总体测量误差不大于全量程的 5%，线性度变化在全量程的±1.5%或 0.01g 以内。

数据记录器的具体参数要求根据《核电厂抗震设计标准》GB 50267—2019 为：

（1）记录数据存储于非易失性介质；

（2）动态范围不低于 100dB；

（3）具备可靠的触发功能，不发生误触发和漏触发，触发阈值可在 0.005g～0.02g 范围内依需求设置；

（4）在 DC 至 80.0Hz 频段有平直的响应曲线，且具有线性相移特性；

（5）具备预存储、零位显示和 GPS 校时功能；

（6）具备 24h 以上自供电能力（包括对传感器供电）。

位移计的具体参数要求为：

（1）动态范围不得低于 100dB；

（2）分辨率不低于 0.01mm，最大量程不低于±500mm；

（3）应确保在相应工作环境（包括温度、湿度、压力、振动和放射性等）下，重复性不大于 0.05mm，线性度应在全量程的±1%以内。

9.6　核电厂隔震案例

由于核电厂建筑核安全相关物项的隔震设计涉及保密等事宜，为此，本章以某核电厂应急指挥中心作为隔震案例。

9.6.1　隔震层设计

某核电厂一期工程应急指挥中心，地上建筑高度9.3m；地下1层（包括隔震层），地上2层。上部结构形式为剪力墙结构，建筑类别甲类，所在地区抗震设防烈度为6度。设计地震分组第一组，场地类别Ⅱ类，场地特征周期0.25s。

隔震层设置在基础顶面，采用橡胶隔震支座组成隔震层，根据结构柱子的轴力及规范对甲类建筑支座长期面压的限制，对支座进行选型。图9-15为隔震结构叠层橡胶支座的平面布置图，图9-16为橡胶支座布置示意图。

隔震层共布置43个橡胶隔震支座，共选择4个型号。其中LRB600共7个，LNR600共3个，LRB500共17个，LNR500共16个。隔震结构屈重比为2.3%，支座长期面压最大值小于10MPa，偏心率小于3%，满足抗风要求，隔震层布置合理。隔震支座性能设计值见表9-4。

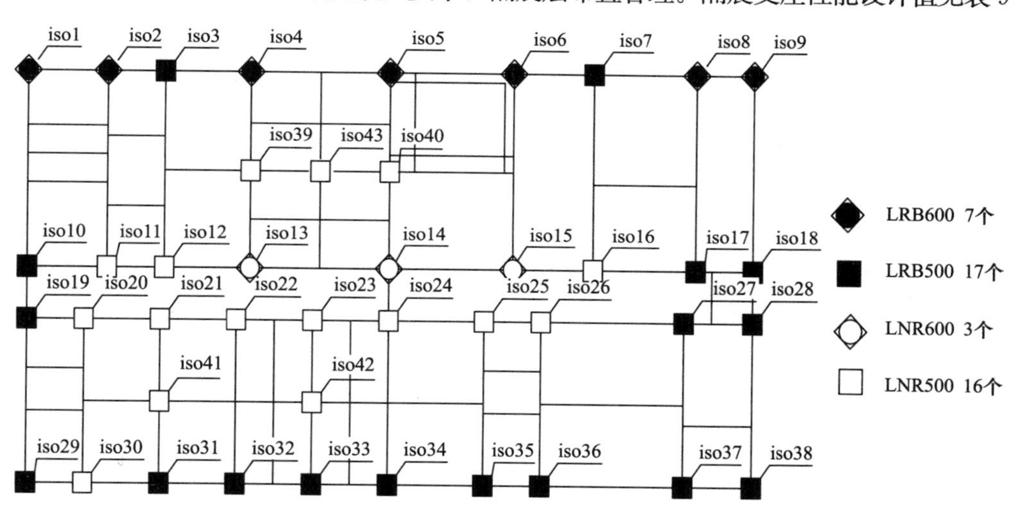

图9-15　核电厂应急指挥中心隔震层支座平面布置图

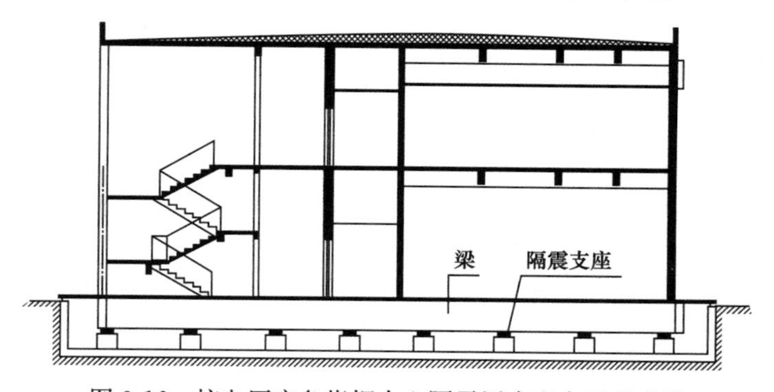

图9-16　核电厂应急指挥中心隔震层支座布置示意图

橡胶隔震支座设计值 表 9-4

性能	参数	单位	LNR600	LBR600	LNR500	LBR500
剪切模量	橡胶 *G* 值	MPa	0.392	0.392	0.392	0.392
形状参数	支座外径	mm	620.0	620.0	520.0	520.0
	支座总高	mm	267.5	267.5	226.1	226.1
竖向性能	标准面压	MPa	10.0	10.0	10.0	10.0
	竖向刚度	kN/mm	2092	2445	1576	1866
水平性能	屈服后刚度	kN/mm	0.909	0.929	0.757	0.772
	屈服力	kN	—	90.2	—	50.7
极限性能	最大水平位移	mm	480.0	480.0	350.0	350.0

9.6.2 隔震效果

采用核电厂 RG1.60 标准谱拟合得到的 6 组地震波作为地震动输入，隔震前后结构前三阶自振周期和质量参与系数见表 9-5，隔震后结构基本周期由 0.0821s 增加到 2.2799s。结构隔震前后，前 60 阶振型的质量参与系数均已达到 90%以上，满足规范要求。

隔震前后结构动力特性对比 表 9-5

振型号	非隔震结构			隔震结构		
	周期	质量参与系数（%）		周期	质量参与系数（%）	
		X 向	*Y* 向		*X* 向	*Y* 向
1	0.0821	0.0769	74.4610	2.2799	99.9497	0.0430
2	0.0700	77.9857	0.0842	2.2723	0.0459	99.1280
3	0.0666	9.0722	0.0163	2.0371	0.0044	0.8289

隔震上部结构 *X* 向层间剪力对比分析见表 9-6。隔震结构层剪力与非隔震结构层剪力比最大值为 0.26，上部结构的减震效果达到 74%。

上部结构 *X* 向层间剪力对比分析 表 9-6

楼层号	*X* 向层间剪力对比分析						
	隔震结构层间剪力（kN）			非隔震结构层间剪力（kN）			剪力比
	S1XS2YSZ	S2XS1YSZ	平均值	S1XS2YSZ	S2XS1YSZ	平均值	
2	3090	3043	3066	13167	13827	13497	0.23
1	6262	5896	6079	22718	23599	23158	0.26
隔震层	9209	9096	9153	33795	34679	34237	

在水平向 0.33*g* 和竖向 0.22*g* 为峰值的地震作用下，隔震后上部结构 *X* 向、*Y* 向层间位移角最大值为 1/22727，满足规范关于剪力墙结构罕遇地震作用下层间弹塑性位移角限值要求。隔震结构隔震层的最大水平位移为 259mm，小于隔震层最大容许位移为 275mm，隔震层最大位移满足支座最大容许位移的要求。

隔震支座的面压由长期面压和短期面压分别控制，长期面压考虑了重力荷载代表值的作用。短期面压同时考虑了水平地震的作用。短期极大面压的轴力计算为：1.2×恒载＋0.5×活载＋地震作用产生的最大轴力。短期极小面压计算公式为：1.0×恒载＋0.5×活载－地震作用产生的最大轴力。在水平向 0.33*g* 和竖向 0.22*g* 为峰值的地震作用下，支座短期极大面压为 14.6MPa，短期极小面压为 4.68MPa，满足规范要求。

由以上分析可知：

（1）在水平向 0.33g 和竖向 0.22g 为峰值的地震作用下，隔震结构层剪力与非隔震结构层剪力比最大值为 0.26，隔震效果明显，上部结构可降低 1 度进行计算。

（2）在水平向 0.33g 和竖向 0.22g 为峰值的地震作用下，上部结构层间位移角最大值为 1/22727，满足《建筑抗震设计规范》GB 50011—2010 关于剪力墙结构层间弹塑性位移角限值的要求。在 0.33g（水平向）+0.22g（竖向）为峰值的地震作用下，隔震层最大位移为 259mm，均满足支座最大容许位移的要求。

9.6.3　隔震后楼层反应谱

除计算隔震支座的隔震效果外，还需计算各设备处的三向楼层反应谱。在 0.16g 或 0.11g 峰值地震作用下，结构 0m 标高处楼层反应谱观测点位置见图 9-17，根据实际结构该区域的设备要求进行选取，0m 层共取 5 个点，分布在 A、B、C、D、E 区。

为了考虑输入参数、结构模型和计算方法上的不确定性引起的结构主频不确定，根据《隔标》对结构的楼层反应谱在峰值处拓宽 15%。楼层反应谱计算时，共选取 5 种阻尼比，分别为 0.02、0.04、0.05、0.07、0.10，此处只给出阻尼比在 0.04 时暖通冷水机组所在楼层的楼层反应谱作为示例。

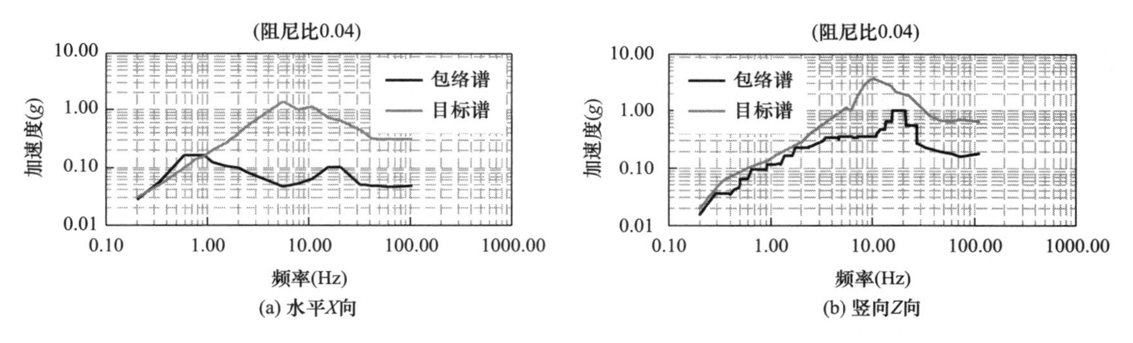

图 9-17　暖通冷水机组地震反应谱包络谱与目标谱比较

第10章　既有建筑和历史建筑的隔震加固设计

10.1　概述

随着我国的社会进步和经济水平不断提高，建筑业的发展突飞猛进，既有建筑的存量与日俱增。根据国家统计局数据和中国建筑科学研究院测算，我国目前既有建筑面积约800亿m^2，其中很大部分建筑将陆续进入抗灾能力弱、使用功能差的“中老年”期。经过几十年的科学研究和工程实践，针对建筑抗震性能，我国在既有工程领域已制定了《建筑抗震鉴定标准》GB 50023—2009[46]和《建筑抗震加固技术规程》JGJ 116—2009[47]，形成了多种常用的传统抗震加固方法，如增设抗震墙、修补灌浆、面层加固（砌体结构）、增大截面、外加预应力和粘贴钢板等方法；近30年来隔减震加固技术用于现有建筑抗震加固也已有较多成功案例。《建设工程抗震管理条例》第二十一条也明确提出“位于高烈度设防地区、地震重点监视防御区的学校、幼儿园、医院、养老机构、儿童福利机构、应急指挥中心、应急避难场所、广播电视等已经建成的建筑进行抗震加固时，应当经充分论证后采用隔震减震等技术，保证其抗震性能符合抗震设防强制性标准。”

另一方面，五千年的文明发展也使得我国拥有大量历史建筑，它们不仅具有一般既有建筑的特点，还具有其特殊性、多样性和复杂性，形成了一个特殊的建筑群体，在保护、使用和加固方面不仅要满足前述标准的要求，还要满足《近现代历史建筑结构安全性评估导则》WW/T 0048—2014[48]等相关要求。

10.1.1　既有建筑的隔震加固

既有建筑物加固是根据建筑物的鉴定结论，针对建筑物的缺陷和损坏进行修复，以恢复或提高建筑物的安全性和耐久性的过程，具体流程包括抗震鉴定、加固设计、加固施工、验收等步骤。

传统加固方法本质上是通过增强结构的抗侧能力、延性及整体性能来“硬抗”地震输入给结构的能量，存在一些问题和不足[49]如：施工会对原有结构物及周边环境带来较大影响；柱截面增大或增设抗震墙、普通钢支撑之类的抗侧力构件将导致建筑平面布置改变，或导致大量的梁截面尺寸不足，或梁端配筋不足等问题；使得施工周期长、施工面积大，同时也会对原结构造成部分损伤。

采用隔震加固技术则具有以下优越性：(1) 提高建筑结构的抗震能力；(2) 不影响上部建筑结构的正常使用；(3) 不仅保护建筑结构，而且保护建筑内的仪器设备；(4) 对于重要建筑，通过对建筑物进行隔震改造加固，其造价一般比传统抗震加固方法造价低得多[50]。

隔震加固技术用于现有建筑抗震加固在国内外已有较多成功案例。最早的实际工程案例是美国盐湖城大厦，该建筑始建于 1894 年，共 12 层，在 1934 年的地震中受到局部破坏，于 1989 年采用了橡胶支座隔震的加固方案。自此越来越多的国家开始采用此技术对已有建筑进行抗震加固（图 10-1～图 10-5）。

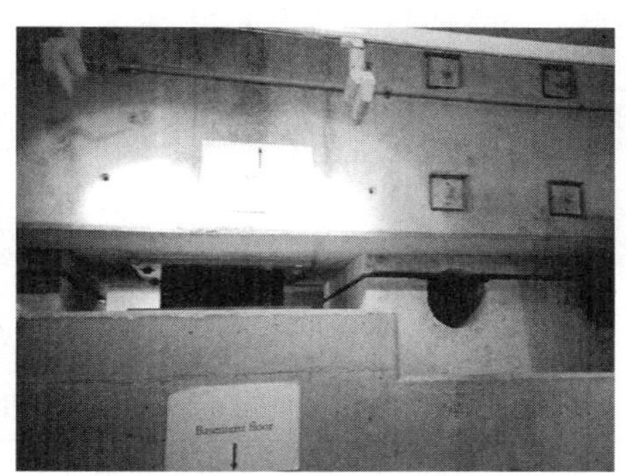

图 10-1　新西兰议会大厦外观及隔震层照片

图 10-2　日本汤和研修所外观及隔震示意图

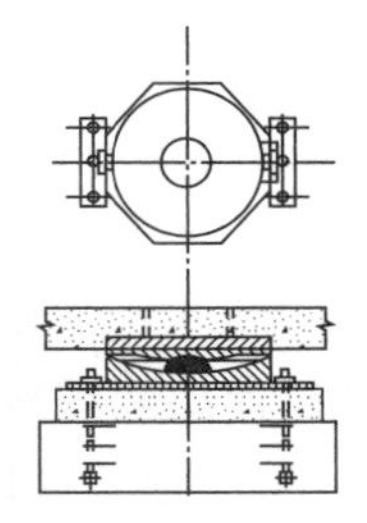

图 10-3　1993 年旧金山标志性建筑美国上诉法院首次采用单凹面摩擦摆隔震支座进行隔震改造

图 10-4　旧金山政府大厦外观及隔震层照片

图 10-5　洛杉矶政府大厦外观及隔震层照片

隔震加固的典型建筑[51]　　**表 10-1**

序号	名称	国家	加固时间	建筑面积（m^2）	隔震装置
1	盐湖城政府大楼	美国	1988	16000	铅芯橡胶支座
2	矿业学校	美国	1993	4700	高阻尼橡胶支座
3	加州法院	美国	1994	33000	摩擦型隔震支座
4	旧金山政府大厦	美国	1993	5600	高阻尼橡胶支座
5	亚洲艺术博物馆	美国	—	16000	铅芯橡胶支座
6	洛杉矶政府大厦	美国	—	82000	高阻尼橡胶支座
7	联合国大厦	美国	1993	32000	铅芯橡胶支座
8	旧金山海军总部	美国	1991	1900	摩擦型隔震支座
9	奥克兰政府大厦	美国	1995	14000	铅芯橡胶支座
10	长滩医疗中心	美国	1995	33000	铅芯橡胶支座
11	惠灵顿议会大厦	新西兰	1994	26500	铅芯橡胶支座、滑动隔震支座
12	惠灵顿议会图书馆	新西兰	1994	6500	铅芯橡胶支座、滑动隔震支座
13	姬路信贷银行总行	日本	2000	—	叠层橡胶支座、阻尼器
14	东京 DIA 大楼	日本	2001	—	叠层橡胶支座、黏滞阻尼器
15	关西大学千里山校区实验楼	日本	2001	—	叠层橡胶支座、滑动隔震支座、油压阻尼器

新西兰早在 1994 年就采用隔震技术对惠灵顿议会大厦进行加固改造；日本在 1999 年开始使用隔震技术对既有建筑、古建筑进行加固改造，包括古寺庙、政府大楼、学校在内的 17 座建筑应用了隔震方法进行加固，效果良好。

近年来我国已完成近万栋隔震项目的建设，包括高层剪力墙隔震建筑、高层框架隔震建筑、高层框架-筒体结构，最高的隔震结构为 119.1m，最大的高宽比为 5：1，建成了世界最大的单体隔震建筑。在隔震加固方面，2008 年对济南的宏济堂进行了平移及隔震加固改造，选用了联合隔震系统，共使用了 38 个叠层钢板橡胶支座和 36 个摩擦滑移支座。南京博物馆老大殿整体抬升 3m 的同时，对该建筑进行了隔震加固改造，取得 3 项世界纪录。2013 年，上海市某寺庙内的大雄宝殿采用联合隔震系统进行了隔震加固改造[51]，该大雄宝殿已有近百年历史，是一栋仿宋代宫殿风格的建筑，加固工程采用了 14 个叠层橡胶支座和 6 个弹性滑移支座。2013 年，上海市长宁区某历史保护性建筑也采用隔震技术进行加固改造。在山西省忻州市，4 所中学的砖混结构和钢筋混凝土框架结构教学楼进行隔震加固，总面积达 10 万 m^2[57]（图 10-6、图 10-7）。

相比隔震加固，消能减震加固技术适用于木构架、钢筋混凝土框架、钢框架等侧向刚度相对较小的建筑结构类型，通过耗能机制对建筑结构主体提供保护。

图 10-6　忻州十中主教学楼外观及隔震加固照片[57]

10.1.2　历史建筑的加固原则

早在 1928 年，我国即从政府层面颁布了《名胜古迹文物保存条例》。新中国成立后，中央政府于 1961 年颁布了《文物保护管理暂行条例》。之后，又于 1981 年颁布实施了《文物保护法》，历史建筑的保护逐步得到重视[53]。

图 10-7　边施工边上课的隔震加固教室[57]

根据国务院 2008 年颁布的《历史文化名城名镇名村保护条例》，历史建筑是指经城市、县人民政府确定公布的具有一定保护价值，能够反映历史风貌和地方特色，未公布为文物保护单位，也未登记为不可移动文物的建筑物、构筑物。

历史建筑结构类型包括砖混结构、钢筋混凝土结构、木结构、钢结构、土石结构等，建成年代一般较为久远，建造时未进行抗震设防，且建筑结构材料性能存在老化问题。同时，历史建筑在长时间的使用过程中，大多会经历建筑功能改变和装修改造。在改造过程中，常会对主体结构进行拆改，也会导致结构抗震性能的恶化，因此一般的历史建筑抗震性能相对较差，需进行抗震加固。

历史建筑抗震加固所采用的技术及方法来源于普通既有建筑工程的抗震加固，而其要求高于普通建筑，其技术难度和实施难度也明显高于普通建筑。历史建筑抗震加固一般是针对性解决抗震薄弱问题，提升建筑抗震性能的整体加固。抗震加固往往是历史建筑整体修缮、改造的一项内容[54]。需遵循的原则为：应保持风貌不变，以内部加固为主，不应改变具有典型特征的结构形式，尽量实现加固的可识别与可逆[54]。由于历史建筑的重要性，其抗震加固方案一般情况下还需要进行专项论证和评审。

由于隔震技术可明显减小加固范围，能更有效保护建筑风貌，加固方法本身具有可识别、可逆的特征，因此更适用于历史建筑的抗震加固，特别适用于砖混、钢筋混凝土等侧向刚度较大的结构类型。采用基础隔震技术时，还可减少室内装修的破坏量，在需要保护房屋内部风貌时，有明显的优势[54]。

10.1.3　既有建筑和历史建筑的隔震加固设防目标

与新建建筑的隔震设计设防目标不同，既有建筑隔震加固后的基本抗震设防目标与国家标准《建筑抗震设计规范》GB 50011—2010（2016 年版）相同：

当遭受低于本地区抗震设防烈度的多遇地震影响时，主体结构不受损坏或不需修理可继续使用；当遭受相当于本地区抗震设防烈度的设防地震影响时，可能发生损坏，但经一般性修理仍可继续使用；当遭受高于本地区抗震设防烈度的罕遇地震影响时，不致倒塌或发生危及生命的严重破坏。

这样既有建筑的隔震加固不需要对上部结构进行大量加固，避免了对既有建筑上部较大的损伤和较高的费用，有利于隔震技术在既有建筑中的推广应用。

对于某些历史建筑，地震造成的经济及人文财产的损失往往是巨大的，需要特别重视，可以采用基于性能目标的抗震设计方法。根据历史建筑的历史性、艺术性和科学性，对结构构件抗震性能和建筑构件以及建筑附属设备等提出相应的性能目标，并以此作为加固依据[52,55]。

根据历史建筑安全性评估导则，对于近现代历史建筑，按其保护级别，其抗震性能评估应符合下列要求：

（1）抗震验算宜按当地抗震设防烈度的要求采用，构造可按当地抗震设防烈度的要求适当放松；

（2）近现代历史建筑重点保护部位的局部结构，其抗震构造应按当地抗震设防烈度的要求采用。

10.1.4　设计基准期的确定

随着时间的推移，既有建筑加固后的后续使用年限，不再以国家标准《建筑抗震鉴定标准》GB 50023—2009 中的标准作为划分依据，不能简单地采用 50 年或 100 年，应根据具体的个案要求经相关部门一同讨论确定其后续使用年限，并以此作为荷载取值依据，对荷载和地震作用进行调整。历史建筑的保护与加固是一个循序渐进和循环的过程，历史建筑应有与其保护相适应的目标使用年限。

10.2　既有建筑的隔震加固设计

1. 既有建筑按多遇地震验算

由于既有建筑的隔震加固不需要对上部结构进行大量加固，上部结构构件的承载力验算中折减水平地震作用为 1/3。

对后续使用年限少于 50 年的 A 类房屋建筑，抗震加固的承载力调整系数 γ_{Rs} 是在抗震承载力验算中体现既有建筑抗震加固标准的重要系数，其取值与国家标准《建筑抗震鉴定标准》GB 50023—2009 中抗震鉴定的承载力调整系数 γ_{Ra} 相协调，除加固专有的情况外，取值完全相同。

对于 B 类建筑，宜仍采用国家标准《建筑抗震设计规范》GB 50011—2010（2016 年版）

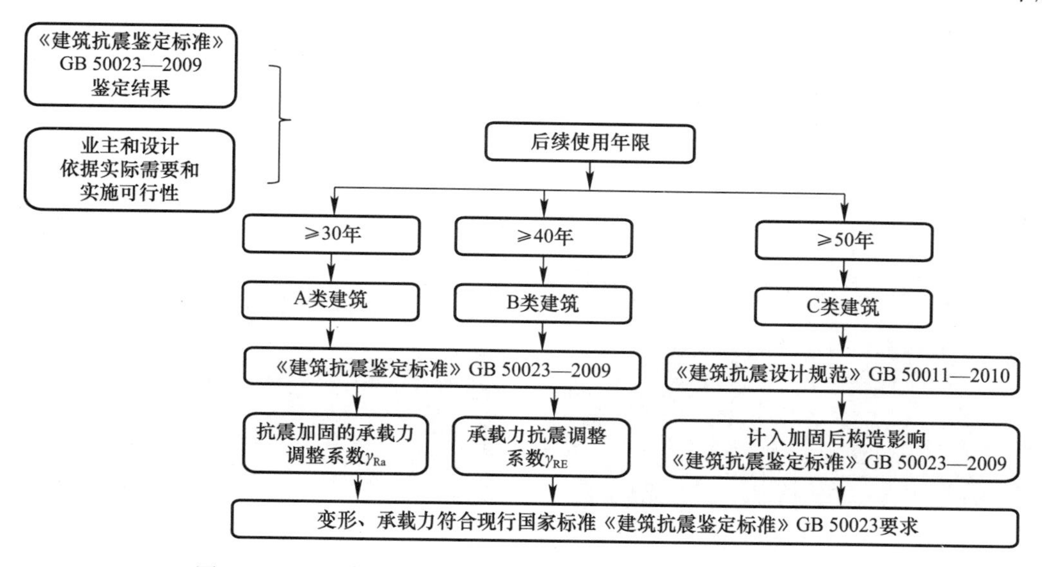

图 10-8　既有建筑隔震加固上部结构抗震验算要点流程示意图

中的“承载力抗震调整系数 γ_{RE}”。

2. 验算要求

既有建筑经隔震加固，按《隔标》第 10.2.5 条进行调整后，应符合现行国家标准《建筑抗震鉴定标准》GB 50023 抗震鉴定与加固相关标准的变形、承载能力及抗震措施的要求。有特殊要求的，可提出更高的性能设计目标。

抗震措施：既有建筑隔震后，上部结构的抗震措施，可按底部剪力比及相应地震烈度确定，加固结构的抗震措施不能低于 6 度或者 4 级的要求。

3. 构造措施

既有建筑进行隔震加固，可采用加强结构抗震整体性的构造措施。对于没有设置构造柱、圈梁的砌体结构，按《建筑抗震鉴定标准》GB 50023—2009 的要求设置构造柱、圈梁；预制装配式楼板可考虑通过角钢等轻质加固手段，增加楼板的搁置长度以及整体性。

4. 考虑构造措施影响

《建筑抗震鉴定标准》GB 50023—2009 中 B 类建筑反应谱、构件材料强度与《建筑抗震设计规范》GB 50011—2010 不同，沿用了《建筑抗震设计规范》GBJ 11—89 数值，所以应按《建筑抗震鉴定标准》GB 50023—2009 进行抗震验算，验算方法采用楼层综合强度指数法。

验算时宜计入加固后仍存在的构造影响。如由于隔震层的现浇混凝土梁板具有一定的厚度，将显著增加传至基础的荷载；同时，若上部结构存在构件加固或装修改造并引起荷载显著增加时，应将该部分的荷载增量一并考虑。

5. 隔震加固托换

基础托换是成熟的结构设计施工技术。用隔震技术加固已有建筑物的主要环节是，对隔震层下部结构及基础进行加固，对上部结构采用托换技术使之形成刚性底盘，把隔震支座安全有效地植入被加固建筑物的设计位置，并保证支座与构件连接牢靠，使隔震层的作用得以发挥[56]（图 10-9）。托换施工内容包括：基础加固；托换体系施工；安装隔震支座；隔震构造施工；荷载托换与结构分离的施工；观测点布置与测量。

需要注意保证的是，整个隔震结构在隔震支座层上下完全断开，上部结构与周边完全脱开并需要有一定的位移空间。

(a) 地下墙体开洞

(b) 托梁及抬梁施工

图 10-9　基础隔震加固施工步骤示例[54]（一）

(c) 支座安装

(d) 支座上下支墩施工

图 10-9　基础隔震加固施工步骤示例[54]（二）

10.3　历史建筑的隔震加固设计

根据历史建筑的加固原则，要保持历史建筑的风貌和典型特征的结构形式，历史建筑基本上只能对其地基基础进行加固，上部结构无法达到新建建筑、既有建筑的标准。因此历史建筑隔震后，建筑抗震性能可略低于既有建筑。

历史建筑结构承载力验算时，其荷载取值可考虑不同加固安全等级的要求。

（1）永久荷载应按现行荷载规范取值，若历史建筑中所用材料和构造方式在现行设计中已不再采用，应以实测为准。

（2）在可变荷载取值中，对于三级建筑加固，当有可靠控制措施时，可按实际使用荷载确定，但不得低于现行规范标准值的 80%。

当原结构整体或局部存在倾斜时，应根据其安全等级、倾斜量及发展稳定性，判断其对整体安全和使用功能的影响，必要时在隔震加固前可采用纠偏处理。

对于有些加固难度较高、有特殊保护要求的历史建筑，可以采用持久的观测及维护方法来保护。通过定期对结构构件和房屋整体的检查和检测，如：木结构构件的白蚁、潮湿和腐朽状况，铁质构件的锈蚀和破裂，砌体的风化和开裂，房屋整体的倾斜和变形等，并采取一定的方式进行表面防腐或减小使用荷载来达到保护目的。进行日常维护可以避免更严重问题的发展。

第 11 章　村镇民居建筑

11.1　一般规定

11.1.1　适用范围

本章适用于采用简易隔震支座作为隔震层的村镇民居建筑，即村镇地区一般不超过 3 层的框架结构和砌体结构房屋。简易隔震支座一般为质量较轻、无需使用起重设备施工、无需采用复杂连接构造的隔震支座。其造价普遍较低，外观形状可为矩形或圆形。简易隔震支座平面尺寸一般与砌体墙厚一致或略大，长边不限。

11.1.2　村镇民居建筑高宽比

村镇民居建筑普遍层数较低，高宽比较小。由于简易隔震与结构连接没有传统隔震支座的连接可靠，须避免支座与上下部结构脱开，因此对村镇民居结构的高宽比采取了更严格的限制。

11.2　房屋隔震设计要点

11.2.1　隔震设计简化计算方法

村镇民居建筑普遍层数少，上部结构刚度较大，其隔震分析模型可简化为单自由度体系，根据基本周期和《隔标》第 4 章的地震影响系数曲线计算其水平地震作用。对于村镇民居建筑，隔震后其底部剪力比不应大于 0.5，《隔标》公式（11-2）中 0.5 为村镇民居建筑隔震后的底部剪力比的设计最大值。

村镇民居建筑隔震前后的底部剪力比根据《隔标》第 4 章的地震影响系数曲线计算可得：

$$\beta=\frac{\alpha G_{\mathrm{eq}}}{\alpha_{\max}G_{\mathrm{eq}}}=\frac{\alpha}{\alpha_{\max}}=\left(\frac{T_{\mathrm{g}}}{T}\right)^{\gamma}\eta\leqslant 0.5 \tag{11-1}$$

对于村镇民居建筑隔震后的底部剪力比的设计最大值放宽为 0.5，由上式反推得到隔震后体系的基本自振周期为：

$$T_1>\frac{T_{\mathrm{g}}}{(0.5/\eta)^{1/\gamma}} \tag{11-2}$$

11.2.2　隔震支座的相关规定

简易隔震支座有效边长一般指支座变形方向的边长。当简易隔震支座经受过大的变形时可能会出现翘曲翻滚而失稳的现象，根据广州大学工程抗震研究中心对简易隔震支座的试验结果，极限水平位移值能满足本规定限值要求。

村镇民居建筑的楼层不高，重量也轻，圈梁或者柱截面均较小，采用过大截面尺寸的支座，其水平刚度较大，单个支座所承担的竖向面压也较小，且并不能达到较好的隔震效果，因此，需采用截面尺寸较小的支座，一般根据圈梁或者柱尺寸的模数确定支座尺寸，同时规定其竖向面压不超过 5MPa，可以使支座具有较合适的水平刚度的同时具有较好的竖向承载力。

简易隔震支座的第二形状系数规定不应小于 3，同时也规定了支座边长或直径不应小于 200mm，隔震橡胶支座的第二形状系数用来表征支座的高宽比，一般情况下，S_2 越大，隔震橡胶支座越矮胖，稳定性越好，但其水平刚度会增加。

选用简易隔震时，其支座类型不宜过多。

11.2.3　村镇民居建筑的隔震设计流程

（1）根据建筑结构的面积、层数等计算确定结构本身质量（或自重）；

（2）根据式（11-2）可计算得到采用简易隔震技术时的最小隔震周期；结合《隔标》式（11.2.1-1）隔震后结构基本周期及建筑质量（或自重），反算最小隔震周期对应的结构隔震层的最大刚度；

（3）根据村镇民居建筑的设防烈度、建筑面积、层数和墙体布置，拟选用简易隔震支座类型，初步估算所需简易隔震支座的数量；

（4）对于砌体结构，隔震层在罕遇地震作用下的水平位移可按下式计算：

$$\mu_c = \lambda_s \alpha_1(\zeta_{eq}) G / K_h \tag{11-3}$$

式中，K_h 为隔震层的水平等效刚度；λ_s 为近场系数，具体数值按照《隔标》的相关规定取值；$\alpha_1(\zeta_{eq})$ 为罕遇地震作用下的地震影响系数值，根据隔震层参数按前述反应谱取值；且其罕遇地震作用时水平位移最大值不应大于简易隔震支座 $2.5T_r$，其中 T_r 为简易隔震支座中橡胶层总厚度。

11.2.4　村镇民居建筑隔震层布置原则

村镇民居建筑的隔震层应设置在上部结构与基础之间。橡胶隔震支座摆放的位置为受力较大位置，其规格、数量和分布，应根据竖向承载力、侧向刚度以及阻尼的要求通过计算确定。隔震层在罕遇地震下应保持稳定，不宜出现不可恢复的变形。隔震层在罕遇地震作用下，不宜出现拉应力。隔震支座的布置和选型原则如下。

隔震支座的布置原则：（1）纵横向承重墙的交接处；（2）独立柱、承重墙下；（3）其他需要设置隔震支座的部位，如楼梯间等。

隔震支座的选型原则：（1）隔震支座类型不宜过多；（2）隔震支座所承受的面压不宜超过其限值，简易隔震支座其设计面压为 5MPa。

简易隔震支座的布置可参照图 11-1，隔震层构造可参照图 11-2。

11.2.5　村镇民居隔震建筑隔震层工艺

（1）先浇筑下圈梁，隔震支座可于下圈梁浇筑初凝前置于其上，按压固定，或在下圈梁凝固后，涂抹结构胶连接。安装时可使用橡皮锤或木槌敲打，且敲打位置尽可能控制在保护层橡胶较厚处。支座安装后，其每个支座的平整度不大于 1/300。

（2）支座置于下圈梁后，在支座四周放置可压缩挡件，支模浇筑上圈梁。

（3）两支座之间上、下圈梁之间的空隙处理方式为无隔震橡胶支座处砌一皮砖，上、下圈梁之间的空隙采用泡沫塑料板填充，施工时充当浇筑上圈梁时的底模板，无需施工后拆卸，简单方便。

（4）可压缩挡件的尺寸应与支座最大允许变形一致，一般不小于 120mm。

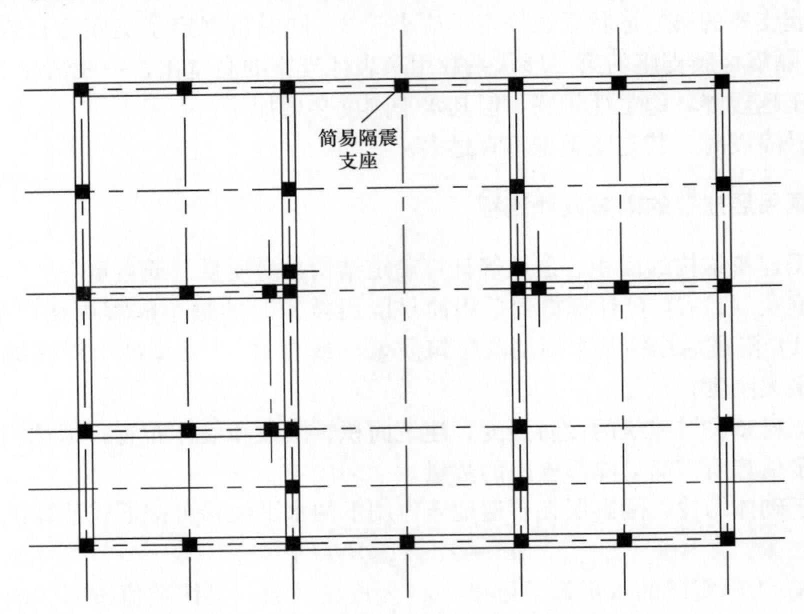

图 11-1　简易隔震支座布置示意图

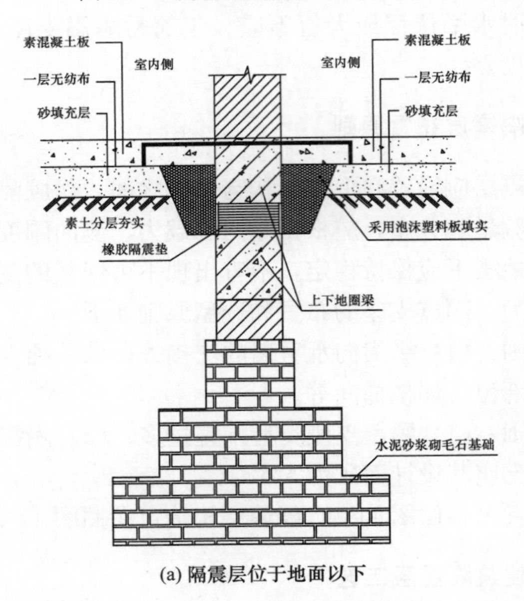

(a) 隔震层位于地面以下

图 11-2　隔震层构造示意图（一）

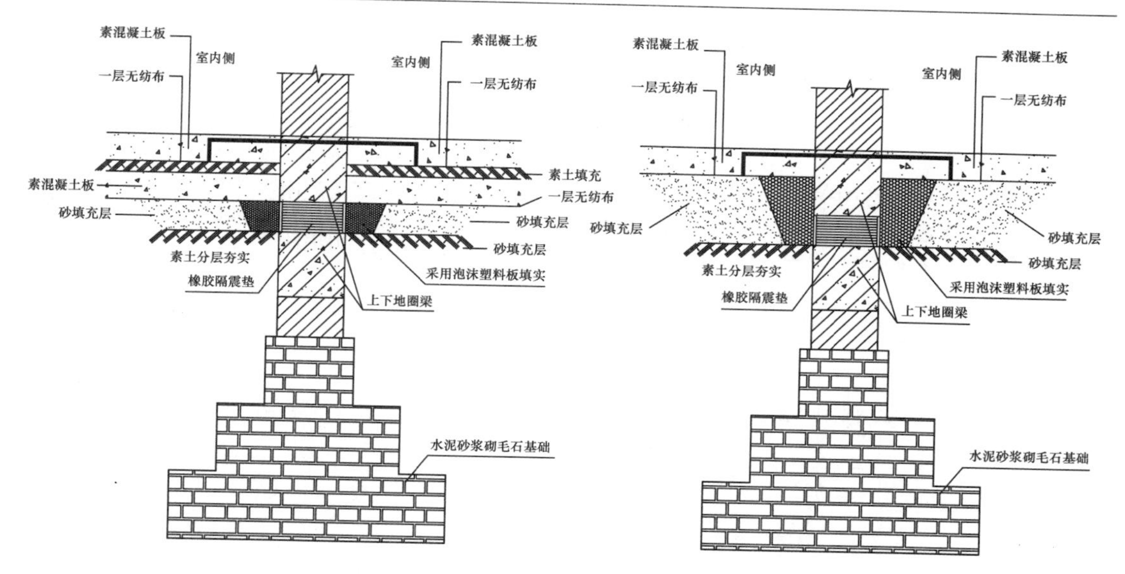

(b) 隔震层位于地面以上

图 11-2 隔震层构造示意图（二）

（5）室内±0.000 平面以下依次为 100mm 厚混凝土；混凝土下为一层无纺布或油毡塑料布，防止施工时砂浆漏浆；其下接着为不小于 50mm 厚的砂垫层；最后为素土夯实层。地面底板与砂垫层之间可选择采用无纺布、油毡布等隔开。

（6）支座在上、下圈梁之间，圈梁两侧以泡沫塑料与砂垫层以及素土夯实层隔开，保证在地震作用时支座压缩泡沫已具有有效的位移变形空间。同时，圈梁上方配有外伸的水平向钢筋，将之浇筑于首层混凝土地面，以防止因泡沫压缩而引起地面塌陷。

（7）将砂垫层与油毡布铺设好后，浇筑首层地面。至此，隔震层的施工结束，然后按一般施工流程建造上部结构。

11.3 村镇民居建筑隔震设计案例

11.3.1 工程概况

强震区某村镇抗震示范楼为 3 层砖砌体结构，平面尺寸为 11.17m×8.31m，总建筑面积 198.99m^2，地上建筑总高度 10m，各层层高依次为 3.8m、3.4m、2.8m。长方向为 3 跨，跨度分别为 3.6m、3.97m、3.6m，短方向为 2 跨，跨度分别为 4.6m、3.71m。一层平面分别布置有大厅、3 个卧室、卫生间以及楼梯间，二层平面布置有大厅、3 个卧室、卫生间及楼梯间，三层平面主要为楼梯间及可上人屋面，便于农作物等物品的晾晒，屋面及楼面均采用现浇钢筋混凝土。建筑场地为Ⅱ类场地，抗震设防烈度为 8 度。建筑一层平面图和二层平面图如图 11-3 所示，建筑的Ⅰ-Ⅰ剖面图和立面图如图 11-4 所示。

将 36 个平面尺寸为 240mm×240mm 的简易隔震支座均匀对称布置于纵、横墙交接处，地圈梁的跨中，并在楼梯间转角处加密布置。简易隔震支座平面布置如图 11-5 所示。支座的设计基准面压设计为 5MPa。

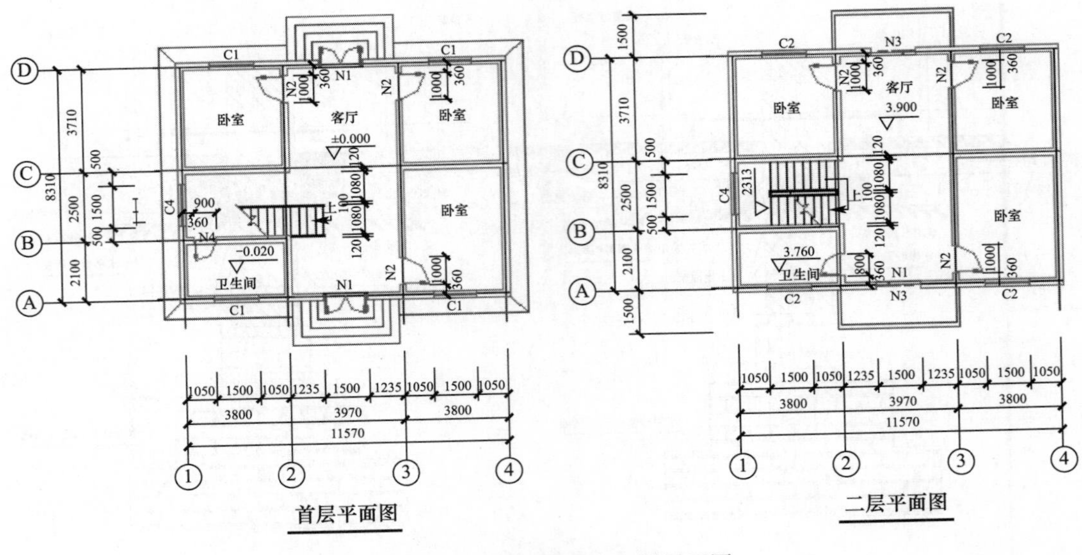

图 11-3　一层平面图和二层平面图

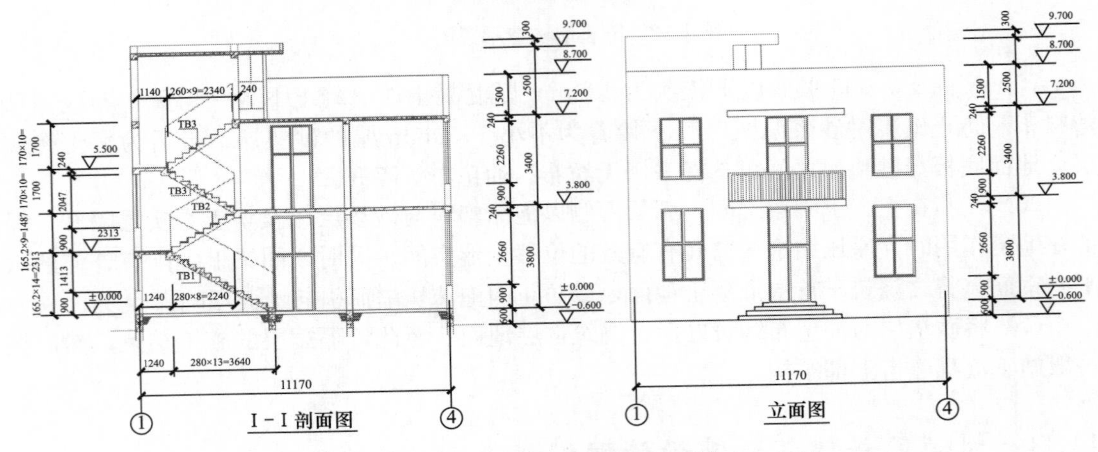

图 11-4　Ⅰ-Ⅰ剖面图和立面图

11.3.2　村镇民居建筑简易隔震设计方法

本工程场地为二类场地，设防烈度为 8 度，设计地震分组Ⅱ类，特征周期 0.4s，结构总质量为 3007.1t。根据《隔标》所述的简易设计方法，由《隔标》式(11.2.1-1)，计算结构的最小隔震后周期为 0.864s，按照本工程的质量，根据《隔标》式(11.2.1-2) 反算所需的隔震层最大总刚度为 16.2093kN/mm。该项目采用的单个支座的水平刚度为 0.2719kN/mm，选择 36 个该型号支座，则隔震层总刚度为 9.788kN/mm，满足最大刚度限值。此时，采用简易隔震支座的隔震结构周期为 1.11s。计算罕遇地震下隔震层的水平位移为 123mm，小于所采用的简易隔震支座最大水平位移限值 $2.5T_r=137.5$mm，隔震层最大水平变形未超过变形限值。

11.3.3　村镇民居建筑简易隔震时程方法对比

利用有限元软件 ETABS 建立了该示范工程楼的有限元模型，分别对其进行动力时程分析，以检验上述简易隔震设计方法的有效性。上部结构墙体采用壳体单元，楼板采用膜单元。采用 isolator1 单元模拟简易隔震支座。隔震结构有限元模型如图 11-6 所示。

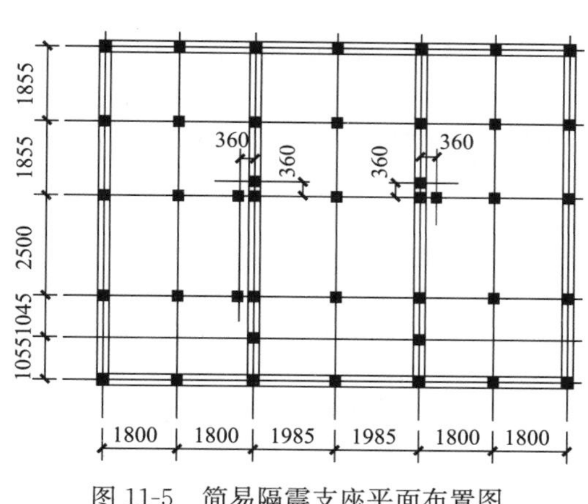

图 11-5　简易隔震支座平面布置图

图 11-6　隔震结构有限元分析模型

1. 地震波选取

根据标准要求，采用 3 条地震波进行时程分析。其中，人工合成加速度时程曲线 1 条（简写为 Wave1 波），与规范地震影响系数曲线在统计意义上相符的强震记录 2 条（EL Centro 波，Taft 波）。地震波加速度时程曲线如图 11-7 所示，所选地震波反应谱与规范反应谱对比如图 11-8 所示。

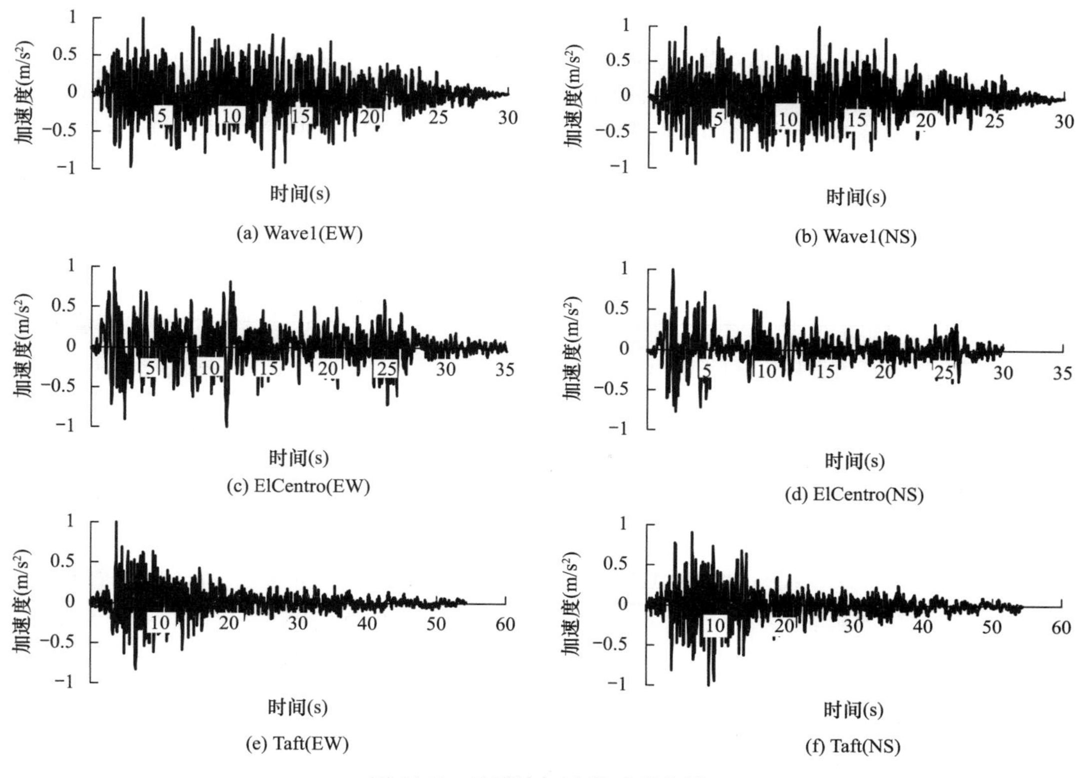

图 11-7　地震波加速度时程曲线

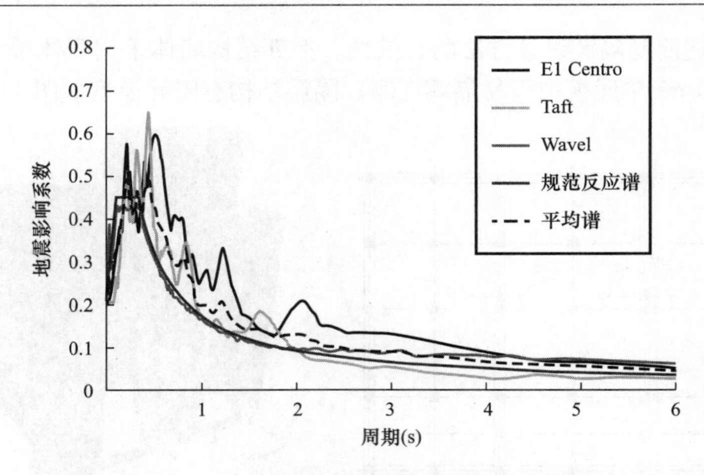

图 11-8　所选地震波反应谱和规范反应谱比较

2. 地震作用下的结构反应对比

首先对结构进行模态分析。非隔震结构模型的自振周期为 0.08s，中震时隔震结构模型的周期延长至 1.39s。结构纵向定为 X 向，横向为 Y 向。8 度中震时（输入地震加速度峰值 PGA 为 0.2g），隔震结构模型与非隔震结构模型各楼层最大加速度如表 11-1 所示。由表 11-1 可知，非隔震结构模型楼层加速度由下至上不断放大，顶层结构加速度峰值相对于地面输入加速度放大了 2.44～3.46 倍。而隔震结构模型各楼层加速度由下至上近似一致，顶层结构加速度峰值仅为地面输入加速度峰值的 0.52～0.80 倍。采取隔震措施后，结构从快速的、由下至上不断放大的晃动变为缓慢的、整体的水平平动。隔震与非隔震结构模型各楼层 X 向、Y 向加速度比值由下至上不断减小，顶层 X 向加速度比值的包络值为 0.31，Y 向为 0.25。8 度中震时，隔震结构模型的地震反应降至非隔震结构模型的 1/4～1/3，隔震效果十分明显。8 度中震时隔震与非隔震结构模型 X 向、Y 向层间剪力如表 11-2 所示，层间剪力包络图如图 11-9 所示。由表 11-2 可知，中震时隔震结构与非隔震结构模型层间剪力比的最大值为 0.4。

8 度中震时各楼层最大加速度对比　　**表 11-1**

楼层	隔震结构（cm/s²）						非隔震结构（cm/s²）						比值包络值	
	EL		Taft		Wavel		EL		Taft		Wavel			
	X	Y	X	Y	X	Y	X	Y	X	Y	X	Y	X	Y
3	102	104	147	157	140	142	479	579	482	634	478	679	0.31	0.25
2	101	102	145	155	139	139	339	354	369	473	349	448	0.40	0.33
1	101	100	144	152	138	137	215	250	257	336	262	284	0.56	0.48
0	100	99	143	150	137	135								

8 度中震时各楼层最大水平剪力对比　　**表 11-2**

楼层	隔震结构（kN）						非隔震结构（kN）						比值包络值	
	EL		Taft		Wavel		EL		Taft		Wavel			
	X	Y	X	Y	X	Y	X	Y	X	Y	X	Y	X	Y
3	40	40	52	61	53	54	168	227	131	248	174	243	0.40	0.25
2	229	229	323	345	304	307	840	864	828	1118	919	1052	0.39	0.31

续表

楼层	隔震结构（kN）						非隔震结构（kN）						比值包络值	
	EL		Taft		Wavel		EL		Taft		Wavel			
	X	Y	X	Y	X	Y	X	Y	X	Y	X	Y	X	Y
1	422	419	503	632	532	561	1205	1207	1264	1625	1325	1487	0.40	0.39
0	436	433	524	654	579	581								

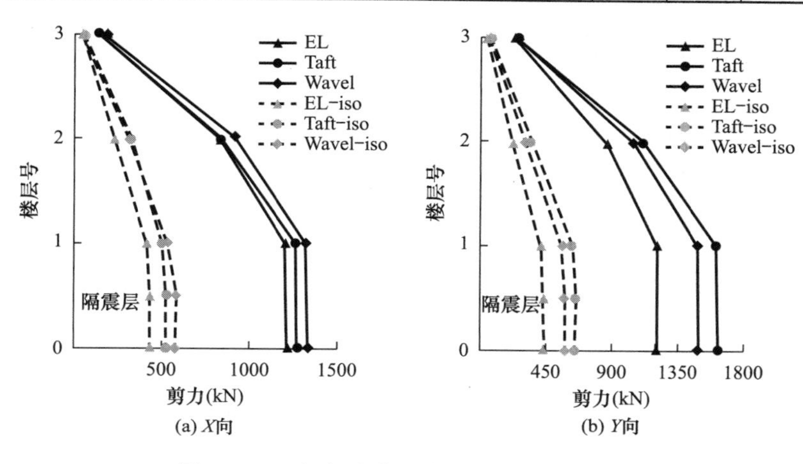

图 11-9　8 度中震时 X 向、Y 向剪力包络图

根据《隔标》要求对支座进行罕遇地震作用下最大水平位移验算。罕遇地震下，隔震层最大位移如表 11-3 所示。由表 11-3 可知，罕遇地震作用下，本工程中支座水平位移最大值为 124.5mm，小于支座最大水平位移限值 137.5mm，满足隔震层最大允许位移限值的规定。

罕遇地震作用下隔震层最大位移　　**表 11-3**

输入	大震时隔震层最大位移（mm）				
	EL	Taft	Wavel	最大值	限值
X 向	108	124.5	119	124.5	137.5
Y 向	104	121	114	121	137.5

图 11-10 为罕遇地震作用下，支座面压最大值和剪切应变最大值分布图。隔震层 X 向位移最大值为 124.5mm，Y 向位移最大值为 121mm。支座 X 向面压最大值为 9.01MPa，Y 向面压最大值为 9.74MPa。由图 11-10 可知，所有支座的面压最大值与剪切应变最大值均在支座界限性能曲线的设计范围区域内，隔震层的设计与支座布置符合支座界限性能的要求。

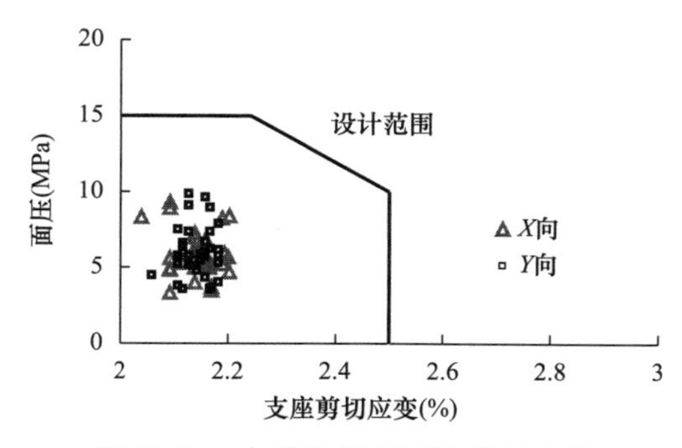

图 11-10　大震时支座面压-剪切应变相关点分布

11.3.4　主要结论

（1）对强震区某村镇示范工程进行了简化隔震设计，并采用 ETABS 对其进行了动力

时程分析。结果表明：隔震结构的地震反应大大降低。在设防烈度地震作用下，隔震与非隔震结构各楼层最大层间剪力比为 0.4，罕遇地震作用下该比值为 0.38。隔震层位移最大值、支座面压最大值均在支座界限性能曲线的设计范围以内。简易隔震支座应用于村镇房屋隔震时可实现较好的隔震效果，且大震下的性能稳定。

（2）基于新型简易隔震支座提出一套适合低矮村镇建筑的隔震连接构造措施与限位措施，并应用于该工程。通过将隔震层整体抬高至室外地平面以上，无需设置传统隔震构造所需的隔震沟，从而简化隔震层的施工构造，农村非专业施工队伍便可施工，改善了村镇房屋阴暗潮湿的环境，避免了虫鼠聚集于隔震沟中。

参考文献

［1］ 中华人民共和国住房和城乡建设部．建筑隔震设计标准：GB/T 51408—2021［S］．北京：中国建筑工业出版社，2021.

［2］ 中华人民共和国住房和城乡建设部．建筑抗震设计规范（2016年版）：GB 50011—2010［S］．北京：中国建筑工业出版社，2016.

［3］ 高小旺，龚思礼，苏经宇，等．建筑抗震设计规范理解与应用［M］．北京：中国建筑工业出版社，2002.

［4］ 日本建筑学会．免震构造设计指南（2013年修订版）［M］．东京：日本丸善出版社，2013.

［5］ IBC（2012）International Building Code 2012. Falls Church，VA：International Code Council.

［6］ 中华人民共和国住房和城乡建设部．高层建筑混凝土结构技术规程：JGJ 3—2010［S］．北京：中国建筑工业出版社，2011.

［7］ 中国工程建设标准化协会．叠层橡胶支座隔震技术规程：CECS 126—2001［S］．北京，2001.

［8］ 中华人民共和国住房和城乡建设部．建筑工程抗震设防分类标准：GB 50223—2008［S］．北京：中国建筑工业出版社，2008.

［9］ 中国国家标准化管理委员会．橡胶支座 第3部分：建筑隔震橡胶支座：GB/T 20688.3—2006［S］．北京：中国标准出版社，2007.

［10］ 中华人民共和国住房和城乡建设部．建筑结构可靠性设计统一标准：GB 50068—2018［S］．北京：中国建筑工业出版社，2019.

［11］ 沈聚敏，周锡元，高晓旺，等．抗震工程学［M］．2版．北京：中国建筑工业出版社，2014.

［12］ 党育，杜永峰，李慧．基础隔震结构设计及施工指南［M］．北京：中国水利水电出版社，2007.

［13］ 徐正忠．建筑抗震设计规范 GB 50011—2001 统一培训教材［M］．2版．北京：中国建筑工业出版社，2002.

［14］ 周锡元，俞瑞芳．非比例阻尼线性体系基于规范反应谱的 CCQC 法［J］．工程力学，2006，23（2）：10-17.

［15］ 周锡元，马东辉，俞瑞芳．工程结构中的阻尼与复振型地震响应的完全平方组合［J］．土木工程学报，2005，38（1）：31-39.

［16］ 中国国家标准化管理委员会．橡胶支座 第1部分：隔震橡胶支座试验方法：GB/T 20688.1—2007［S］．北京：中国标准出版社，2007.

［17］ 中国国家标准化管理委员会．橡胶支座 第5部分：建筑隔震弹性滑板支座：GB/T 20688.5—2014［S］．北京：中国标准出版社，2014.

［18］ 中华人民共和国住房和城乡建设部．建筑摩擦摆隔震支座：GB/T 37358—2019［S］．北京：中国标准出版社，2019.

［19］ 中华人民共和国住房和城乡建设部．混凝土结构设计规范（2015年版）：GB 50010—2010［S］．北京：中国建筑工业出版社，2016.

［20］ 中华人民共和国住房和城乡建设部．钢结构设计标准：GB 50017—2017［S］．北京：中国建筑工业出版社，2018.

［21］ 中国建筑标准设计研究院．建筑结构隔震构造详图：03SG610-1［S］．北京：中国计划出版社，2003.

［22］ 周福霖，冼巧玲，高向宇，等．我国首栋橡胶垫隔震房屋的设计与试验研究［C］//第三届全国结

构减震控制学术研讨会论文集，广州，1995：1-15.

[23] 黄南翼，张锡云，姜萝香．日本阪神大地震建筑震害分析与加固分析［M］．北京：地震出版社，2001.

[24] 崔鸿超．日本兵库县南部地震震害综述［J］．建筑结构学报，1996，17（2）：2-13.

[25] MASHIKO HIGASHINO，SHIN OKAMOTO. Response control and seismic isolation of buildings ［M］. Taylor & Francis. London and New York，2006.

[26] 周云，吴从晓，张崇凌，等．芦山县人民医院门诊综合楼隔震结构分析与设计［J］．建筑结构，2013，43（24）：23-27.

[27] 周福霖．工程结构减震控制［M］．北京：地震出版社，1997.

[28] XIANGYUN HUANG，FULIN ZHOU，SHELIANG WANG，et al. Experimental investigation on mid-story isolated structures［J］. Advanced Materials Research，2010；163（167）：4014-4021.

[29] 徐庆阳，李爱群，张志强，等．某大跨网架结构屋盖隔震整体分析［J］．工程抗震与加固，2007，29（6）：20-24.

[30] 石光磊，甘明，薛素铎．重屋盖空间结构震害分析［J］．工业建筑，2012（增刊）：443-445.

[31] 施卫星，孙黄胜，李振刚，等．上海国际赛车场新闻中心高位隔震研究［J］．同济大学学报（自然科学版），2005，33（12）：1576-1580.

[32] 薛素铎．隔震与消能减震技术在大跨屋盖中的应用［J］．建筑结构，2005，35（3）：51-54.

[33] 周忠发，朱忠义，周笋，等．国家体育馆 2022 冬奥新建训练馆摩擦摆隔震设计［J］．建筑结构，2020，50（20）：1-7.

[34] 中华人民共和国住房和城乡建设部．空间网格结构技术规程：JGJ 7—2010［S］．北京：中国建筑工业出版社，2011.

[35] 黄靓，施楚贤．新中国成立 70 年来砌体结构发展与展望［J］．建筑结构，2019，49（9）：113-118.

[36] 张敏政．汶川地震中都江堰市的房屋震害［C］//汶川地震建筑震害调查与灾后重建分析报告．2008.

[37] 孙景江，李山有，戴君武，等．青海玉树 7.1 级地震震害［M］．北京：地震出版社，2016.

[38] 中华人民共和国住房和城乡建设部．砌体结构设计规范：GB 50003—2011［S］．北京：中国建筑工业出版社，2012.

[39] 高小旺，易方民，等．建筑抗震设计计算算例［M］．北京：中国建筑工业出版社，2014.

[40] 梁兴文，李晓文．底部框架抗震墙砌体房屋中墙梁承载力的实用算法［J］．建筑结构，2002（4）：9-11.

[41] 中华人民共和国住房和城乡建设部．核电厂抗震设计标准：GB 50267—2019［S］．北京：中国计划出版社，2020.

[42] TANG A K，SCHIFF A J. Kashiwazaki，Japan，earthquake of July 16，2007 ：lifeline performance［J］. Reston Va American Society of Civil Engineers，2010.

[43] OSTADAN，F. Soil-Structure Interaction Analysis Including Ground Motion Incoherency Effects［C］，Transactions of the 18th International Conference on Structural Mechanics in Reactor Technology（SMiRT 18），K04-7，2005.

[44] SANJEEV R. Malushte and Andrew S. Whittaker，Survey of Past Isolation Applications in Nuclear Power Plants And Challenges to Industry/Regulatory Acceptance［C］. Transactions of the 18th International Conference on Structural Mechanics in Reactor Technology（SMiRT 18），K10-7，2005.

[45] FORNI M. Seismic Isolation of Nuclear Power Plants［C］//Proceedings of the "Italy in Japan 2011" initiative Science，Technology and Innovation，2011.

[46] 中华人民共和国住房和城乡建设部. 建筑抗震鉴定标准：GB 50023—2009 [S]. 北京：中国建筑工业出版社，2009.

[47] 中华人民共和国住房和城乡建设部. 建筑抗震加固技术规程：JGJ 116—2009 [S]. 北京：中国建筑工业出版社，2009.

[48] 国家文物局. 近现代历史建筑结构安全性评估导则：WW/T 0048—2014 [S]. 北京：文物出版社，2014.

[49] 兰香，潘文，赖正聪，等. 隔减震技术在既有建筑加固中的应用与选择 [J]. 建筑结构，2018，48 (18)：79-82，52.

[50] 徐忠根，谢军龙，周福霖. 多层建筑隔震改造设计 [J]. 地震工程与工程振动，2001 (3)：132-139.

[51] 殷茹. 历史建筑隔震改造保护技术研究 [D]. 南京：东南大学，2016.

[52] 鲁松，李爱群，徐文希. 既有混凝土结构抗震性能提升技术的研究与应用 [J]. 建筑结构，2020，50 (24)：48-55.

[53] 李杰. 历史建筑保护中的结构安全与防灾 [J]. 中国科学院院刊，2017，32 (7)：728-734.

[54] 李文峰，苏宇坤. 历史建筑抗震加固技术现状与展望 [J]. 城市与减灾，2019 (5)：44-48.

[55] 么江涛，熊海贝. 上海市优秀历史保护建筑抗震加固问题探讨 [J]. 结构工程师，2013，29 (6)：177-182.

[56] 操礼林，李爱群，郭彤，等. 中小学砌体结构校舍的隔震加固技术研究 [J]. 防灾减灾工程学报，2011，31 (3)：294-298.

[57] 中国建筑科学研究院建研科技股份有限公司，山西省建筑设计院，忻州市设计院，等. 山西省忻州市 4 所中学教学楼隔震加固报告 [R].